普通高等教育“十一五”国家级规划教材
普通高等教育电子通信类特色专业系列教材

信息理论与编码基础

沈连丰　李正权　编著

科学出版社
北　京

内 容 简 介

本书较为系统地论述信息理论和编码的基础知识，内容包括绪论、信息的度量、离散信源及其信源编码、离散信道及其信道编码、连续消息和连续信道、限失真信源编码、差错控制的基本概念、线性分组码、卷积码、信道编码新进展简介(包括 Turbo 码、空时分组码、低密度奇偶校验码、网络编码与协作)等。每章后面都附有思考题和习题。全书针对本科教学的特点，力求深入浅出，把严密的数学语言、合理的物理解释和丰富的应用实例相结合，将经典理论介绍和最新研究成果相结合，便于学生自学。

本书为普通高等教育"十一五"国家级规划教材，可作为高等院校通信类、电子信息类、计算机科学与工程类、自动控制类等专业本科生教材，也可作为相关学科硕士研究生的教学参考书以及有关技术、科研和管理人员的参考书。

图书在版编目(CIP)数据

信息理论与编码基础/沈连丰，李正权编著. —北京：科学出版社，2010.11
(普通高等教育"十一五"国家级规划教材·普通高等教育电子通信类特色专业系列教材)
ISBN 978-7-03-029177-6

Ⅰ.①信… Ⅱ.①沈… ②李… Ⅲ.①信息论-高等学校-教材 ②信源编码-编码理论-高等学校-教材 ③信道编码-编码理论-高等学校-教材 Ⅳ.①TN911.2

中国版本图书馆 CIP 数据核字(2010)第 195210 号

责任编辑：匡 敏 潘斯斯/责任校对：赵桂芬
责任印制：赵 博/封面设计：耕者设计工作室

科学出版社出版
北京东黄城根北街 16 号
邮政编码：100717
http://www.sciencep.com
北京富资园科技发展有限公司印刷
科学出版社发行 各地新华书店经销
*
2010 年 11 月第 一 版 开本：720×1000 1/16
2025 年 1 月第八次印刷 印张：14 1/4
字数：280 000

定价：59.00 元

(如有印装质量问题，我社负责调换)

前　言

由沈连丰和叶芝慧编著、杨千里主审的《信息论与编码》硕士研究生教材，自2004年由科学出版社出版以来，得到不少师长和同行的厚爱，很多老师和同学通过电子邮件和电话与本人进行有益的交流，希望在这本书的基础上再出一本面向本科教学的教材，在这一背景下我们写出了《信息理论与编码基础》。本书得到科学出版社的积极推荐，被教育部评为普通高等教育“十一五”国家级规划教材，这不仅是对我们的一种鼓励，同时也是一种压力，写作过程中深感面向本科的教材比面向研究生的教材更难写。

本书共有10章。第1章在简单介绍通信系统的基本单元和信息科学的有关概念后，给出香农(Shannon)信息论梗概以及本书的主要内容与课程要求；第2～6章是香农信息论的基本内容，分别讨论信息的度量、离散信源及其信源编码、离散信道及其信道编码、连续消息和连续信道、限失真信源编码，重点论述各种熵的概念、香农的3个定理和信道容量公式等基础知识；第7～10章给出信道编码的基础知识，首先讨论纠错编码的基本概念，其次重点论述线性分组码和卷积码(包括纠随机错误码和纠突发错误码)，最后简要介绍信道编码新进展(包括Turbo码、空时分组码、低密度奇偶校验码、网络编码与协作)。每章后面都附有思考题和习题。本书已有较为完备的多媒体课件和习题参考解答，使用本书的老师可以向科学出版社免费索取。

本书基本保持原研究生教材的语言风格，但尽可能避免复杂的数学推导，强化基本概念和基础理论，力求把理论知识用简洁的数学语言及合理的物理解释来阐述，使其容易理解和便于自学；将理论介绍和最新研究成果相结合，以增强读者学习的主动性。希望读者顺着“提出的问题，解决的思路，给出的分析，得到的结论，结论的意义，实际的应用”这条主线来阅读。

作者在编写过程中参考了大量的文献并将其列于书后，深感它们都是很有价值的，可以从不同的侧面帮助读者加深对本书内容的理解，在此衷心感谢这些在信息理论和编码领域作出贡献的国内外先师和同行。

本书的1～9章由沈连丰为主编写，第10章由李正权为主编写；徐艳丽协助编写了第8章和10.4节，宋韬协助编写了第4章和第5章，沈丹萍和李正权分别协助编写了第3章和第7章；徐艳丽、谢树京、宋韬、沈丹萍选编了本书第1～9章的习题，宋韬、沈丹萍完成了习题解答和许多其他具体工作。

作者诚挚感谢对本书的写作、出版给予各种帮助的领导、同仁和学生。本书是在原研究生教材《信息论与编码》的基础上编写的，因此首先感谢《信息论与编码》的作者之一叶芝慧和主审杨千里将军;东南大学将本书列为校级“十一五”规划教材,校教务处的领导给予了多方面支持;东南大学信息科学与工程学院负责本科教学的副院长孟桥教授以及作者在移动通信国家重点实验室的同事对本课程一直给予关心、指导和帮助,对本书的大纲和初稿提出许多中肯的修改意见;共同执教本科生课程的同事徐平平教授、仲文副教授和傅学群等老师,课题组宋铁成教授、胡静副研究员和夏玮玮副研究员,博士后许波,博士生徐艳丽、谢树京、吴名、刘继顺、左旭舟、杨琼等分别阅读了书稿的部分章节并提出许多修改意见;最后,作者要特别感谢科学出版社的编辑和支持本书出版的评审专家,是他们的鼓励、支持和指导,才使本书得以出版。

信息理论和编码技术的发展日新月异,限于水平,书中难免存在疏漏之处,敬请同行专家和读者不吝指正。

沈连丰
东南大学移动通信国家重点实验室
2010 年 8 月

常用符号

$[\boldsymbol{D}]$：失真矩阵

$\boldsymbol{A}$：符号集合

a：符号

B：符号序列消息信源编码后的代码组长度；带宽

B_D：失真许可试验信道集合

$\overline{B}$：符号序列消息信源编码后的代码组平均长度

b：单符号消息信源编码的代码组长度；突发错误长度

$\overline{b}$：单符号消息信源编码的代码组平均长度

C：信道容量；码字，密文

D：信道基本符号数；失真限定值

d：距离

d_f：自由距离

$\boldsymbol{E}$：错误图样

E：函数

E_b/N_0：信噪比

F,f：函数

$\boldsymbol{F}$：域

$\boldsymbol{G}$：群；生成矩阵

G：增益

g：译码函数

$\boldsymbol{H}$：一致校验矩阵

H：熵

$h(x)$：相对熵

$H(x_0)$：绝对熵

$I(\boldsymbol{X};\boldsymbol{Y})$：互收息量

$J(\cdot)$：辅助函数

$\overline{N}$：熵功率

N_0：噪声功率谱密度

n_c：编码约束长度

P_e：错误概率

$\overline{p}$：概率，密度函数

R,R_t：信息传输速率

$R(D)$：信息率失真函数

$\boldsymbol{r}$：接收消息序列

$\boldsymbol{S}$：状态空间

S/N：信噪比

$\boldsymbol{W}$：码字集合

$\boldsymbol{X}$：信源空间；消息集合

$\boldsymbol{Y}$：信宿空间；消息集合

η：编码效率

$H(\boldsymbol{X})$：熵

H_t：时间熵

ε：任意小的正数；交叉传输概率

Π：信道矩阵

$\in$：属于

σ^2：方差

$\oplus$：模运算

目　　录

第1章 绪　　论

人类应用互联网、移动通信网等网络获得人与人、人与物、物与物的信息交互；人类也已进入太空，载人或不载人的太空飞行器远离地球飞向深空、探索宇宙。现代科学技术让人们享受着不受时间和空间限制的通信，这一切都是和一个基础理论分不开的，这个理论就是信息论。

1.1 通信系统的基本单元

最简单的通信系统模型包括信源（source）、信道（channel）和信宿（destination）三个基本单元，如图 1.1 所示。

图 1.1 最简单的通信系统模型

图 1.1 中，信源是消息的源，通常是提供消息的人、设备或事物；信宿是消息传递的对象，通常是接收消息的人、设备或事物；信道是传递消息的通道，广义上是指从信源到信宿间传递物理信号的媒质和设施。

从图 1.1 可以看出，信源产生了消息，信道传递了消息，而信宿则接收了消息。消息从信源通过信道到信宿，如何有效、可靠地传输，是通信系统要解决的根本问题。

先说有效性（validity）。直观地理解，有效性表明信源消息中“有用消息”占有的程度。显然，消息若能在信源中先进行“去粗取精”的处理，则必能提高通信的有效性，对于数字通信来说，信源编码（source coding）的主要任务就是解决这个问题。从传输的角度考虑，它可以用单位时间内传输有用消息的多少来表征。

再说可靠性（reliability）。直观地理解，可靠性表明消息传输中不出错的程度。显然，消息在信道中传输时会受到干扰、噪声等“污染”，信宿如果能对接收到的“消息”进行判断、评估，即做“去伪存真”的处理，则必能提高通信的可靠性，对于数字通信来说，信道编码（channel coding）的主要任务就是解决这个问题。从传输的角度考虑，它可以用消息出错概率的大小来表征。

这样，通信系统将含有信源编码和信道编码两部分，如图 1.2 所示，其中编码在发端完成，对应的译码在收端实现，它是编码的反过程。为叙述方便，通常把编码和译码的相关理论、技术简称为编码理论、编码技术。

信息理论最初就是从解决通信系统的有效性和可靠性出发,逐步发展成为应用极为广泛的新兴学科——信息科学。

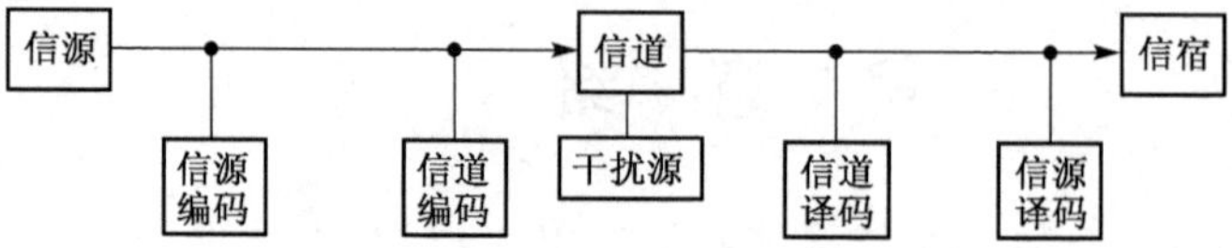

图 1.2 含有信源编码和信道编码的通信系统框图

1.2 信息科学的有关概念

1.2.1 信息的特征

从通信的实质意义来讲,如果信宿收到的消息是已知的,则等于没有收到任何消息。因此,人们对消息中所包含的未知成分更感兴趣,用概率论的术语来说,就是具有不确定性的成分。

消息中这种未知的或不确定的成分,通常被称为消息中所包含的信息,而消息的传递需要由信号来载荷。

由此看来,通信中的信息、消息和信号是紧密相连的:通信系统传输的是信号,信号是消息的载体,消息中的未知成分是信息。

人们对消息和信号有直观的认识,特别是对信号,在“信号与系统”类课程中进行了详细讨论,给出了明确定义,通过时域、频域及各种变换域来研究信号的波形、频谱等结构,构成比较完善的信号理论。

对于消息,可以将其看成是由符号、文字、数字、语音、图像等组成的序列。

消息通常具有如下特征。

1)消息可以产生、传递和获取

事物的运动产生消息,这说明它是客观的、可感知的。

传递消息要借助于载体,载体是消息的物理体现,例如用各类存储器、磁盘、光盘等记录语音、图像、数据等,这说明最值得研究的载体是电的、磁的或光的,这就形成了各种信号,也说明信号是消息的载体,是消息的物理体现,它使消息变得具体化。

2)消息是有内容的

消息的内容是客观存在的。但对消息的接收者来说,消息有新、旧或已知、未知之分,还有有用、无用以及大用、小用之别。这就是说,客观存在的消息,对不同的接收者来说,其性质、作用可能有所不同,甚至截然不同,这就促使人们去研究消息的内涵以及人的主观判断等主观因素。

可是到目前为止,对信息还没有一个公认的准确定义。我国的《辞海》对信息的解释是“通信系统传输和处理的对象,泛指消息和信号的具体内容和意义”,并把信息、物质和能量称为系统的三大要素。考虑到这些因素并从“消息中的未知成分是信息”这一基本观点出发，可以归纳出信息具有下述特征。

(1)未知性或不确定性。这是信息的最基本属性，也是最直观的认识，否则就不是信息。

(2)由不知到知等效为不确定性集合元素减少。这样就可以用集合论和概率论的知识对其加以描述。

(3)可以度量。这是信息理论得以发展的基础，正是有了这样的构思，或者说赋予信息这一特征，才使得信息可以比较大小、分析信息传输的性能等。

(4)可以产生、消失，可以被携带、存储、处理。这说明信息既有物质的某些属性，又不同于物质。信息和物质都可以被携带、存储、处理，但物质不灭，它只能从一种形态变化成另一种形态，而信息可以产生和消失。

(5)可以产生动作。例如获得有关重大自然灾害的信息、战争的信息等，都会产生一系列的动作。也就是说，信息能够发挥作用，获得信息后可能产生结果。推而广之，说明信息既有能量的某些属性，又不同于能量。能量产生的动作是客观的，而信息的影响含有客观和主观的双重因素。

1.2.2 信息理论要解决的基本问题

从信息的特征可以看出，信息理论要回答的问题很多，由于它最初是由解决通信的有效性和可靠性发展而来的，因此将首先回答通信中遇到的问题：

(1)什么是信息？如何度量？

(2)能否最有效且无失真地表述待传输的信息？即通信有效性的极限条件是什么？

(3)在允许一定失真的条件下，待传输信息的表述能否比无失真要求时更有效？如果有，这种“更有效”的极限条件是什么？

(4)在给定的信道中，信息传输有没有极限？

(5)从存在噪声或干扰的实际环境中提取通信系统传输的信息，极限条件是什么？

(6)设计什么样的系统能够达到上述极限？

(7)现实中接近上述极限的设备是否存在？

信息理论的成功就在于对上述问题给出了明确回答，这就是信息量、信道容量、熵、香农(Shannon)的三个定理和香农公式等。

事实上，回答上述问题只是信息理论要解决的问题中的一部分，是建立在香农研究成果的基础上，被称为香农信息论或狭义信息论。随着研究的深入，人们还建立了一般信息论和广义信息论，使信息理论迅速向各行各业渗透。

1.2.3 信息论的创始人

美国科学家香农(C. E. Shannon)在1948年和1949年先后发表两篇文章*The Mathematical Theory of Communication*和*Communication in the Presence of Noise*,奠定了信息论的基础。香农在这两篇论文中,讨论了信息的度量、信息特征、信息传输速率、信道容量和干扰对信息传输的影响等问题,全部理论建立在信息是可以度量的基础上。但他没有给出信息的定义,只是提出问题、分析问题、得出结论。至于结论的意义,他没做多少解释。

差不多同一时期,美国另一科学家维纳(N. Wiener)出版了*Extrapolation, Interpolation and Smoothing of Stationary Time Series*和*Control Theory*这两本名著。维纳是控制论领域的专家,重点讨论微弱信号的检测理论,并形成了信息论的一个分支。他对信息作了如下定义:信息是人们在适应外部世界和控制外部世界的过程中,同外部世界进行交换的内容名称。

因此,人们一般认为信息论的创始人是香农和维纳,但由于香农的贡献更大,所以大多数的人认为香农更合适。

1.2.4 信息科学的定义及迅速发展的背景

信息理论作为信息科学的理论基础,最初是从香农的信息论和维纳的微弱信号检测理论发展起来的,但它迅速渗透到通信、自动控制、电子学、光学与光电子学、计算机科学、材料科学等工程技术学科以及管理学、心理学、语言学等人文学科,对这些学科的发展起着指导作用,而这些学科的发展又丰富了信息科学,将人类社会推向信息时代。由此可见,信息科学是研究信息的获取、存储、传输、加工处理和利用等内容的技术科学。它与数学、物理、材料、生命、心理等基础学科以及众多技术学科交叉形成新领域,是发展和更新最为迅速的技术科学研究领域之一。

信息科学与其他科学技术交叉将派生出大量的新概念、新构思、新技术和边缘学科。世界各国为了适应信息化社会的需求,为了争夺高新技术的发展优势,都在迅速建立和发展各自国家的信息基础设施,但就技术而论,其核心是现代通信加信息技术。

1.2.5 信息理论的研究内容

作为基础理论,信息理论强调用数学语言来描述信息科学中的共性问题及解决方案。目前,这些共性问题分别集中在狭义信息论、一般信息论和广义信息论中。

1. 狭义信息论

狭义信息论主要总结了香农的研究成果,因此又称为香农信息论。它在信息可以度量的基础上,研究如何有效、可靠地传输信息。

由图 1.2 可见，有效、可靠地传输信息必然贯穿于通信系统从信源到信宿的各个部分，狭义信息论研究的是收、发端联合优化的问题，而重点在各种编码。它是通信中客观存在的问题的理论提升。

2. 一般信息论

一般信息论研究从广义通信引出的基础理论问题，它除了香农信息论外，还包括其他人的研究成果，其中最主要的是维纳的微弱信号检测理论。

微弱信号检测又称最佳接收，是为了确保信息传输的可靠性，研究如何从噪声和干扰中接收信道传输的信号理论。它主要研究两个方面的问题：从噪声中去判决有用信号是否出现以及从噪声中测量有用信号的参数。

信号检测具体又分为确知信号检测和具有随机信号参量的信号检测等，其重点在接收端，研究如何从干扰中提取信息。除此之外，一般信息论的研究还包括噪声理论、信号滤波与预测、统计检测与估计理论、调制理论、信号处理与信号设计理论等。可见，它总结了香农和维纳以及其他学者的研究成果，是广义通信中客观存在的问题的理论提升。

3. 广义信息论

无论是狭义信息论还是一般信息论，讨论的都是客观问题。然而当讨论信息的作用、价值等问题时，必然涉及主观因素。广义信息论研究包括所有与信息有关的领域，如心理学、遗传学、神经生理学、语言学、社会学等。因此，有人对信息论的研究内容进行了重新界定，提出从应用性、实效性、意义性或者从语法、语义、语用方面来研究信息，分别与事件出现的概率、含义及作用有关，其中意义性、语义、语用主要研究信息的意义和对信息的理解，即信息所涉及的主观因素。

广义信息论从人们对信息特征的理解出发，从客观和主观两个方面全面研究信息的度量、获取、传输、存储、加工处理、利用以及功用等，理论上说是最全面的信息理论，但由于主观因素过于复杂，很多问题本身及其解释尚无定论，或者受到人类知识水平的限制目前还得不到合理的解释，因此广义信息论目前还处于正在发展的阶段。

1.3　香农信息论梗概

由于香农信息论主要是围绕通信的有效性和可靠性而展开的，因而它将主要解决 1.2.2 节所提出的问题，即

(1)围绕信息的度量。这是信息论建立的基础，给出了各种信息量和各种熵的概念。

(2)围绕无失真信源编码。最主要的结论是香农第一定理以及各种信源编码的方法。

(3)基于信息传输时允许一定程度的失真或差错(error)。由此得到信息率失真理论、香农第三定理、信息价值等。

(4)围绕信道编码。给出了信息传输速率、信道容量等概念,最主要的结论是香农第二定理,以及基于该定理的各种信道编码,如分组码、卷积码等。

(5)围绕带限信道传输信息的能力。最主要的结论是信道容量公式,或称为香农公式。

(6)围绕通信网的发展带来的信息传输问题。即网络信息理论,随着通信网、因特网的发展,它越来越受到重视。

(7)围绕通信的保密。包括保密通信的技术体制及数学模型、传输线路保密技术的信息论基础、信息保密技术的基础知识以及保密通信的各种方法等。

本书将以香农信息论为基本内容,对所涉及的问题进行较为详细的讨论,希望读者顺着"提出的问题,解决的思路,给出的分析,得到的结论,结论的意义,实际的应用"这条主线来阅读。笔者认为书末列出的参考文献都是很有价值的,它们可以从不同的侧面帮助读者加深对本书内容的理解,或者使得理解变得更容易。

思 考 题

1.1 请给出最简单通信系统的物理模型并说明各基本单元的主要功能。

1.2 通信系统要解决的根本问题是什么?

1.3 请给出提高通信有效性和可靠性的常用方法。

1.4 请给出含有信源编码和信道编码的通信系统框图,并说明各基本单元的主要功能。

1.5 消息有些什么特征?

1.6 信息有些什么特征?

1.7 狭义信息论、广义信息论、一般信息论研究的领域分别是什么?

1.8 香农信息论研究的核心问题是什么?其出发点和重点研究内容是什么?

第 2 章　信息的度量

度量信息的量称为信息量。为了给出定量度量信息的方法，首先讨论最简单且最具代表性的信源，给出自信息量、条件信息量和信息熵等概念，然后讨论如何用信息量来描述信息传输的问题。

2.1　度量信息的基本思路

2.1.1　单符号离散信源

定义 2.1　如果信源发出的消息是离散的、有限或无限可列的符号或数字，且一个符号代表一条完整的消息，则称这种信源为单符号离散信源。

单符号离散信源的实例很多。例如，掷骰子时每次只能是 1、2、3、4、5、6 中的某一个；天气预报可能是晴、阴、雨、雪、风、冰雹……中的一种或其组合，以及温度、污染等；二进制通信中传输的只是 1、0 两个数字等。这种符号或数字都可以看成某一集合中的事件，每个事件都是信源中的元素，它们的出现往往具有一定的概率。因此，信源又可以看成具有一定概率分布的某一符号集合。

定义 2.2　若信源的输出是随机事件 $\boldsymbol{X}$，其出现概率为 $P(\boldsymbol{X})$，则它们所构成的集合称为信源的概率空间，简称为信源空间。

信源空间通常用如下方式来描述：

$$[\boldsymbol{X}\cdot P]:\begin{cases}\boldsymbol{X}: & x_1, & x_2, & \cdots, & x_i, & \cdots, & x_N\\ P(\boldsymbol{X}): & P(x_1), & P(x_2), & \cdots, & P(x_i), & \cdots, & P(x_N)\end{cases} \tag{2.1}$$

通常信源空间是一个完备集，即

$$\sum_{i=1}^{N} P(x_i) = 1 \tag{2.2}$$

式中，N 是自然数。

2.1.2　自信息量

有了信源空间的概念，就可以尝试用某种方法来定义信源的信息量，使得它既能够满足信息的直观属性，又对分析问题有所帮助。

假设所考虑的是一个单符号离散信源，它的输出被传送给对此感兴趣的一方。设 x_1 为最大可能的输出，x_N 为最小可能的输出。例如，假设信源的输出代表一个地区次日的天气情况，x_1为晴或多云天气，x_N为冰雹或其他强对流天气，而根据长时间的统计得知该地区绝大多数时间都是晴好天气，冰雹或其他强对流天气难得出现一次，现在的问题是：预报哪个给人的信息大？是x_1还是x_N？直观地理解是预报x_N给出了更多的信息。由此可以合理地推算信源输出的信息量应该是输出事件概率的减函数。

另外，信息量的另一个直观属性是，某一输出事件概率的微小变化不会很大地改变所传递的信息量，也就是说，信息量应该是信源输出事件概率的连续减函数。

假设与输出x_i相关的信息能被分成独立的两部分，如x_{i1}与x_{i2}，即$x_i=\{x_{i1},x_{i2}\}$。例如，假设天气预报（表示为x_i）含有温度（表示为x_{i1}）和污染程度（表示为x_{i2}），它们的相关性很小甚至几乎完全独立，直观地能够知悉传递x_i所包含的信息量是分别传递x_{i1}和x_{i2}所得到的信息量的和。

若信源中事件x_i的概率为$p(x_i)$，它的出现所带来的信息量用$I(x_i)$来表示，并称为事件x_i的自信息量，则从上述分析可知，$I(x_i)$必须满足以下几个条件：

（1）信源输出x_i所包含的信息量仅依赖于它的概率，而与它的取值无关。

（2）$I(x_i)$是$p(x_i)$的连续函数。

（3）$I(x_i)$是$p(x_i)$的减函数，即如果$P(x_i)>P(x_j)$，则$I(x_i)<I(x_j)$。极限情况，若$P(x_i)=0$，则$I(x_i)\to\infty$；若$P(x_i)=1$，则$I(x_i)=0$。

（4）若两个单符号离散信源（符号集合$\boldsymbol{X},\boldsymbol{Y}$）统计独立，则$\boldsymbol{X}$中出现$x_i$、$\boldsymbol{Y}$中出现$y_j$的联合信息量$I(x,y_j)=I(x_i)+I(y_j)$。

显然，只有对数函数能够同时满足以下条件。据此给出如下定义。

定义 2.3 事件x_i的出现所带来的信息量

$$I(x_i)=\log_a\frac{1}{P(x_i)}=-\log_a P(x_i) \tag{2.3}$$

为事件x_i的自信息量。

由式(2.3)可见，$I(x_i)$实质上是无量纲的，但为了研究问题的方便，可以根据对数的底来定义信息量的量纲，即如果对数的底取2，则信息量的单位为比特(bit)；如果取e（自然对数），则其单位为奈特(nat)；如果取10（常用对数），则其单位为哈特(Hart)。在本书中，以2、e和10为底，x的对数分别简写为$\text{lb}x$、$\ln x$和$\lg x$。

利用换底公式容易求得

$$1\text{nat}\approx 1.44\text{bit}$$

$$1\text{Hart}\approx 3.32\text{bit}$$

在大多数信息传输系统中都是以二进制为基础的，因此信息量单位以比特最为常用。

例 2.1 一个1、0等概的二进制随机序列，求任一码元的自信息量。

解 任一码元不是为0就是为1。因为$P(0)=P(1)=1/2$，所以$I(0)=I(1)=-\text{lb}(1/2)=1\text{bit}$

例 2.2　对于 2^n 进制的数字序列，假设每一符号的出现完全随机且概率相等，求任一符号的自信息量。

解　设 2^n 进制数字序列任一码元 x_i 的出现概率为 $P(x_i)$，根据题意，有 $P(x_i)=1/2^n$，因此 $I(x_i)=-\mathrm{lb}(1/2^n)=n\mathrm{bit}$。

由上面两个例子可见，事件的自信息量只与其概率有关，而与它的取值无关。

2.2　信源熵和条件熵

2.2.1　信源熵

自信息量 $I(x_i)$ 的定义使得信息的度量成为可能，但它只能表示信源发出的某一具体符号 x_i 的自信息量。由于很多信源的符号集合具有多个元素且其概率并不相等，即 $P(x_i)\neq P(x_j)$，故 $I(x_i)$ 不能作为整个信源的总体信息测度。为此给出如下定义。

定义 2.4　若信源符号 $x_i(i=1,2,\cdots,N)$ 的出现概率为 $P(x_i)$，其自信息量为 $I(x_i)$，则该信源各个不同符号 x_i 所包含的自信息量 $I(x_i)$ 在信源空间 $P(\boldsymbol{X})=\{P(x_1),P(x_2),\cdots,P(x_i),\cdots,P(x_N)\}$ 中的统计平均值，即

$$H(\boldsymbol{X})=\sum_{i=1}^{N}P(x_i)\cdot I(x_i)=\sum_{\boldsymbol{X}}P(x)\cdot I(x_i)=-\sum_{\boldsymbol{X}}P(x)\mathrm{lb}\,P(x) \tag{2.4}$$

称为信源的信息熵，简称信源熵。其中，定义 $0\mathrm{lb}0=0$。

对于单符号离散信源，信源熵是信源每发一个符号所提供的平均信息量，其量纲为信息单位/信源符号。

由式(2.4)可见，虽然定义信源熵是自信息量的加权平均，但由于自信息量也是用信源符号的概率来定义的，因此信源熵只与信源符号的概率分布有关。对于任何给定概率分布的信源，$H(\boldsymbol{X})$ 是一个确定的数，其大小代表了信源每发出一个符号给出的平均信息量。

例 2.3　已知二进制通信系统的信源空间为

$$[\boldsymbol{X}\cdot P]:\begin{cases}\boldsymbol{X}: & 1 & 0\\ P(\boldsymbol{X}): & P(1) & P(0)\end{cases}$$

求该信源的熵。

解　设 $P(1)=p$，则 $P(0)=1-p$。由式(2.4)，有

$$H(\boldsymbol{X})=-p\mathrm{lb}p-(1-p)\mathrm{lb}(1-p) \tag{2.5}$$

式(2.5)称为二进制熵函数，也常用 $H_{\mathrm{b}}(p)$ 表示。显见，当 $p=0$ 或 $p=1$ 时，$H(\boldsymbol{X})=0$；当 $p=1/2$ 时，$H(\boldsymbol{X})=1$。图 2.1 给出了二进制熵函数的曲线。

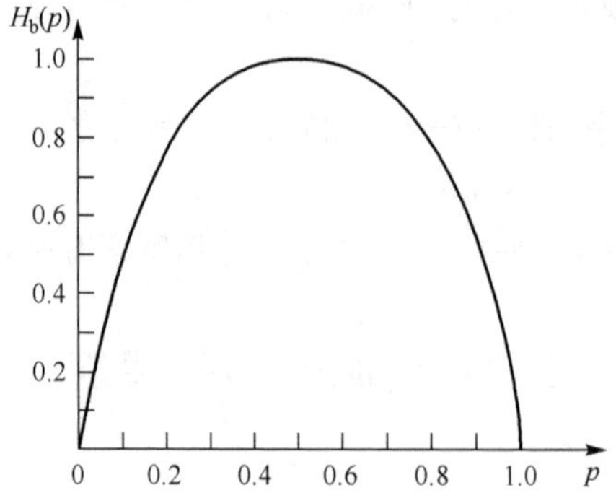

图 2.1 二进制熵函数

信息熵是信息理论中的一个特别重要的概念，它是借用热力学中的“熵”给出了平均信息量的定义，不但可以表征信源的整体信息测度，任何集合的整体信息测度均可以用它来表征。例如，对于信宿 $\boldsymbol{Y}$ 来说，信宿的信息熵（简称信宿熵）为

$$H(\boldsymbol{Y}) = \sum_{j=1}^{M} P(y_j) \cdot I(y_j) = \sum_{\boldsymbol{Y}} P(y) \cdot I(y) = -\sum_{\boldsymbol{Y}} P(y) \mathrm{lb} P(y)$$

式中，$y_j(j=1,2,\cdots,M)$为信宿中的符号，$P(y_j)$为 y_j的出现概率，$I(y_j)$为 y_j的自信息量。

2.2.2 条件自信息量

自信息量或信源熵只是表征信源本身的信息特征，但对于图 1.1 所示的最简单的通信系统，也必须考虑信源、信道和信宿这 3 个因素。若信源的输出为 $\boldsymbol{X}$，信宿的输入为 $\boldsymbol{Y}$，即考虑了信道的作用，将图 1.1 重画，如图 2.2 所示，这时经常是某一事件在某种条件下才出现，它的出现所带来的信息量就必须要在联合符号集合 $\boldsymbol{X}$、$\boldsymbol{Y}$ 中进行考虑，且需要用条件概率来描述。

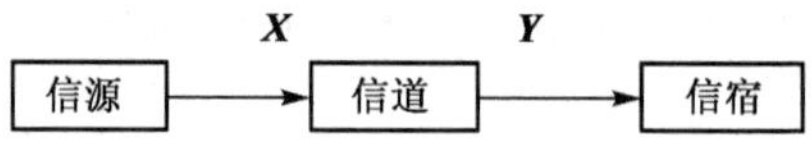

图 2.2 最简单的通信系统模型

定义 2.5 设在 y_j条件下，随机事件 x_i的条件概率为 $P(x_i \mid y_j)$，则 x_i的出现所带来的信息量称为它的条件自信息量，表示为

$$I(x_i \mid y_j) = -\mathrm{lb} P(x_i \mid y_j) \tag{2.6}$$

类似地在 x_i条件下，随机事件 y_j出现所带来的信息量亦是条件自信息量，为

$$I(y_j \mid x_i) = -\mathrm{lb} P(y_j \mid x_i) \tag{2.7}$$

对于通信系统，上述两式具有明确的物理含义，即条件概率只与信道特性有关而与信源符号或信宿符号的概率分布无关，因此上述条件概率仅仅由信道特性所决定，可以看成是由信道给出的信息量。

2.2.3　条件熵

类似地，为了寻求在给定 y 条件下 $\boldsymbol{X}$ 集合的总体信息量度，有

$$H(\boldsymbol{X} \mid y)=\sum_{\boldsymbol{X}} P(x \mid y) \cdot I(x \mid y)=-\sum_{\boldsymbol{X}} P(x \mid y) \operatorname{lb} P(x \mid y) \tag{2.8}$$

考虑到整个 $\boldsymbol{Y}$ 集合，有

$$\begin{aligned} H(\boldsymbol{X} \mid \boldsymbol{Y}) &= \sum_{\boldsymbol{Y}} P(y) H(\boldsymbol{X} \mid y) \\ &=-\sum_{\boldsymbol{XY}} P(y) P(x \mid y) \cdot \operatorname{lb} P(x \mid y) \\ &=-\sum_{\boldsymbol{XY}} P(xy) \operatorname{lb} P(x \mid y) \end{aligned} \tag{2.9}$$

称 $H(\boldsymbol{X}/\boldsymbol{Y})$ 为给定 $\boldsymbol{Y}$ 的条件下 $\boldsymbol{X}$ 的条件熵，用语言描述，有如下的定义。

定义 2.6　对于联合符号集 $\boldsymbol{XY}$，在给定 $\boldsymbol{Y}$ 的条件下，用联合概率 $P(xy)$ 对 $\boldsymbol{X}$ 集合的条件自信息量进行加权的统计平均值，为 $\boldsymbol{X}$ 的条件熵。

式(2.9)是定义 2.6 的数学表示式。由此可见，条件熵表示了信道所给出的平均信息量。

有了上述基本概念，可以继续讨论这样一个问题：在图 2.3 的信息传输模型中，若信道存在干扰，信宿收到从信道输出的某一符号 y_j 后，能够获取多少关于从信源发某一符号 x_i 的信息量？

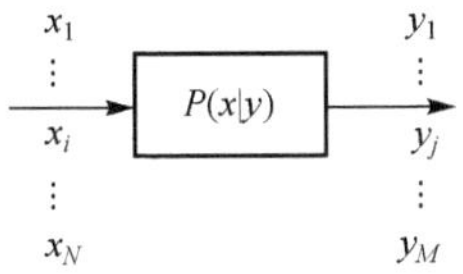

图 2.3　最简单的通信系统信息传输模型

显然，这种信息量具有“交互”的性质，可以用来描述信息的流通问题。

2.3　互信息量和平均互信息量

2.3.1　互信息量

将上面所述的例子赋予一般的概念，有如下定义。

定义 2.7　对两个离散随机事件集合 $\boldsymbol{X}$ 和 $\boldsymbol{Y}$，事件 y_j 的出现给出关于事件 x_i 的信息量，定义为事件 x_i、y_j 的互信息量，用 $I(x_i;y_j)$ 表示。

注意 $I(x_i;y_j)$ 与 $I(x_i,y_j)$ 的区别，后者表示 x_i 与 y_j 同时出现时的自信息量。

下面讨论互信息量的表示式。首先考虑信道没有干扰的情况，这时信源发 x_i，信宿获取其全部信息量，即信源信息通过信道全部流通到信宿，有

$$I(x_i,y_j)=I(x_i)$$

当信道存在干扰时，信源发 x_i，信宿收到的 y_j 可能是 x_i 的某种变型，亦即除了信源给出的信息外，还可能有纯粹是信道给出的“信息”。利用前述条件自信息量的概念可以得知，在收到 y_j 后，考虑从发端发 x_i 这一事件中获得的信息量，应该是

$$I(x_i;y_j)=I(x_i)-I(x_i\mid y_j) \tag{2.10}$$

故有

$$I(x_i;y_j)=\operatorname{lb}\frac{P(x_i\mid y_j)}{P(x_i)} \tag{2.11}$$

式(2.10)或式(2.11)都是互信息量的定义，用于描述信息的流通。

2.3.2 互信息量的性质

下面分析互信息量的有关特性。

1)对称性

如果考虑信息的反向流通问题，即考虑事件 x_i 的出现给出关于事件 y_j 的信息量，或者从 x_i 中获取关于 y_j 的信息量，那么由定义 2.7，有

$$I(y_j;x_i)=I(y_i)-I(y_j\mid x_i)=\operatorname{lb}\frac{P(y_j\mid x_i)}{P(y_j)} \tag{2.12}$$

下面看 $I(x_i;y_j)$ 和 $I(y_j;x_i)$ 的关系。由式(2.11)，有

$$\begin{aligned}I(x_i;y_j)&=\operatorname{lb}\frac{P(x_i\mid y_j)}{P(x_i)}=\operatorname{lb}\frac{P(x_i\mid y_j)P(y_j)}{P(x_i)P(y_j)}\\&=\operatorname{lb}\frac{P(x_iy_j)\mid P(x_i)}{P(y_j)}=\operatorname{lb}\frac{P(y_j\mid x_i)}{P(y_j)}=I(y_j;x_i)\end{aligned} \tag{2.13}$$

即 $I(x_i;y_j)=I(y_j;x_i)$，称为互信息量的对称性。

2)值域为实数

由式(2.11)或式(2.12)可见，互信息量的值可为正数、负数或者 0。以式(2.11)为例进行讨论，有如下几种情况。

(1) $P(x_i|y_j)=1, I(x_i;y_j)=I(x_i)$。

说明收到 y_j 后即可以完全消除对信源是否发 x_i 的不确定度，其物理含义是信宿获取了信源发出的全部信息量，这等效为信道没有干扰。

(2) $P(x_i)<P(x_i|y_j)<1$，这时 $I(x_i)>I(x_i|y_j)$，$I(x_i;y_j)>0$。

说明收到 y_j 后对信源是否发 x_i 所进行判断的正确程度，要大于 x_i 在信源集合中的概率，因此 y_j 获取了关于 x_i 的信息量。$I(x_i;y_j)$ 越大，这种获取越多。

这正是实际通信时遇到的大多数情况，它对应着信道存在干扰但信宿仍能从信源中获取信息量的情况。

(3) $P(x_i|y_j)=P(x_i)$，亦即 $I(x_i)=I(x_i|y_j)$，$I(x_i;y_j)=0$。

说明收到 y_j 后对信源是否发 x_i 所进行判断的正确程度，和 x_i 在信源集合中的概

率是一样的，直观上不难理解这时在 y_j 中获取不到关于 x_i 的信息量。

事实上，假若 x_i 和 y_j 统计无关，即 $P(x_i, y_j)=P(x_i)P(y_j)$，由贝叶斯公式容易推得 $I(x_i;y_j)=0$。这也说明这种情况实际上是事件 x_i 和事件 y_j 统计无关，或者说信道使得事件 x_i 和事件 y_j 变成了两码事，信宿得到的信息仅仅是由信道特性给出的，与信源实际发出什么符号无关，因此完全没有信息的流通。

(4) $0<P(x_i|y_j)<P(x_i)$，亦即 $I(x_i)<I(x_i|y_j)$，$I(x_i;y_j)<0$。

说明收到 y_j 后对信源是否发 x_i 所进行判断的正确程度，比 x_i 在信源集合中的概率还要小，这时判断信源没有发 x_i 似乎更合理些，但不能判断信源到底发了什么（特别是对应于信源有多个符号时）。这种情况事实上给出了信息量，但流通的不是关于 x_i 的信息量，而是 x_i 以外的事件的信息量。

综上所述，只有 $P(x_i|y_j)=P(x_i)$，即 $I(x_i;y_j)=0$ 时，才没有信息的流通。

3）不大于其中任一事件的自信息量

由于 $P(x_i|y_j)\leqslant 1$，根据式(2.11)，有

$$I(x_i;y_j)\leqslant \text{lb}[1|P(x_i)]=I(x_i)$$

同理，由 $P(x_i|y_j)\leqslant 1$，根据式(2.12)，有

$$I(y_j;x_i)\leqslant \text{lb}[1|P(y_j)]=I(y_j)$$

这一性质清楚地说明了互信息量是描述信息流通特性的物理量，流通量的数值当然不能大于被流通量的数值。由于自信息量是为了确定某一事件出现所必须提供的信息量，因此，这一性质又说明某一事件的自信息量是任何其他事件所能提供的关于该事件的最大信息量。

2.3.3 条件互信息量

前面的讨论是针对两维空间的，可以方便地将它的结论推广到三维空间。

假设 $\boldsymbol{XYZ}$ 空间的事件 x_i、y_j、z_k，那么事件 y_jz_k 出现后，从 y_jz_k 中获取关于 x_i 的信息量是多少呢？如果把 y_jz_k 看成一个事件，则由式(2.11)，有

$$I(x_i;y_jz_k)=\text{lb}\,\frac{P(x_i \mid y_jz_k)}{P(x_i)} \tag{2.14}$$

将式(2.14)分子分母同乘以 $P(x_i|z_k)$，得

$$\begin{aligned} I(x_i;y_jz_k) &= \text{lb}\,\frac{P(x_i \mid z_k)}{P(x_i)}+\text{lb}\,\frac{P(x_i \mid y_jz_k)}{P(x_i \mid z_k)} \\ &= I(x_i;z_k)+I(x_i;y_j \mid z_k) \end{aligned} \tag{2.15}$$

式(2.15)第一项是 x_i 与 z_k 之间的互信息量；第二项定义为在 z_k 条件下 x_i 与 y_j 之间的互信息量，简称为条件互信息量。

条件互信息量 $I(x_i;y_j \mid z_k)$ 是在给定 z_k 条件下，事件 y_j 出现所提供的有关 x_i 的

信息量，将它写成 $I[(x_i;y_j)\mid z_k]$ 或许含义更明确些，表明是在给定 z_k 条件下 x_i、y_j 之间的互信息量。

下面分析条件互信息量和条件信息量的关系。由式(2.15)，有

$$I(x_i;y_j\mid z_k)=\operatorname{lb}\frac{1}{P(x_i\mid z_k)}-\operatorname{lb}\frac{1}{P(x_i\mid y_jz_k)}$$
$$=I(x_i\mid z_k)-I(x_i\mid y_jz_k) \tag{2.16}$$

类似地，还可推得其他表示，如

$$I(x_i;y_j\mid z_k)=I(x_i\mid z_k)+I(y_j\mid z_k)-I(x_iy_j\mid z_k)$$
$$=I(y_j\mid z_k)-I(y_j\mid x_iz_k) \tag{2.17}$$

即条件互信息量可以用条件信息量表示。

2.3.4 平均互信息量

互信息量定量地描述了信息的流通问题，但它只描述了集合 $\boldsymbol{X}$(信源)中某一具体符号 x_i 与集合 $\boldsymbol{Y}$(信宿)中某一具体符号 y_j 通过某一媒质(信道)的信息流通情况，还不能作为信道上信息流通的整体测度。类似地，若从整体的角度且在平均意义上来度量信宿每接收到一个符号而从信源获取的信息量，就要引入平均互信息量的概念。

定义 2.8 两个离散随机事件集合 $\boldsymbol{X}$ 和 $\boldsymbol{Y}$，若任意两个事件间的互信息量为 $I(x_i;y_j)$，则用其联合概率进行加权的统计平均值，称为两集合的平均互信息量，用 $I(\boldsymbol{X};\boldsymbol{Y})$ 表示。

事实上，当信宿收到某一具体符号 y_j 后，从 y_j 中获取关于输入符号(不论是哪一个符号)的平均信息量，显然应该是在条件概率空间中的统计平均，可以用 $I(\boldsymbol{X};y_j)$ 表示，有

$$I(\boldsymbol{X};y_j)=\sum_{i=1}^{N}P(x_i\mid y_j)I(x_i;y_j)=\sum_{\boldsymbol{X}}P(x\mid y_j)I(x;y_j)$$

再对其在集合 $\boldsymbol{Y}$ 中取统计平均，得

$$I(\boldsymbol{X};\boldsymbol{Y})=\sum_{j=1}^{M}P(y_j)I(\boldsymbol{X};y_j)$$
$$=\sum_{i=1}^{N}\sum_{j=1}^{M}P(y_j)P(x_i\mid y_j)\operatorname{lb}\frac{P(x_i\mid y_j)}{P(x_i)}$$
$$=\sum_{\boldsymbol{XY}}P(xy)\operatorname{lb}\frac{P(x\mid y)}{P(x)}=\sum_{\boldsymbol{XY}}P(xy)I(x;y) \tag{2.18}$$

式(2.18)是定义 2.8 的数学表示形式。

2.3.5 平均互信息量的性质

前面已详细地讨论了互信息量的性质，类似地，可以得到平均互信息量的有关性质。

1)对称性

根据互信息量的对称性,容易推得

$$I(\boldsymbol{X};\boldsymbol{Y})=I(\boldsymbol{Y};\boldsymbol{X}) \tag{2.19}$$

说明从集合 $\boldsymbol{Y}$ 中获取 $\boldsymbol{X}$ 的信息量,等于从集合 $\boldsymbol{X}$ 中获取 $\boldsymbol{Y}$ 的信息量。

2)与各种熵的关系

从平均互信息量的定义出发,可以推得它与各种熵的关系。例如

$$\begin{aligned}I(\boldsymbol{X};\boldsymbol{Y})&=\sum_{\boldsymbol{XY}}P(xy)\mathrm{lb}\frac{P(x\mid y)}{P(x)}\\&=-\sum_{\boldsymbol{XY}}P(xy)\mathrm{lb}P(x)+\sum_{\boldsymbol{XY}}P(xy)\mathrm{lb}P(x\mid y)\\&=-\sum_{\boldsymbol{X}}P(x)\mathrm{lb}P(x)-\Big[-\sum_{\boldsymbol{XY}}P(xy)\mathrm{lb}P(x\mid y)\Big]\end{aligned} \tag{2.20}$$

即

$$I(\boldsymbol{X};\boldsymbol{Y})=H(\boldsymbol{X})-H(\boldsymbol{X}\mid\boldsymbol{Y}) \tag{2.21}$$

同理可得

$$I(\boldsymbol{Y};\boldsymbol{X})=H(\boldsymbol{Y})-H(\boldsymbol{Y}\mid\boldsymbol{X}) \tag{2.22}$$

由于 $I(\boldsymbol{X};\boldsymbol{Y})=I(\boldsymbol{Y};\boldsymbol{X})$,因此还可以得到

$$I(\boldsymbol{X};\boldsymbol{Y})=H(\boldsymbol{X})+H(\boldsymbol{Y})-H(\boldsymbol{XY}) \tag{2.23}$$

式中,$H(\boldsymbol{X})$为信源的信息熵;$H(\boldsymbol{Y})$为信宿的信息熵;$H(\boldsymbol{X}|\boldsymbol{Y})$为在给定 $\boldsymbol{Y}$ 的条件下,$\boldsymbol{X}$ 集合的条件熵;$H(\boldsymbol{Y}|\boldsymbol{X})$为在给定 X 的条件下,$\boldsymbol{Y}$ 集合的条件熵;$H(\boldsymbol{XY})$为 $\boldsymbol{X}$ 集合和 $\boldsymbol{Y}$ 集合的共熵,或称联合熵。式中的信息熵和条件熵前面均已给出定义,根据熵的含义,不难看出共熵应该是联合符号集合 $\boldsymbol{XY}$ 上的每个元素对 xy 的自信息量的概率加权的统计平均值。事实上,只要将 $P(x|y)=P(xy)|P(y)$带入式(2.20),即可得到共熵的定义式

$$H(\boldsymbol{XY})=\sum_{\boldsymbol{XY}}P(xy)I(xy)=-\sum_{\boldsymbol{XY}}P(xy)\mathrm{lb}\,P(xy) \tag{2.24}$$

当 $\boldsymbol{X}$、$\boldsymbol{Y}$ 统计独立时,有 $P(xy)=P(x)P(y)$,故有

$$H(\boldsymbol{XY})=H(\boldsymbol{X})+H(\boldsymbol{Y}) \tag{2.25}$$

这里的联合熵考虑了二维随机变量,它是多维随机变量的一个特例,由它的定义,可以得

$$\begin{aligned}H(\boldsymbol{XY})&=-\sum_{\boldsymbol{XY}}P(xy)\mathrm{lb}P(xy)=-\sum_{\boldsymbol{XY}}P(xy)\mathrm{lb}[P(y)P(x\mid y)]\\&=-\sum_{\boldsymbol{XY}}P(xy)\mathrm{lb}P(y)-\sum_{\boldsymbol{XY}}P(xy)\mathrm{lb}P(x\mid y)=H(\boldsymbol{Y})+H(\boldsymbol{X}\mid\boldsymbol{Y})\end{aligned}$$

即

$$H(\boldsymbol{XY})=H(\boldsymbol{Y})+H(\boldsymbol{X}\mid\boldsymbol{Y}) \tag{2.26}$$

同理可得

$$H(\boldsymbol{XY}) = H(\boldsymbol{X}) + H(\boldsymbol{Y} \mid \boldsymbol{X}) \tag{2.27}$$

3) $I(\boldsymbol{X};\boldsymbol{Y}) \geqslant 0$，当且仅当 $\boldsymbol{X}$、$\boldsymbol{Y}$ 互相独立时，等号成立

也就是说，平均互信息量是一个非负数，这和两个随机变量的互信息量 $I(x_i;y_j)$ 不同。可以有很多方法来证明这一关系。例如由式(2.23)，只要证明

$$H(\boldsymbol{XY}) \leqslant H(\boldsymbol{X}) + H(\boldsymbol{Y}) \tag{2.28}$$

当且仅当 $\boldsymbol{X}$、$\boldsymbol{Y}$ 互相独立时等号成立，上述结论即得到证明。式(2.28)的证明如下。

证明 由熵的定义，有

$$\begin{aligned}
&H(\boldsymbol{XY}) - H(\boldsymbol{X}) - H(\boldsymbol{Y}) \\
&= -\sum_{\boldsymbol{XY}} P(xy)\mathrm{lb}[P(xy)] + \sum_{\boldsymbol{X}} P(x)\mathrm{lb}[P(x)] + \sum_{\boldsymbol{Y}} P(y)\mathrm{lb}[P(y)] \\
&= -\sum_{\boldsymbol{XY}} P(xy)\mathrm{lb}[P(xy)] + \sum_{\boldsymbol{XY}} P(xy)\mathrm{lb}[P(x)P(y)] \\
&= \sum_{XY} P(xy)\mathrm{lb}[P(x)P(y) \mid P(xy)] \\
&\leqslant \mathrm{lb}\sum_{\boldsymbol{XY}} P(xy)[P(x)P(y) \mid P(xy)] = \mathrm{lb}\sum_{\boldsymbol{XY}} P(x)P(y) = 0
\end{aligned}$$

由式(2.25)可知，当且仅当 $\boldsymbol{X}$、$\boldsymbol{Y}$ 互相独立时等号成立。证毕。

上述证明中的不等式使用了 Jensen 不等式，该不等式给出了如下结论：如果 f 是上凸函数，$\boldsymbol{X}$ 为随机变量，则 $E[f(x)] \leqslant f[E(x)]$。在这里用到

$$\sum_{\boldsymbol{X}} p(x)\mathrm{lb}\,\frac{q(x)}{p(x)} \leqslant \mathrm{lb}\sum_{\boldsymbol{X}} p(x)\,\frac{q(x)}{p(x)}$$

这一关系可证。

利用式(2.23)和式(2.25)很容易证明平均互信息量实质上是一种熵。

2.3.6 平均互信息量的物理意义

解释或理解平均互信息量的物理意义，实际就是理解各种熵的物理意义。

式(2.21)给出了 $I(\boldsymbol{X};\boldsymbol{Y}) = H(\boldsymbol{X}) - H(\boldsymbol{X}|\boldsymbol{Y})$ 的关系，说明平均互信息量为信源熵减掉一个条件熵。从通信的角度来说，它表明了以发送端(信源)的熵为参考，在接收端平均每收到一个符号所获得的信息量。如果信道上没有任何干扰或噪声，则 $I(\boldsymbol{X};\boldsymbol{Y}) = H(\boldsymbol{X})$；但是信道上通常存在着干扰和噪声，它必然会“污染”被传输的信息，从而使到达接收端的平均信息量比信源熵少一些，这少掉的部分就是条件熵 $H(\boldsymbol{X}|\boldsymbol{Y})$，因此它表征了对接收的每一个符号的正确性所产生怀疑的程度，故又称为疑义度。

同样地，式(2.22)给出了 $I(\boldsymbol{Y};\boldsymbol{X}) = H(\boldsymbol{Y}) - H(\boldsymbol{Y}|\boldsymbol{X})$ 的关系，它说明平均互信息量也可以以接收端(信宿)的熵为参考，且等于信宿熵减掉一个条件熵，同样表征接收端平均每收到一个符号所获得的信息量。如果信道上没有任何干扰或噪声，则平

均每收到一个符号所获得的信息量即是信宿熵，即 $I(\boldsymbol{X};\boldsymbol{Y})=H(\boldsymbol{Y})$；但是，如果信道上存在着干扰或噪声，则平均每收到一个符号所获得的信息量，比起信宿熵小了一个条件熵，这个条件熵 $H(\boldsymbol{Y}|\boldsymbol{X})$ 是由于信道的干扰或噪声给出的，因此它是唯一地确定信道噪声和干扰所需的平均信息量，故称为噪声熵，也称为散布度。

也可以从式(2.23)给出的关系式 $I(\boldsymbol{X};\boldsymbol{Y})=H(\boldsymbol{X})+H(\boldsymbol{Y})-H(\boldsymbol{XY})$ 来理解平均互信息量的物理意义。根据各种熵的定义，从该式可以清楚看出平均互信息量是一个表征信息流通的量，其物理意义就是信源端的信息通过信道后传输到信宿端的平均信息量。

例 2.4　已知信源空间 $[\boldsymbol{X}\cdot P]$：$\begin{cases} X: & x_1 \quad x_2 \\ P(\boldsymbol{X}): & 0.5 \quad 0.5 \end{cases}$，信道特性如图 2.4 所示，求在该信道上传输的平均互信息量 $I(\boldsymbol{X};\boldsymbol{Y})$、疑义度 $H(\boldsymbol{X}|\boldsymbol{Y})$、噪声熵 $H(\boldsymbol{Y}|\boldsymbol{X})$ 和共熵 $H(\boldsymbol{XY})$。

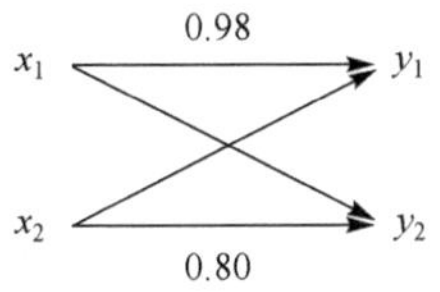

图 2.4　例 2.4 的信道特性

解　(1)根据 $P(x_iy_j)=P(x_i)P(y_j|x_i)$，求各联合概率，得

$$P(x_1y_1)=P(x_1)P(y_1\mid x_1)=0.5\times0.98=0.49$$
$$P(x_1y_2)=P(x_1)P(y_2\mid x_1)=0.5\times0.02=0.01$$
$$P(x_2y_1)=P(x_2)P(y_1\mid x_2)=0.5\times0.20=0.10$$
$$P(x_2y_2)=P(x_2)P(y_2\mid x_2)=0.5\times0.80=0.40$$

(2)根据 $P(y_j)=\sum_{i=1}^{N}P(x_i)P(y_j\mid x_i)$，求 $\boldsymbol{Y}$ 集合中各符号的概率，得

$$\begin{aligned}P(y_1)&=P(x_1)P(y_1\mid x_1)+P(x_2)P(y_1\mid x_2)\\&=0.5\times0.98+0.5\times0.2=0.59\end{aligned}$$
$$P(y_2)=1-0.59=0.41$$

(3)根据 $P(x_i|y_j)=P(x_iy_j)|P(y_j)$，求各后验概率，得

$$P(x_1\mid y_1)=P(x_1y_1)\mid P(y_1)=0.49/0.59=0.831$$
$$P(x_2\mid y_1)=P(x_2y_1)\mid P(y_1)=0.10/0.59=0.169$$
$$P(x_1\mid y_2)=P(x_1y_2)\mid P(y_2)=0.10/0.41=0.024$$
$$P(x_2\mid y_2)=P(x_2y_2)\mid P(y_2)=0.40/0.41=0.976$$

(4)求各种熵，有

$$H(\boldsymbol{X})=-\sum_{i=1}^{2}P(x_i)\mathrm{lb}P(x_i)=-(0.5\mathrm{lb}0.5+0.5\mathrm{lb}0.5)=1(\text{比特}/\text{信符})$$

$$H(\boldsymbol{Y})=-\sum_{j=1}^{2}P(y_j)\mathrm{lb}P(y_j)$$
$$=-(0.59\mathrm{lb}0.59+0.41\mathrm{lb}0.41)=0.98(\text{比特}/\text{信符})$$
$$H(\boldsymbol{XY})=-\sum_{i=1}^{2}\sum_{j=1}^{2}P(x_iy_j)\mathrm{lb}P(x_iy_j)$$
$$=-(0.49\mathrm{lb}0.49+0.01\mathrm{lb}0.01+0.10\mathrm{lb}0.10+0.40\mathrm{lb}0.40)$$
$$=1.43(\text{比特}/\text{两个信符})$$

上式即为共熵,而平均互信息量、疑义度和噪声熵分别为

$$I(\boldsymbol{X};\boldsymbol{Y})=H(\boldsymbol{X})+H(\boldsymbol{Y})-H(\boldsymbol{XY})=1+0.98-1.43=0.55(\text{比特}/\text{信符})$$
$$H(\boldsymbol{X}\mid\boldsymbol{Y})=H(\boldsymbol{X})-I(\boldsymbol{X};\boldsymbol{Y})=1-0.55=0.45(\text{比特}/\text{信符})$$
$$H(\boldsymbol{Y}\mid\boldsymbol{X})=H(\boldsymbol{Y})-I(\boldsymbol{X};\boldsymbol{Y})=0.98-0.55=0.43(\text{比特}/\text{信符})$$

2.4 多维随机变量的熵

2.4.1 熵的链接准则

考虑二维随机变量的熵,由式(2.26)或式(2.27),有

$$H(\boldsymbol{X}_1,\boldsymbol{X}_2)=H(\boldsymbol{X}_1)+\boldsymbol{H}(\boldsymbol{X}_2\mid\boldsymbol{X}_1) \tag{2.29}$$

对于多维随机变量的情况,由于

$$P(\boldsymbol{X}_1,\boldsymbol{X}_2,\cdots,\boldsymbol{X}_n)=P(\boldsymbol{X}_1)P(\boldsymbol{X}_2\mid\boldsymbol{X}_1)P(\boldsymbol{X}_n\mid\boldsymbol{X}_{n-1},\boldsymbol{X}_{n-2},\cdots,\boldsymbol{X}_2,\boldsymbol{X}_1)$$

故根据熵和共熵的定义可推得

$$\begin{aligned}H(\boldsymbol{X}_1,\boldsymbol{X}_2,\boldsymbol{X}_3)&=H(\boldsymbol{X}_1)+H[(\boldsymbol{X}_2,\boldsymbol{X}_3)\mid\boldsymbol{X}_1]\\&=H(\boldsymbol{X}_1)+H(\boldsymbol{X}_2\mid\boldsymbol{X}_1)+H(\boldsymbol{X}_3\mid\boldsymbol{X}_2,\boldsymbol{X}_1)\end{aligned} \tag{2.30}$$
$$\vdots$$
$$\begin{aligned}H(\boldsymbol{X}_1,\boldsymbol{X}_2,\cdots,\boldsymbol{X}_n)&=H(\boldsymbol{X}_1)+H(\boldsymbol{X}_2\mid\boldsymbol{X}_1)+H(\boldsymbol{X}_3\mid\boldsymbol{X}_2,\boldsymbol{X}_1)+\cdots\\&\quad+H(\boldsymbol{X}_n\mid\boldsymbol{X}_{n-1},\boldsymbol{X}_{n-2},\cdots,\boldsymbol{X}_2,\boldsymbol{X}_1)\\&=\sum_{i=1}^{n}H(\boldsymbol{X}_i\mid\boldsymbol{X}_{i-1},\cdots,\boldsymbol{X}_1)\end{aligned} \tag{2.31}$$

式(2.31)称为熵的链接准则,它给出了多维随机变量的联合熵与各随机变量的熵之间的关系。可以看出,它等于某一随机变量的熵及其他所有随机变量的条件熵之和,而条件熵涉及的条件,随着随机变量的维数增加而递增。

2.4.2 信息链接准则

下面讨论多维随机变量的信息流通问题。假设信源是一个多维随机变量($\boldsymbol{X}_1$,$\boldsymbol{X}_2$,$\cdots$,$\boldsymbol{X}_n$),于是它通过信道传送到信宿的信息量,就是它们的平均互信息量 $I(\boldsymbol{X}_1,\boldsymbol{X}_2,\cdots,\boldsymbol{X}_n;\boldsymbol{Y})$。由平均互信息量的定义和熵的链接准则,有

$$
\begin{aligned}
I(\boldsymbol{X}_1,\boldsymbol{X}_2,\cdots,\boldsymbol{X}_n;\boldsymbol{Y}) &= H(\boldsymbol{X}_1,\boldsymbol{X}_2,\cdots,\boldsymbol{X}_n)-H(\boldsymbol{X}_1,\boldsymbol{X}_2,\cdots,\boldsymbol{X}_n\mid \boldsymbol{Y})\\
&= \sum_{i=1}^{n}H(\boldsymbol{X}_i\mid \boldsymbol{X}_{i-1},\cdots,\boldsymbol{X}_1)-\sum_{i=1}^{n}(\boldsymbol{X}_i\mid \boldsymbol{X}_{i-1},\cdots,\boldsymbol{X}_1,\boldsymbol{Y})\\
&= \sum_{i=1}^{n}I(\boldsymbol{X}_i;\boldsymbol{Y}\mid \boldsymbol{X}_1,\boldsymbol{X}_2,\cdots,\boldsymbol{X}_{i-1})
\end{aligned}
$$

即

$$
I(\boldsymbol{X}_1,\boldsymbol{X}_2,\cdots,\boldsymbol{X}_n;\boldsymbol{Y}) = \sum_{i=1}^{n}I(\boldsymbol{X}_i;\boldsymbol{Y}\mid \boldsymbol{X}_{i-1},\boldsymbol{X}_{i-2},\cdots,\boldsymbol{X}_1) \tag{2.32}
$$

式(2.32)称为信息链接准则,它给出了多维随机变量的信息流通量与各随机变量的信息流通量之间的关系,式中 $I(\boldsymbol{X}_i;\boldsymbol{Y}\mid \boldsymbol{X}_{i-1},\boldsymbol{X}_{i-2},\cdots,\boldsymbol{X}_1)$ 为($\boldsymbol{X}_{i-1},\boldsymbol{X}_{i-2},\cdots,\boldsymbol{X}_1$)条件下 $\boldsymbol{X}_i$ 与 $\boldsymbol{Y}$ 的平均互信息量。

2.4.3　熵的界

考虑多维随机变量的熵与各随机变量的熵之间的关系,有如下定理。

定理 2.1　n 维随机变量的共熵,不大于它们各自的熵之和,即

$$
H(\boldsymbol{X}_1,\boldsymbol{X}_2,\cdots,\boldsymbol{X}_n) \leqslant \sum_{i=1}^{n}H(\boldsymbol{X}_i) \tag{2.33}
$$

称为熵的界。

证明　因为 $0\leqslant I(\boldsymbol{X};\boldsymbol{Y})=H(\boldsymbol{X})-H(\boldsymbol{X}|\boldsymbol{Y})$,所以 $H(\boldsymbol{X}|\boldsymbol{Y})\leqslant H(\boldsymbol{X})$。由共熵的定义和熵的链接准则,有

$$
\begin{aligned}
H(\boldsymbol{X}_1,\boldsymbol{X}_2) &= H(\boldsymbol{X}_1)+H(\boldsymbol{X}_2\mid \boldsymbol{X}_1)\leqslant H(\boldsymbol{X}_1)+H(\boldsymbol{X}_2)\\
H(\boldsymbol{X}_1,\boldsymbol{X}_2,\boldsymbol{X}_3) &= H(\boldsymbol{X}_1)+H(\boldsymbol{X}_2,\boldsymbol{X}_3\mid \boldsymbol{X}_1)\\
&= H(\boldsymbol{X}_1)+H(\boldsymbol{X}_2\mid \boldsymbol{X}_1)+H(\boldsymbol{X}_3\mid \boldsymbol{X}_2,\boldsymbol{X}_1)\\
&\leqslant H(\boldsymbol{X}_1)+H(\boldsymbol{X}_2)+H(\boldsymbol{X}_3)\\
&\vdots\\
H(\boldsymbol{X}_1,\boldsymbol{X}_2,\cdots,\boldsymbol{X}_n) &= \sum_{i=1}^{n}H(\boldsymbol{X}_i\mid \boldsymbol{X}_{i-1},\cdots,\boldsymbol{X}_1)\leqslant \sum_{i=1}^{n}H(\boldsymbol{X}_i)
\end{aligned}
$$

证毕。

2.4.4　数据处理不等式

由随机过程理论可知,对于 3 个随机变量空间 $\boldsymbol{X}$、$\boldsymbol{Y}$、$\boldsymbol{Z}$,如果 $\boldsymbol{Z}$ 的条件分布仅仅取决于 $\boldsymbol{Y}$ 而与 $\boldsymbol{X}$ 的条件无关,则称随机变量空间 $\boldsymbol{X}$、$\boldsymbol{Y}$、$\boldsymbol{Z}$ 构成了马尔可夫链,简称马尔可夫链。特别地,若

$$
P(\boldsymbol{X},\boldsymbol{Y},\boldsymbol{Z}) = P(\boldsymbol{X})P(\boldsymbol{Y}\mid \boldsymbol{X})P(\boldsymbol{Z}\mid \boldsymbol{Y}) \tag{2.34}
$$

则随机变量空间 $\boldsymbol{X}$、$\boldsymbol{Y}$、$\boldsymbol{Z}$ 构成了马尔可夫链。$\boldsymbol{X}$、$\boldsymbol{Y}$、$\boldsymbol{Z}$ 构成的马尔可夫链通常也可写成 $\boldsymbol{X}\rightarrow\boldsymbol{Y}\rightarrow\boldsymbol{Z}$。

对于 $\boldsymbol{X}$、$\boldsymbol{Y}$、$\boldsymbol{Z}$ 构成的马尔可夫链,有下面的定理。

定理 2.2 如果 $\boldsymbol{X}\to\boldsymbol{Y}\to\boldsymbol{Z}$，则 $I(\boldsymbol{X};\boldsymbol{Y})\geqslant I(\boldsymbol{X};\boldsymbol{Z})$。

证明 由平均互信息量的性质和信息链接准则，可得

$$I(\boldsymbol{X};\boldsymbol{Y},\boldsymbol{Z}) = I(\boldsymbol{X};\boldsymbol{Z}) + I(\boldsymbol{X};\boldsymbol{Y} \mid \boldsymbol{Z}) \tag{2.35}$$

或

$$I(\boldsymbol{X};\boldsymbol{Y},\boldsymbol{Z}) = I(\boldsymbol{X};\boldsymbol{Y}) + I(\boldsymbol{X};\boldsymbol{Z} \mid \boldsymbol{Y}) \tag{2.36}$$

因为 $\boldsymbol{X}$、$\boldsymbol{Z}$ 与给定的 $\boldsymbol{Y}$ 条件无关，根据马尔可夫链的性质，式(2.35)中的 $I(\boldsymbol{X};\boldsymbol{Y}|\boldsymbol{Z})\geqslant 0$，而式(2.36)中的 $I(\boldsymbol{X};\boldsymbol{Z}|\boldsymbol{Y})=0$，因此

$$I(\boldsymbol{X};\boldsymbol{Y}) \geqslant I(\boldsymbol{X};\boldsymbol{Z}) \tag{2.37}$$

证毕。

类似地，也可以证得

$$I(\boldsymbol{Y};\boldsymbol{Z}) \geqslant I(\boldsymbol{X};\boldsymbol{Z}) \tag{2.38}$$

这个定理说明，当消息通过级联处理时，其输入和输出消息之间的平均互信息量，不会超过输入消息与中间消息之间的平均互信息量，也不会超过中间消息与输出消息之间平均互信息量，即级联处理将使输入和输出消息之间的平均互信息量有变小的趋势。这一结论同样可以推广到多级处理的情况，且无论处理器级数增加多少，输入消息与输出消息之间的平均互信息量只会变小而不会变大。

定理 2.2 被称为数据处理定理，式(2.37)和式(2.38)为数据处理不等式，它指出数据处理能够把数据变换成各种所需要的或更有用的形式，但对于传输输入消息的目的而言，所作的处理不会创造出新的信息，故不会使流通的信息量增大。

本章小结

本章从信源空间的概念出发，首先引入了自信息量的定义，进而给出了条件自信息量、信息熵、条件熵、互信息量、条件互信息量、平均互信息量及不确定度、疑义度、噪声熵、联合熵等基本概念，使得信息可以度量。理解这些定义的必要性与合理性，并且能够举一反三，是学好本课程的基础。

在信息的度量中，熵是最基本的，图 2.5 给出了各种熵与平均互信息量之间的关系。

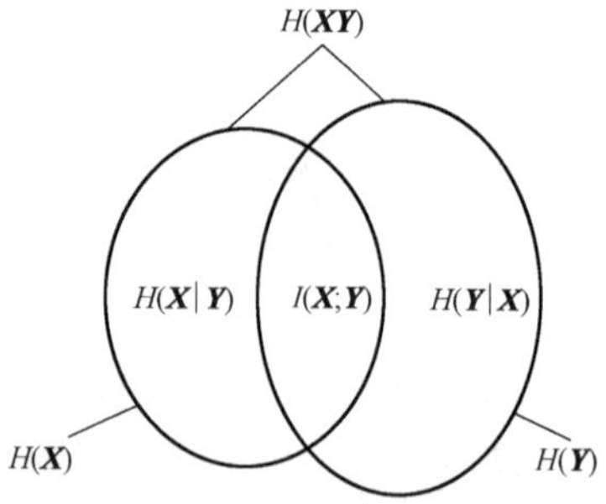

图 2.5 各种熵与平均互信息量之间的关系

思　考　题

2.1　请简述自信息量 $I(x_i)$ 的定义并说明它的合理性。

2.2　请用语言叙述信息熵的定义。

2.3　请给出条件自信息量、条件熵和条件互信息量的定义。

2.4　请给出互信息量的定义并用互信息量的概念说明什么情况下有信息的流通、什么情况下没有信息的流通。

2.5　请说出互信息量的性质。

2.6　请给出平均互信息量的定义及性质，说说疑义度、散布度的定义及含义。

2.7　请给出熵的链接准则和信息链接准则。

2.8　请给出 n 维随机变量的共熵与它们各自的熵之间的关系。

2.9　请简述数据处理定理和数据处理不等式。

习　　题

2-1　某市在几乎所有十字路口行人通道的红绿灯下方均增设了红灯语音提示装置，每当对应方向的红灯亮启时就有“现在是红灯，不要闯红灯”的高声提示，根据实测，该提示音的传播几乎没有方向性且在嘈杂环境下亦能传得很远；假设在十字路口四角的两个通行方向出现红、绿灯分别用事件 R_1、G_1 和 R_2、G_2 表示，行人听到红灯提示用事件 R 表示，它们对应的概率分别为 $P(R_1)$、$P(G_1)$、$P(R_2)$、$P(G_2)$ 和 $P(R)$。(1)若 $P(G_1)=P(G_2)=1/2$，试建立一信息传输模型，求行人听到红灯提示音时获取的信息量；(2)若 $P(G_1)=1/3$，$P(G_2)=3/8$，再求行人听到红灯提示音时获得的信息量；(3)从狭义信息论的观点出发，你认为通过如何改进能够让行人获取比现在情况要大一些的信息量。

2-2　一副充分洗乱了的牌(含 52 张牌)，试问：

(1)任一特定排列所给出的信息里是多少？

(2)若从中抽取 10 张牌，所给出的点数都不相同，则能得到多少信息量？

2-3　一珍珠养殖场收获 240 颗外观及重量完全相同的特大珍珠，但不幸被人用外观相同但重量仅有微小差异的假珠换掉 1 颗。(1)一人随手取出 3 颗，经测量恰好找出了假珠，问这一事件大约给出了多少比特的信息量；(2)不巧假珠又滑落进去，那人找了许久却未找到，但另一人说他用天平最多 6 次能找出，结果确是如此，问后一事件给出多少信息量；(3)对上述结果作出解释。

2-4　已知

$$\begin{matrix} \boldsymbol{X}: & 1, & 0 \\ P(\boldsymbol{X}): & p, & 1-p \end{matrix}$$

(1)求证：$H(\boldsymbol{X})=H(p)$

(2)求 $H(p)$并作其曲线，解释其含义。

2-5 证明 $H(\boldsymbol{X}_3|\boldsymbol{X}_1\boldsymbol{X}_2)\leqslant H(\boldsymbol{X}_2|\boldsymbol{X}_1)$，并说明等式成立的条件。

2-6 设有一概率空间，其概率分布为$\{p_1,p_2,\cdots,p_q\}$，且 $p_1>p_2$。若取 $p_1'=p_1-\varepsilon$，$p_2'=p_2+\varepsilon$，其中 $0<2\varepsilon\leqslant p_1-p_2$，而其他概率值不变。证明由此得到的新概率空间的熵是增加的，并用熵的物理意义加以解释。

2-7 某办公室和其上级机关的自动传真机均兼有电话功能。根据多年来对双方相互通信次数的统计，该办公室给上级机关发传真和打电话占的比例约为 3:7，但发传真时约有 5%的次数对方按电话接续而振铃，拨电话时约有 1%的次数对方按传真接续而不振铃。求：(1)上级机关值班员听到电话振铃而对此次通信的疑义度；(2)接续信道的噪声熵。

2-8 四个等概分布的消息 M_1,M_2,M_3,M_4被送入如图 2.6 所示的信道进行传输，通过编码使 $M_1=00,M_2=01,M_3=10,M_4=11$。求输入是 M_1和输出符号是 0 的互信息量是多少？如果知道第二个符号也是 0，这时带来多少附加信息量？

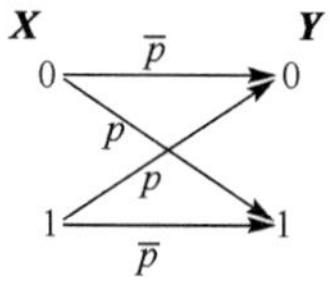

图 2.6

2-9 证明若随机变量 $\boldsymbol{X},\boldsymbol{Y},\boldsymbol{Z}$ 构成马尔可夫链，即 $\boldsymbol{X}\rightarrow\boldsymbol{Y}\rightarrow\boldsymbol{Z}$，则有 $\boldsymbol{Z}\rightarrow\boldsymbol{Y}\rightarrow\boldsymbol{X}$。

第3章　离散信源及其信源编码

通信系统的任务是将信源的消息有效可靠地传送到信宿。从信息传输的角度来讲，研究信源主要是研究其输出的消息，简称信源消息。信源消息是多种多样的，例如语声、音乐、图像、数据或发生的事件等；在通信系统中，人们习惯于将其分为数字通信和模拟通信，其实质亦是根据信源消息是数字还是模拟来划分的。本章首先讨论信源的分类，然后讨论离散信源的信息度量及其信源编码问题。

3.1　信源分类

3.1.1　信源分类方法

任何事物的分类都是从某一角度出发并且为了讨论问题的方便，对信源的分类也是如此。例如，从信源发出的消息在时间上和幅度上的分布，分为连续信源和离散信源；从信源消息是模拟的还是数字的，分为模拟信源和数字信源，后者还可分为二进制信源和多进制信源。上述分类方法如图3.1所示。

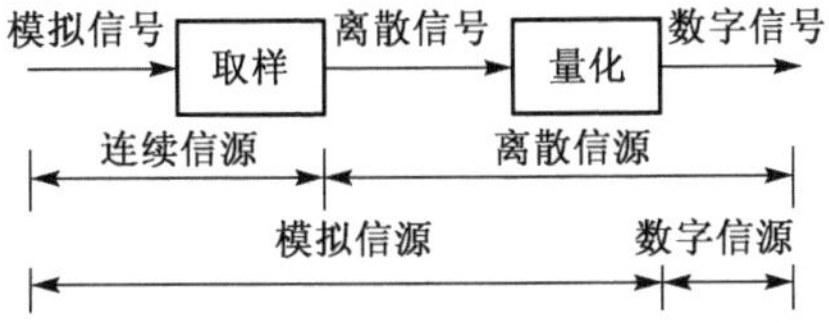

图3.1　信源分类的例子

从前两章的讨论已知，信源消息中的信息是一个时变的不可预知的函数，因此，描述信源消息或对信源建模，随机过程是一个有效的工具。也就是说，信源能够用随机过程来建模，从描述信源消息的随机过程的平稳性角度，信源可以分为平稳信源和非平稳信源，也可以按随机过程的类别将其分为高斯信源和马尔可夫信源等。

还可以根据人们对信源消息的感知情况将其分为数据信源、文本信源、语音信源、图像信源等，其中文本信源和语音信源都是针对人类语言、文字、声乐等感知的，又通称为自然语信源。

由此可见，对信源的分类可以有多种方法，取决于所讨论的问题，但本质上主要基于两方面的考虑。一是信源消息取值的集合以及消息取值时刻的集合，由此可分为离散信源、连续信源或数字信源、模拟信源等；二是信源消息的统计特性，由此可分为无记忆信源、有记忆信源、平稳信源、非平稳信源、高斯信源、马尔可夫信源等。实际应用中还经常是它们的某种组合,例如无记忆离散信源等。

离散信源的消息亦称符号或消息符号,根据其特点以及符号间的关联性,可分为无记忆离散信源和有记忆离散信源。对于前者,又可分为发出单个符号的和发出符号序列的两种情况;对于后者,则可分为发出符号序列的有记忆离散信源和马尔可夫信源。

无记忆离散信源发出的各个消息符号是相互独立的,即信源发出的符号序列中的各个符号之间没有关联性,各个符号的出现概率统计独立。发出单个符号的离散无记忆信源是指它每次只发出一个符号且每个符号代表一个消息,发出符号序列的离散无记忆信源是指它每次发出不少于两个符号的序列来代表一个消息。

有记忆离散信源发出的各个消息符号是相互关联的,其记忆性或关联性通常有两种方式来描述。一是用其联合概率来表示,这就是发出符号序列的有记忆离散信源;二是用其条件概率来表示,这就是发出符号序列的马尔可夫信源。

研究信源最主要的目的是为信源编码服务。信源编码的目标是用尽可能少的码元符号或尽可能低的数据速率来表示信源消息。为了理解怎样的信源编码才是好的或者说是有效的,首先要能够对信源参数进行测量。基于这一考虑,下面以人们最为熟悉的自然语信源和较为常用的马尔可夫信源为例进行讨论,从中得到一些基本概念。

3.1.2 自然语信源

如前所述,文本信源和语音信源通称为自然语信源。也可以简单定义以人类的自然语言作为输出消息的信源为自然语信源。自然语言可以分为书面语言和声音语言两大类,由于书面语言由一个个文字符号构成,是一种典型的离散信源,又是人们最基本的交流工具,因此也是信息论中首先讨论和研究最多的信源。

先来讨论英文。英文中字母的组合构成单词,单词的组合构成句子,句子的组合构成段落和文章。英文的字母、单词、句子甚至文章,在某一个统计集合中(如一篇文章、一本书、若干文献等),能得出其字母、单词、句子的使用频率,通过大量的统计可得出其分布概率。例如,将英文的26个字母和空格构成一个信源空间,通过大量统计的结果如表3.1所示。这一成果的直接应用是英文打字键盘的设计,计算机的按键总是让那些出现概率高的符号放在人手最容易触摸到的位置也是这个道理。但由常识可知,仅仅按照表中的出现概率随机构成的一串字母序列通常并不能构成英文单词,这是因为实际应用的英文单词,其构成还有许多语法和修辞方面的制约,这种制约在数学关系上的反映就是其关联性,表3.1的一维概率分布是反映不出这种关联性的。

表 3.1　英文 26 个字母和空格出现概率的一种统计结果

序号	字母	出现概率	序号	字母	出现概率
1	空格	0.181 70	15	M	0.021 05
2	E	0.107 30	16	U	0.020 10
3	T	0.085 60	17	G	0.016 33
4	A	0.066 80	18	Y	0.016 23
5	O	0.065 40	19	P	0.016 23
6	N	0.058 10	20	W	0.012 60
7	R	0.055 90	21	B	0.011 79
8	I	0.051 00	22	V	0.007 52
9	S	0.049 90	23	K	0.003 44
10	H	0.043 05	24	X	0.001 36
11	D	0.031 00	25	J	0.001 08
12	L	0.027 75	26	Q	0.000 99
13	F	0.023 95	27	Z	0.000 63
14	C	0.022 60			

中文通常指汉字，也有同样的情况，但其结构比英文复杂得多，一个重要区别是每个单字都有明确的意义，而且数量巨大。例如，被收入《现代汉语词典》的单个汉字为 7208 个，被收入《辞海》的为 14872 个，收入《康熙字典》、《汉语大字典》的则更多，分别为 47035 个和 54678 个。因此，要想象英文字母那样给出汉字的信源空间，必须对大量的汉字文献进行统计。到目前为止，汉字统计的成果已被总结成国家标准(如 GB2312－80，GB18030－2000 等)，给出了一级字库、二级字库和三级字库等。但由于文字的使用总是与时俱进的，这种统计的工作必将一直进行下去。与英文类似，并不是将任意汉字按其使用概率随机组合就能构成汉语句子的，同样还有许多语法和修辞方面的制约，也就是还必须考虑其关联性。

可以用符号的联合概率或条件概率来描述它们之间的关联性。例如对于英文，可以将包含 K 个字母的英文单词看成是具有 K 个字母的符号序列，称之为 K 重符号序列，将其作为一个整体消息，其联合概率就已考虑了字母与字母间的关联性。类似地，也可以把由汉字组成的中文词汇作为符号序列。

有了符号或符号序列的信源空间就可以度量它们出现时所给出的信息量，并可以计算它们的信源熵，由后面的分析可知它们将直接为提高信源编码的效率服务。但无论是符号概率还是符号序列的联合概率都只能描述静态的情形，不能描述动态的过程。以用第一个字母为 T 来构成 3 个字母的英文单词为例，第二个字母为 H 的概率可以用条件概率 $P(\mathrm{H}|\mathrm{T})$来表示，第三个字母为 E 的概率可以用条件概率 $P(\mathrm{E}|\mathrm{TH})$来表示，其他各种可能的组合也都可用其条件概率来表示。这种条件概率描述了符号间的记忆特性，但它同时给出了符号间的转移特性，故也称为转移概率。用转移概率来描述的信源是一种典型的马尔可夫信源。

3.1.3 马尔可夫信源

为了研究马尔可夫信源的信息特性，首先回顾一下马尔可夫过程和马尔可夫链。

1. 马尔可夫过程和马尔可夫链的定义

定义 3.1 设 $\boldsymbol{X}(t)$ 为一个随机过程，若对任意的 $t_1<t_2<\cdots<t_n$ 时刻的随机变量 $X(t_1),X(t_2),\cdots,X(t_n)$，有

$$P(x_n;t_n \mid x_{n-1},x_{n-2},\cdots,x_1;t_{n-1},t_{n-2},\cdots,t_1)=P(x_n;t_n \mid x_{n-1};t_{n-1}) \tag{3.1}$$

则称 $X(t)$ 为单纯马尔可夫过程或一阶马尔可夫过程。

定义 3.1 说明，一阶马尔可夫过程在 t_n 时刻的随机变量 x_n 仅和它前一时刻 t_{n-1} 的随机变量 x_{n-1} 有关。

定义 3.2 设 $\boldsymbol{X}(t)$ 为一个随机过程，若对任意的 $t_1<t_2<\cdots<t_{n-k}<\cdots<t_n$ 时刻的随机变量 $X(t_1),X(t_2),\cdots,X(t_{n-k}),\cdots,X(t_n)$，有

$$\begin{aligned}&P(x_n;t_n \mid x_{n-1},x_{n-2},\cdots,x_{n-k},\cdots,x_1;t_{n-1},t_{n-2},\cdots,t_{n-k},\cdots,t_1)\\&\quad=P(x_n;t_n \mid x_{n-1},x_{n-2},\cdots,x_{n-k};t_{n-1},t_{n-2},\cdots,t_{n-k})\end{aligned} \tag{3.2}$$

则称 $\boldsymbol{X}(t)$ 为 K 阶马尔可夫过程。

定义 3.2 说明，K 阶马尔可夫过程在 t_n 时刻的随机变量 x_n，仅和它前 k 个时刻 $t_{n-1},t_{n-2},\cdots,t_{n-k}$ 的随机变量 $x_{n-1},x_{n-2},\cdots,x_{n-k}$ 有关。

当马尔可夫过程随机变量的值和时间均取离散值时，该马尔可夫过程就称为马尔可夫链。类似地，可以给出一阶和 K 阶马尔可夫链的定义。

定义 3.3 设随机过程 $\boldsymbol{X}(t)$ 在时间域 $\boldsymbol{T}=\{t_1,t_2,\cdots,t_n\}$ 的 n 个时刻上的状态 x_k $(k=1,2,\cdots,n)$ 都是离散型的随机变量，并且 x_k 有 M 个可能的取值 $s_1,s_2,\cdots,s_M$，这 M 个取值构成一个状态空间 $\boldsymbol{S}$，即 $\boldsymbol{S}=\{s_1,s_2,\cdots,s_M\}$，在 n 个时刻上的 n 个状态构成一个随机序列 $(x_1,x_2,\cdots,x_{k-1},x_k,\cdots,x_{n-1},x_n)$，对这个随机序列，若

$$\begin{aligned}&P(x_n=s_{i,n} \mid x_{n-1}=s_{i,n-1},x_{n-2}=s_{i,n-2},\cdots,x_2=s_{i,2},x_1=s_{i,1})\\&=P(x_n=s_{i,n} \mid x_{n-1}=s_{i,n-1})\end{aligned} \tag{3.3}$$

则称此序列为单纯马尔可夫链或一阶马尔可夫链。

定义 3.3 说明，一阶马尔可夫链在 t_n 时刻取值 $x_n=s_{i,n}$ 的概率，仅与它前一时刻 t_{n-1} 的状态 x_{n-1} 有关，而与其他时刻的状态无关。由此可见，一阶马尔可夫链的记忆长度为 2 个时刻 t_{n-1} 和 t_n。

定义 3.4 设随机过程 $\boldsymbol{X}(t)$ 在时间域 $\boldsymbol{T}=\{t_1,t_2,\cdots,t_n\}$ 的 n 个时刻上的状态 x_k $(k=1,2,\cdots,n)$ 都是离散型的随机变量，并且 x_k 有 M 个可能的取值 $s_1,s_2,\cdots,s_M$，这 M 个取值构成一个状态空间 $\boldsymbol{S}$，即 $\boldsymbol{S}=\{s_1,s_2,\cdots,s_M\}$，在 n 个时刻上的 n 个状态构成一个随机序列 $(x_1,x_2,\cdots,x_{k-1},x_k,\cdots,x_{n-1},x_n)$，对此随机序列，若有

$$P(x_n = s_{i,n} \mid x_{n-1} = s_{i,n-1}, x_{n-2} = s_{i,n-2}, \cdots, x_k = s_{i,n-k}, \cdots, x_2 = s_{i,2}, x_1 = s_{i,1})$$
$$= P(x_n = s_{i,n} \mid x_{n-1} = s_{i,n-1}, x_{n-2} = s_{i,n-2}, \cdots, x_k = s_{i,n-k}) \tag{3.4}$$

则称此序列为 K 阶马尔可夫链。

定义 3.4 说明，K 阶马尔可夫链在 t_n 时刻取值 $x_n = s_{i,n}$ 的概率，与它前 k 个时刻 $t_{n-1}, t_{n-2}, \cdots, t_{n-k}$ 的 k 个状态 $x_{n-1}, x_{n-2}, \cdots, x_k$ 有关。由此可见，K 阶马尔可夫链的记忆长度为 $k+1$ 个时刻。

马尔可夫信源发出消息的方式体现在马尔可夫链的状态转移上，可以用条件概率（或称为转移概率）来描述这种转移。例如，若一阶马尔可夫链在 t_{k-1} 时刻随机序列的取值 $x_{k-1} = s_i$，而在下一个时刻 t_k 随机序列的取值 $x_k = s_j$，分别称之为状态 s_i 和状态 s_j，也可以简写为状态 i 和状态 j，则由状态 i 转移到状态 j 的转移概率可写为

$$P(j \mid i) = P(x_k = s_j \mid x_{k-1} = s_i) \tag{3.5}$$

2. 马尔可夫信源的描述

马尔可夫信源空间是其状态的转移概率。对于一阶马尔可夫链，每一时刻随机变量 $x_k (k=1,2,\cdots,n)$ 可能的取值都是状态空间 $\boldsymbol{S} = \{s_1, s_2, \cdots, s_M\}$ 中的一个，由式(3.5)，当 i、j 分别取 $1,2,\cdots,M$ 时，就得到 M 个状态时所有可能的转移概率，构成的矩阵如下：

$$\boldsymbol{P} = \begin{bmatrix} P(1 \mid 1) & P(2 \mid 1) & \cdots & P(M \mid 1) \\ P(1 \mid 2) & P(2 \mid 2) & \cdots & P(M \mid 2) \\ \vdots & \vdots & & \vdots \\ P(1 \mid M) & P(2 \mid M) & \cdots & P(M \mid M) \end{bmatrix} \tag{3.6}$$

式(3.6)是具有 M^2 个元素的方阵，它的每行元素代表同一个起始状态到 M 个不同的终止状态的转移概率，每列元素代表 M 个不同的起始状态到同一个终止状态的转移概率，根据概率的完备性，有

$$\sum_{j=1}^{M} P(j \mid i) = 1, \quad i = 1,2,\cdots,M \tag{3.7}$$

由于一阶马尔可夫链中每个时刻随机变量可能的取值取决于它前一时刻的取值，而每一时刻的可能取值都是 M 个，因此一阶马尔可夫链的状态为 $s_i (i=1,2,\cdots,M)$。令 S 表示其状态数，T 表示其转移概率的总数目，则

$$S = M, \quad T = M^2 \tag{3.8}$$

对于 K 阶马尔可夫链，由于每个状态都与前 k 个状态有关，故这时的状态为 $(s_{i,n}, s_{i,n-1}, s_{i,n-2}, \cdots, s_{i,n-k})$，尽管每个状态可能的取值仍然只是 M 个，但这时的状态数为从 M 个可能的取值中每次取出 k 个进行允许重复元素的全排列，故

$$S = M^k \tag{3.9}$$

而其转移概率的总数目为

$$T = M^{k+1} \tag{3.10}$$

马尔可夫链对那些在每次状态转移中发出消息的信源是一种很好的描述，这种信源被称为离散马尔可夫信源。

可以将马尔可夫链的状态及其状态转移情况用线图的方法表示出来，这种含有状态和状态转移的图又称为香农线图。

例 3.1 有一个二进制二阶马尔可夫信源 $\boldsymbol{X}$，其信源符号集为[0,1]，条件概率给定为：$P(0|00)=P(1|11)=0.7$；$P(1|00)=P(0|11)=0.3$；$P(0|01)=P(0|10)=0.4$；$P(1|01)=P(1|10)=0.6$。试画出其状态转移图。

解 信源符号只有0、1两种，即 $M=2$；二阶马尔可夫信源，$k=2$，故信源的状态数为 $S=M^k=2^2=4$，即 $\boldsymbol{S}=\{s_1,s_2,s_3,s_4\}=\{00,01,10,11\}$，转移状态概率总数目为 $T=M^{k+1}=8$。由给定的条件概率可知，该信源在00状态和11状态，分别以0.7的概率发0和1而仍维持在00和11状态，分别以0.3的概率发1和0而进入01和10状态；在01状态和10状态，分别以0.4的概率发0进入10和01状态，分别以0.6的概率发1进入11和01状态。图3.2给出了该信源的两种状态转移图。

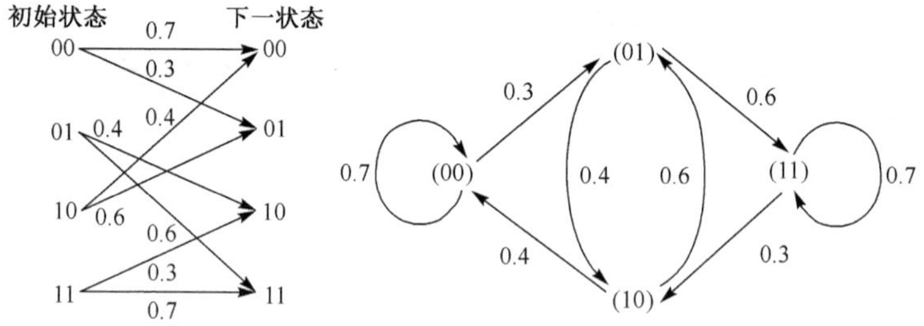

图 3.2 例 3.1 的两种状态转移图

3.2 离散信源的熵

尽管在前面的讨论中给出了信源的多种分类方法，但为了讨论的方便并不失一般性，本节主要讨论4种情况。

3.2.1 发出单符号消息离散无记忆信源的熵

在第2章已给出了单符号离散信源的定义（见定义2.1），在此基础上，可以给出单符号消息离散无记忆信源的定义如下：

定义 3.5 若信源发出 N 个不同符号 $x_1,x_2,\cdots,x_i,\cdots,x_N$，分别代表 N 种不同的消息，各个符号的概率分别为 $P_1,P_2,\cdots,P_i,\cdots,P_N$ 且相互统计独立，则称这种信源为单符号消息离散无记忆信源。

单符号消息离散无记忆信源中某个符号 x_i 的出现所给出的自信息量为 $I(x_i)$，其信息熵 $H(\boldsymbol{X})$ 应该和第2章式(2.4)一样，将其按定义3.5中的符号重写如下：

$$H(\boldsymbol{X})=-\sum_{i=1}^{N}P_i\mathrm{lb}P_i=\sum_{i=1}^{N}P_iI(x_i) \tag{3.11}$$

例 3.2　设离散无记忆信源 $\boldsymbol{S}$ 的符号集 $\boldsymbol{A}=\{a_1,a_2,\cdots,a_q\}$，其对应的概率分布为 $\boldsymbol{P}=\{P_1,P_2,\cdots,P_q\}$；另一离散无记忆信源 $\boldsymbol{S}'$ 的符号集 $\boldsymbol{A}'=\{a_i\}$，$i=1,2,\cdots,q,q+1,\cdots,2q$，各符号的概率分布满足

$$H_i'=\begin{cases}(1-\varepsilon)P_i, & i=1,2,\cdots,q\\ \varepsilon P_i, & i=q+1,q+2,\cdots,2q\end{cases}$$

试求信源 $\boldsymbol{S}'$ 的信息熵以及与信源 $\boldsymbol{S}$ 信息熵的关系。

解　根据题意，离散无记忆信源 $\boldsymbol{S}$ 的信源空间为

$$\begin{bmatrix}\boldsymbol{S}\\ \boldsymbol{P}\end{bmatrix}=\begin{bmatrix}a_1 & a_2 & \cdots & a_q\\ P_1 & P_2 & \cdots & P_q\end{bmatrix},\quad \sum_{j=1}^{q}P_j=1$$

$\boldsymbol{S}'$ 的信源空间为

$$\begin{bmatrix}\boldsymbol{S}'\\ \boldsymbol{P}'\end{bmatrix}=\begin{bmatrix}a_1' & a_2' & \cdots & a_q' & a_{q+1}' & a_{q+2}' & \cdots & a_{2q}'\\ (1-\varepsilon)P_1 & (1-\varepsilon)P_2 & \cdots & (1-\varepsilon)P_q & \varepsilon P_1 & \varepsilon P_2 & \cdots & \varepsilon P_q\end{bmatrix}$$

$\boldsymbol{S}'$ 的信源熵为

$$\begin{aligned}H(\boldsymbol{S}')&=-\sum_{i=1}^{2q}P_i'\mathrm{lb}P_i'=-\sum_{i=1}^{q}(1-\varepsilon)P_i\mathrm{lb}(1-\varepsilon)P_i-\sum_{i=1}^{q}\varepsilon P_i\mathrm{lb}\varepsilon P_i\\&=-\sum_{i=1}^{q}(1-\varepsilon)P_i\mathrm{lb}P_i-\sum_{i=1}^{q}(1-\varepsilon)P_i\mathrm{lb}(1-\varepsilon)-\sum_{i=1}^{q}\varepsilon P_i\mathrm{lb}P_i-\sum_{i=1}^{q}\varepsilon P_i\mathrm{lb}\varepsilon\\&=-\sum_{i=1}^{q}P_i\mathrm{lb}P_i-\sum_{i=1}^{q}P_i[(1-\varepsilon)\mathrm{lb}(1-\varepsilon)+\varepsilon\mathrm{lb}\varepsilon]\\&=H(\boldsymbol{S})+H(\varepsilon,1-\varepsilon)\end{aligned}$$

上式中定义 $H(\varepsilon,1-\varepsilon)=-\sum_{i=1}^{q}P_i[(1-\varepsilon)\mathrm{lb}(1-\varepsilon)+\varepsilon\mathrm{lb}\varepsilon]$。

3.2.2　发出符号序列消息离散无记忆信源的熵

第 2 章讨论的多维随机变量也可以看成是一种符号序列，这里给出更一般的定义。

定义 3.6　若信源发出的消息是由 K 个离散符号构成的符号序列，且各个消息相互统计独立，则称这种信源为发出符号序列消息离散无记忆信源。

发出符号序列消息离散无记忆信源的典型例子很多。例如，ASCII（American Standards Code for Information Interchange）码可以看成由 8 个二进制符号构成的符号序列；通信系统中的 QPSK，根据 2 个二进制符号 00，01，10，11 进行相位调制等。

由定义 3.6 和上面的例子可以看出，发出符号序列消息的信源本质上都是单符号离散信源的某种扩展。

定义 3.7 若单符号离散无记忆信源的信源空间为[$\boldsymbol{X}\cdot P$]，对其进行 K 重扩展得到符号序列 $\boldsymbol{X}=X_1\quad X_2\quad\cdots\quad X_k$，则称扩展后的信源为离散无记忆信源[$\boldsymbol{X}\cdot P$]的 K 重扩展信源，记为 $\boldsymbol{X}^K$。

扩展后的信源消息是由 K 个随机变量组成的随机矢量，通常也称该随机序列为 K 重符号序列。如果扩展后的 K 重符号序列彼此统计独立，则定义 3.7 与定义 3.6 等价，扩展后的信源亦是发出符号序列消息离散无记忆信源。

由于信源发出的符号序列彼此统计独立，故发出符号序列消息离散无记忆信源的熵为

$$H(\boldsymbol{X}^K)=K\,H(\boldsymbol{X})=K\left(-\sum_{i=1}^{N}P_i\,\mathrm{lb}P_i\right)\tag{3.12}$$

即离散无记忆信源 $\boldsymbol{X}$ 的 K 重扩展信源的熵等于扩展前信源 $\boldsymbol{X}$ 的熵的 K 倍。

例 3.3 设由一离散无记忆信源

$$\begin{array}{cccc}\boldsymbol{X}: & a_1, & a_2, & a_3\\ P(\boldsymbol{X}): & 1/2, & 1/4, & 1/4\end{array}$$

构成二重扩展信源 $\boldsymbol{X}^2$，求该扩展信源的熵 $H(\boldsymbol{X}^2)$。

解 二重扩展，即扩展信源的每个符号序列由给定信源中的 2 个符号组成，因此符号序列共有 $3^2=9$ 种，分别是 $a_ia_j(i,j=1,2,3)$，不妨将它们看成新的信源符号，因此扩展信源又可以看成是共有 9 个“单符号”的离散无记忆信源。由式(3.12)，有

$$H(\boldsymbol{X}^2)=-\sum_{i,j=1}^{3}P(a_ia_j)\mathrm{lb}P(a_ia_j)$$

问题转化到求 a_ia_j 的联合概率，因为 a_i、a_j 统计独立，故 $P(a_ia_j)=P(a_i)P(a_j)$。略去其计算过程，得

$$H(\boldsymbol{X}^2)=3\quad\text{比特 / 符号序列}$$

而扩展前信源 $\boldsymbol{X}$ 的熵为

$$H(\boldsymbol{X})=-\sum_{i=1}^{3}P(a_i)\mathrm{lb}\,P(a_i)=1.5\quad\text{比特 / 符号}$$

且有 $H(\boldsymbol{X}^2)=2H(\boldsymbol{X})$。

3.2.3 发出符号序列消息的离散有记忆信源的熵

定义 3.8 若信源发出的消息是由 K 个离散符号构成的符号序列，且各个消息相互统计相关，则称这种信源为发出符号序列消息离散有记忆信源。

信源消息间有记忆，也就是符号序列之间具有相关性，其关联程度可以用转移概率来描述。下面通过一个二重扩展信源 $\boldsymbol{X}^2$ 来看这种有记忆信源熵的情况。

例 3.4 已知某单符号离散信源的概率空间为

$$\begin{array}{cccc} \boldsymbol{X}: & a_1 & a_2 & a_3 \\ P(\boldsymbol{X}): & \frac{11}{36} & \frac{4}{9} & \frac{1}{4} \end{array}$$

该信源发出的消息均为二重符号序列 $a_ia_j(i,j=1,2,3)$，两个符号的关联性用条件概率 $P(a_i|a_j)$表示，如表 3.2 所示，求 $H(\boldsymbol{X}^2)$。

表 3.2　例 3.4 给出的条件概率

		a_j		
		a_1	a_2	a_3
a_i	a_1	9/11	2/11	0
	a_2	1/8	3/4	1/8
	a_3	0	2/9	7/9

解　由例 3.3，有

$$H(\boldsymbol{X}^2) = -\sum_{i=1}^{3}\sum_{j=1}^{3} P(a_ia_j)\operatorname{lb}P(a_ia_j)$$

由 $P(a_ia_j)=P(a_i)\cdot P(a_j|a_i)$，可求出 9 个联合概率

$$P(a_1a_1) = P(a_1)P(a_1 \mid a_1) = (11/36)\times(9/11) = 1/4$$

$$P(a_1a_2) = P(a_1)P(a_2 \mid a_1) = (11/36)\times(2/11) = 1/18$$

$$\vdots$$

$$P(a_3a_3) = P(a_3)P(a_3 \mid a_3) = (1/4)\times(7/9) = 7/36$$

略去其计算过程，得

$$H(\boldsymbol{X}^2) = 2.412 \quad \text{比特 / 符号序列}$$

也可以由原信源熵和条件熵来求扩展后的熵，有

$$H(\boldsymbol{X}) = -\sum_{i=1}^{3} P(a_i)\operatorname{lb}P(a_i) = 1.542 \quad \text{比特 / 符号}$$

$$H(\boldsymbol{X}_2 \mid \boldsymbol{X}_1) = -\sum_{i=1}^{3}\sum_{j=1}^{3} P(a_ia_j)\operatorname{lb}P(a_j \mid a_i) = 0.870 \quad \text{比特 / 符号}$$

$$H(\boldsymbol{X}) + H(\boldsymbol{X}_2 \mid \boldsymbol{X}_1) = 2.412 \quad \text{比特 / 符号序列}$$

可见

$$H(\boldsymbol{X}^2) = H(\boldsymbol{X}) + H(\boldsymbol{X}_2 \mid \boldsymbol{X}_1)$$

$$H(\boldsymbol{X}) > H(\boldsymbol{X}_2 \mid \boldsymbol{X}_1)$$

$$H(\boldsymbol{X}^2) < 2H(\boldsymbol{X})$$

上述结论说明符号间的关联性使信源输出的信息量减少了。事实上，它具有一般性，对于 2 重扩展信源，有

$$H(\boldsymbol{X}^2) = H(\boldsymbol{X}) + H(\boldsymbol{X} \mid \boldsymbol{X})$$

对于 K 重扩展信源，有

$$H(\boldsymbol{X}^K) = H(\boldsymbol{X}) + H(\boldsymbol{X} \mid \boldsymbol{X}) + \cdots + H(\boldsymbol{X} \mid \underbrace{\boldsymbol{X}\boldsymbol{X}\cdots\boldsymbol{X}}_{(k-1)\text{个}}) \tag{3.13}$$

且

$$H(\boldsymbol{X}^K) \leqslant KH(\boldsymbol{X}) \tag{3.14}$$

3.2.4 发出符号序列消息的马尔可夫信源的熵

马尔可夫信源在发生状态转移时发出消息。设当前状态为 E_i，下一状态为 E_j，则其转移过程可表示为

$$E_i \xrightarrow[\text{缩写为：}P(j \mid i)]{P(E_j \mid E_i)} E_j$$

假设在这个转移中可能发出 L 个符号，则有 L 个转移概率 $P_1(E_j|E_i)$，$P_2(E_j|E_i)$，…，$P_L(E_j|E_i)$。因此，从状态 E_i转移到状态 E_j的总转移概率为

$$P(j \mid i) = \sum_{l=1}^{L} P_l(j \mid i) \tag{3.15}$$

设发一个符号有 J 种转移，则信源由 E_i状态发出一个符号的熵为

$$H_i = -\sum_{J} P(j \mid i)\mathrm{lb}P(j \mid i) \tag{3.16}$$

再假设当前状态共有 I 种可能，则有

$$\begin{aligned} H &= \sum_{I} P(i)H_i = -\sum_{I} P(i)\sum_{J} P(j \mid i)\mathrm{lb}P(j \mid i) \\ &= -\sum_{IJ} P(ij)\mathrm{lb}P(j \mid i) \end{aligned} \tag{3.17}$$

由式(3.17)可见，马尔可夫信源的熵为条件熵。在第 2 章式(2.9)和定义 2.6 中给出了条件熵的一般定义，为了比较，将式(2.9)重写如下：

$$H(\boldsymbol{X} \mid \boldsymbol{Y}) = -\sum_{\boldsymbol{XY}} P(xy)\mathrm{lb}P(x \mid y)$$

可见，马尔可夫信源的熵是一般条件熵的一个特例。

需要注意的是上面推出的熵，为平均每发出一个符号所给出的信息量，因此其量纲仍为比特/符号，故和一般的条件熵在表达上完全相同。

例 3.5 发出二重符号序列消息的信源熵为 $H(\boldsymbol{X}^2)$，而一阶马尔可夫信源熵为 $H(\boldsymbol{X}|\boldsymbol{X})$。试比较这两者的大小，并说明原因。

解 对于二重扩展信源，有 $H(\boldsymbol{X}^2)=H(\boldsymbol{X})+H(\boldsymbol{X}|\boldsymbol{X})$，所以明显地，$H(\boldsymbol{X}^2)>H(\boldsymbol{X}|\boldsymbol{X})$，即二重符号序列消息的信源熵要大于一阶马尔可夫信源熵。

3.2.5 各种离散信源的时间熵

上述信源熵是以符号或符号序列为单位来看信源发出的平均信息量的。但实际应用中通常习惯于用单位时间来代替符号或符号序列，由此得出时间熵的概念。时间熵就是用单位时间来表示的熵，通常用 H_t表示。单位时间的主量纲为秒(s)，因

此 H_t 的主量纲为比特每秒（b/s 或 bps），也常用 kb/s、Mb/s、Gb/s（或 kbps、Mbps、Gbps）等分别表示千比特每秒、兆比特每秒和吉比特每秒。

下面针对前述 4 种情况来看其时间熵。

1. 发出单个符号消息的离散无记忆信源的时间熵

由于信源中每个符号消息占有时间长度可能有所不同，为此首先定义符号消息的平均时间长度。

定义 3.9　若信源为具有 N 个单符号消息的离散信源，第 i 个符号消息占有的时间为 b_i 秒，对应的概率为 $P_i(i=1,2,\cdots,N)$，则称 b_i 的统计平均值为该信源符号消息的平均时间长度，简称平均长度，用 $\bar{b}$ 表示，主量纲为秒/符号，即

$$\bar{b}=\sum_{i=1}^{N}P_ib_i \quad \text{秒 / 符号} \tag{3.18}$$

对发出单个符号消息的离散无记忆信源，若其信源熵为 $H(\boldsymbol{X})$，则其时间熵为

$$H_t=\frac{H(\boldsymbol{X})}{\bar{b}} \quad \text{b/s} \tag{3.19}$$

若信源每秒平均发 n 个符号，即 $n=1/\bar{b}$ 符号/秒，则

$$H_t=nH(\boldsymbol{X}) \quad \text{b/s} \tag{3.20}$$

2. 发出符号序列消息的无记忆信源的时间熵

设发出符号序列消息的无记忆信源是单个符号消息的离散无记忆信源的 K 重扩展，K 重符号序列消息的平均长度用 $\bar{B}$ 表示，则有

$$\bar{B}=K\bar{b}=K\sum_{i=1}^{N}P_ib_i \tag{3.21}$$

由于信源无记忆，故有

$$H(\boldsymbol{X}^K)=KH(\boldsymbol{X})$$

这时该种信源的时间熵为

$$H_t=\frac{H(\boldsymbol{X}^K)}{\bar{B}}=\frac{KH(\boldsymbol{X})}{K\bar{b}}=\frac{H(\boldsymbol{X})}{\bar{b}} \quad \text{b/s} \tag{3.22}$$

可见其数值与发出单个符号消息的离散无记忆信源相同，但若该信源每秒平均发出 n 个 K 重符号序列消息，则有

$$n=\frac{1}{\bar{B}}=\frac{1}{K\bar{b}} \quad \text{符号序列 / 秒} \tag{3.23}$$

因此

$$H_t=nKH(\boldsymbol{X}) \quad \text{b/s} \tag{3.24}$$

与式(3.20)比较，这种情况的时间熵比单个符号消息离散无记忆信源时大了 K 倍，这是由于假设该信源每秒平均发出 n 个 K 重符号序列消息。

3.发出符号序列消息的有记忆信源的时间熵

对于发出符号序列消息的有记忆信源，由于消息之间的关联性体现在信源熵中而不体现在平均长度中，即符号序列消息的平均长度与它们之间是否有关联并没有关系。故若其信源熵为 $H(\boldsymbol{X}^K)$，符号序列消息的平均长度为 $\bar{B}$，则其时间熵依然应该是

$$H_t = H(\boldsymbol{X}^K)/\bar{B} = H(\boldsymbol{X}^K)/(K\bar{b}) \quad \text{b/s} \tag{3.25}$$

但由于信源有记忆，由式(3.24)，得 $H(\boldsymbol{X}^K) \leqslant KH(\boldsymbol{X})$，可见这时的时间熵同样不会大于无记忆情况。

若该信源每秒平均发出 n 个 K 重符号序列消息，即 $n = 1/\bar{B} = 1/(K\bar{b})$，则其时间熵又可表示为

$$H_t = nH(\boldsymbol{X}^K) \quad \text{b/s} \tag{3.26}$$

4.发出符号序列消息的马尔可夫信源的时间熵

发出符号序列消息的马尔可夫信源的时间熵亦用 $H_t = H(\boldsymbol{X})/\bar{b}$ 来求。其信源熵 $H(\boldsymbol{X})$已如式(3.17)所示，下面讨论信源发出所有符号的平均长度 $\bar{b}$。

假设从状态 E_i转移到状态 E_j时，信源发出符号为 $a_{ij}^{(l)}$，其长度为 $b_{ij}^{(l)}$，发出该符号的概率为 $P_l(j|i)$，E_i状态的概率为 $P(i)$，其余假设与前面相同，从状态 E_i到状态 E_j状态转移图如图 3.3 所示，则其平均长度为

$$b = \sum_I P(i) \sum_J \sum_{l=1}^{L} P_l(j \mid i) b_{ij}^{(l)} \quad \text{秒 / 符号} \tag{3.27}$$

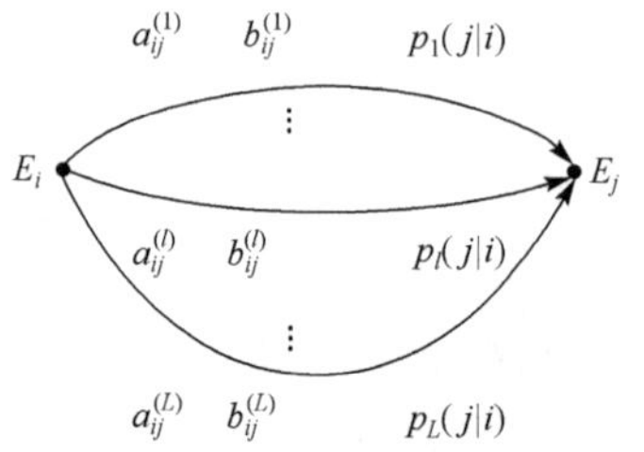

图 3.3 马尔可夫信源状态 E_i到状态 E_j的状态转移图

所以

$$H_t = H(\boldsymbol{X})/\bar{b} = -\frac{\sum_I P(i) \sum_J P(j \mid i) \operatorname{lb} P(j \mid i)}{\sum_I P(i) \sum_J \sum_L P_l(j \mid i) b_{ij}^{(l)}} \quad \text{b/s} \tag{3.28}$$

3.3 信源的冗余度

讨论信源的主要目的是得到高效率的信源编码，而提高信源编码效率的根本途径则是压缩信源的冗余度。

3.3.1　最大信源熵

为了简要起见，下面不加证明地给出几个定理。

定理 3.1　设信源 $\boldsymbol{X}$ 中包含 M 个不同符号，其信源熵为 $H(\boldsymbol{X})$，有

$$H(\boldsymbol{X}) \leqslant \mathrm{lb}M \tag{3.29}$$

当且仅当 $\boldsymbol{X}$ 中各个符号等概率时，式(3.29)取等号，此时得到最大熵，为

$$H(\boldsymbol{X})_{\max} = \mathrm{lb}M \tag{3.30}$$

定理 3.1 说明，当一个信源中所有的符号消息为等概时，该信源的熵最大。

定理 3.2　两个集合 $\boldsymbol{X}$、$\boldsymbol{Y}$ 的共熵 $H(\boldsymbol{XY})$ 与这两个集合的信源熵 $H(\boldsymbol{X})$、$H(\boldsymbol{Y})$ 之间存在如下关系：

$$H(\boldsymbol{XY}) \leqslant H(\boldsymbol{X}) + H(\boldsymbol{Y})$$

当且仅当两个集合相互独立时，上式取等号，此时得最大熵

$$H(\boldsymbol{XY})_{\max} = H(\boldsymbol{X}) + H(\boldsymbol{Y}) \tag{3.31}$$

定理 3.2 说明，当两个集合相互独立时，它们的共熵最大。

定理 3.3　若信源 $\boldsymbol{X}$ 的熵为 $H(\boldsymbol{X})$，经过 K 重扩展后的信源熵为 $H(\boldsymbol{X}^K)$，则有

$$H(\boldsymbol{X}^K) \leqslant KH(\boldsymbol{X}) \tag{3.32}$$

当且仅当 K 重符号序列消息的各个符号相互独立时，式(3.32)取等号，此时得最大熵，为

$$H(\boldsymbol{X}^K)_{\max} = KH(\boldsymbol{X}) \tag{3.33}$$

定理 3.3 说明，当 K 重扩展后信源的符号之间相互独立时，其信源熵最大。

3.3.2　信源的冗余度

冗余度又称多余度，是编码理论中的一个重要概念。在信源编码中，人们总是用寻找压缩信源冗余度的方法来提高传输的有效性；在信道编码中，人们又总是采取注入冗余度的方法来提高传输的可靠性。本小节仅讨论信源的冗余度。

如前所述，由于组成实际消息的各个符号之间往往是有关联的，因此信源实际的熵将不会大于该种信源可能的最大熵，这就说明信源中存在着冗余度。

冗余度可以用信源的熵来表征，为此有如下的定义。

定义 3.10　设信源实际的熵为 H，该种信源可能的最大熵为 $H_{\max}$，则

$$R = \frac{H_{\max} - H}{H_{\max}} \times 100\% \tag{3.34}$$

为信源的冗余度。

如果把信源的实际熵 H 看为“有用信息量”而把 $H_{\max} - H$ 看为“无用信息量”，则由式(3.34)可见，信源的冗余度实际上就是信源在发出消息时无用信息量所占的百分比。

举例来说，英文 26 个字母加空格共 27 个符号，假如完全等概，则得英文的最大熵为

$$H_{\max} = \mathrm{lb}27 \approx 4.755 \quad \text{比特 / 字母}$$

而根据表 3.1，可计算这 27 个符号的实际熵为

$$\begin{aligned} H = & -0.1817\mathrm{lb}0.1817 - 0.1073\mathrm{lb}0.1073 - \cdots \\ & -0.00063\mathrm{lb}0.00063 \approx 1.000 \quad \text{比特 / 字母} \end{aligned}$$

因此，该种信源的冗余度为

$$R = \frac{H_{\max} - H}{H_{\max}} \times 100\% = (4.755 - 1)/4.755 \approx 79.0\%$$

中文冗余度的统计比英文要复杂得多，一方面中文单字太多，因此中文的最大熵就是一个变量；另一方面，每一个单字都具有明确的意义，本身就对应于英文中的单词，但再由字组词，字词之间的相关性千变万化，且随着时间、地点的不同而改变，因此中文的实际熵也比英文要难统计得多。作为一种概念的理解，假如以《辞海》(上海，1989 年)收集的大约 15000 汉字为信源符号消息，则中文的最大信源熵为

$$H_{\max} \approx \mathrm{lb}15\,000 \approx 13.9 \quad \text{比特 / 汉字}$$

尚未找到给出中文实际熵和统计方法的文献，但根据目前广泛使用的文本压缩软件的压缩率来看，中文的实际熵应该不会大于 5 比特/汉字，也就是说中文的冗余度大约为 80%。

再举一个语音传输的例子。图 3.4 给出了目前常用的几种语音编码的信息速率，假设图中 3 种编码方法 PCM(脉冲编码调制)、ADPCM(差分脉冲编码调制)和 Vocoder(声码器)代表 3 个信源，分别称为信源 A、B、C，其输出的码流均为二进制数字信号，码速率如图所示；为了说明冗余度的概念，假设各种编码均没有造成语音信息的损失，而信源 C 输出的码流已基本达到 1、0 等概和完全随机，试求图中三个信源的冗余度。

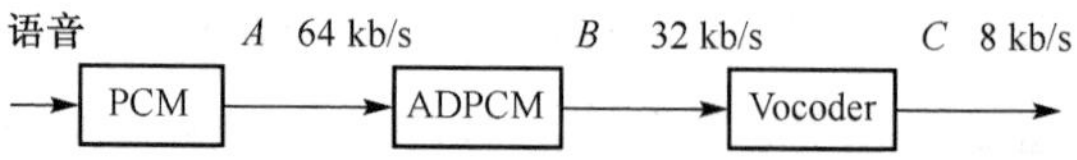

图 3.4 语音编码的几种速率

图 3.4 中给出的码速率就是各信源的时间熵，因此使用式(3.34)时均用时间熵。因为假设信源 C 的输出已基本达到 1、0 等概和完全随机，而各种编码均没有造成语音信息的损失，故可以认为 3 个信源的实际熵都是 8kb/s，而三个信源的最大熵就是它们输出码序列的速率，分别是 64kb/s，32kb/s 和 8kb/s。这样，对于信源 A，其冗余度为：$R_A=(64-8)/64=87.5\%$；对于信源 B，其冗余度为：$R_B=(3.2-8)/32=75\%$；对于信源 C，其冗余度为：$R_C=(8-8)/8=0$，即信源 C 没有冗余，这是由于本例假设信源 C 的输出已是该信源最大熵的缘故。

事实上目前的语音编码器还做不到本例的假设条件，比如说信源 C 中仍然还有冗余度，即 3 个信源的实际熵应该更低，因此各信源实际的冗余度可能更大；另外低速率的编码通常会带来语音信息的损失，而且速率越低损失可能越大，但这对于理解语音信息的冗余度没有什么影响。

由上述例子可见，初始信源的冗余度通常是很大的，这就为信源的压缩编码提供了可能，压缩编码的目标就是寻找某种编码方法，使得编码后消息序列中的冗余度趋近于 0，因此冗余度就成了衡量信源编码效率的一个物理量，冗余度越低，编码效率就越高。

3.4　信源编码及其描述

3.4.1　信源编码模型

信源编码器的一般模型如图 3.5 所示。

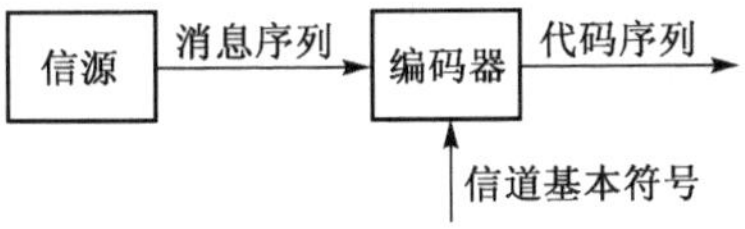

图 3.5　信源编码器的一般模型

信源编码中的编码器可以看作是一个有 2 个输入和 1 个输出的网络，输入分别是消息集合 $\boldsymbol{X}$ 和信道基本符号集合 $\boldsymbol{A}$，输出是代码集合 $\boldsymbol{S}$。设消息集合共有 n 个元素，信道基本符号共有 D 种，代码组集合的元素个数为 N，则它们可分别表示为

$$\boldsymbol{X} = \{x_1, x_2, \cdots, x_n\}$$

$$\boldsymbol{A} = \{a_1, a_2, \cdots, a_D\}$$

$$\boldsymbol{S} = \{s_1, s_2, \cdots, s_N\}$$

显然，信道基本符号应该是信道上允许传送的符号，信源编码器输出集合中的元素应该是由信道基本符号所构成。例如：二进制信道只有 1、0 两个基本符号；多进制信道有多个基本符号，比如说十六进制信道包括 0～F 共 16 个基本符号。

例 3.6　从信源编码角度分析 ASCII 码编码模型。

ASCII(America Standard Code II)码是目前计算机中用得最广泛的字符集及其编码，它是由两位十六进制数 00～FF 构成的码字集合，与一些控制字符(回车，换行等)、可打印字符(0～9，A～Z，a～z，+，－，*，/等)以及图形符号一一对应。通常称这些字符、图符为 ASCII 字符。

从信源编码的角度来理解，可以把 ASCII 字符、十六进制数和 ASCII 码分别看作是消息集合、信道基本符号集合和代码组集合,而将产生它们之间相互关系的装置称为编码器,就可以得到 ASCII 码编码器的模型,如图 3.6 所示。

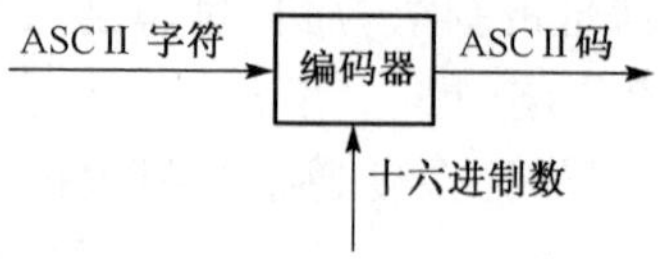

图 3.6 ASCII 码编码器的模型

由此可见,信源编码器的主要任务是完成输入消息集合与输出代码集合之间的映射。为此,必须进行如下工作:

(1)选择合适的信道基本符号,以使映射后的代码适应信道。例如,ASCII 码选用了十六进制数。

(2)寻求一种方法,把信源发出的消息变换成相应的代码组。这种方法就是编码,变换成的代码就是码字。

(3)编码应使消息集合与代码组集合中的元素一一对应。

上述三点也是对信源编码的基本要求。

通常称具有上述映射规则的信源编码器为正规编码器,编出来的码称为非奇异码。

3.4.2 编码效率

衡量一种编码方法的优劣通常有许多指标,但一般来说码字的平均长度最短和易于实现最被人们注重,这两点也是信源编码的最主要目的。实质上,前者追求用尽可能少的信道基本符号来表示尽可能多的信源消息,即提高编码效率,后者则需综合考虑其实现方法的性能价格比。

直观地理解,用较短的代码组表示出现概率较高的消息的编码,其效率一定较高。因此,可以将信源编码的主要目的总结如下:

(1)把信源发出的消息一一对应地变换成由信道基本符号构成的代码组,以使得消息能在编码信道上传输;

(2)尽量减小代码组的平均长度,以提高信道传输消息的有效性,即提高编码效率。

效率一般总是个比值,因此可以从不同的角度来定义编码效率。如果从利用信道传输能力的角度来看,信源编码后的信息传输速率达到了信道的极限传输能力,则其效率最高。也就是说,信源编码效率可以用信道参量以及信息传输速率来定义,为此先讨论信息传输速率,然后再讨论描述信道特性的重要参量“信道容量”。

定义 3.11 对于信源编码器的输出序列,其单位时间内所包含的信息量称为信源编码器的信息传输速率,简称信息率,通常用 R 表示。

当信息量单位用比特、时间单位为码元(或符号或符号序列等)所占用的时间时,信息传输速率的量纲为比特/码元(或比特/符号、比特/符号序列等)时间;当信息量单位用比特、时间单位为秒时,信息传输速率的量纲为比特/秒(b/s 或 bps,bit per second)。

信源编码器输出的代码组有两种,一种是等长码,即代码组集合中的所有代码组都包含相同个数的码元,例如 ASCII 码;另一种是变长码,即代码组集合中各代码组所包含的码元个数可以不相同。下面就一般情况来分别讨论等长码和变长码在均匀编码信道上的信息传输速率,讨论中假设所用的信源编码器为正规编码器。

1. 等长码的信息传输速率

对单符号离散信源,设其信源熵为 $H(\boldsymbol{X})$,对其进行等长编码,每码字 b 个码元,故其信息传输速率为

$$R = H(\boldsymbol{X})/b \tag{3.35}$$

对于 K 重扩展信源,设其信源熵为 $H(\boldsymbol{X}^K)$,对其进行等长编码,每码字 B 个码元,故其信息传输速率为

$$R = H(\boldsymbol{X}^K)/B \tag{3.36}$$

式(3.35)、式(3.36)的量纲均为比特/码元时间。

2. 变长码的信息传输速率

假设信源编码的结果使得代码组的长度不等长,则该编码为变长码,求其信息传输速率需先求其代码组的平均长度。先考虑单符号消息的情况。设信源有 N 个单符号消息 $x_1, x_2, \cdots, x_N$,变长码编码器输出的代码组长度对应为 $b_1, b_2, \cdots, b_N$,其出现概率分别为 $P(b_1), P(b_2), \cdots, P(b_N)$,则该变长码的平均长度为

$$\bar{b} = \sum_{i=1}^{N} P(b_i) b_i \tag{3.37}$$

其量纲为码元/符号,则其信息传输速率为

$$R = H(\boldsymbol{X})/\bar{b} \tag{3.38}$$

类似地,对于符号序列,设信源有 N 个 K 重扩展的符号序列消息 $x_1, x_2, \cdots, x_N$,变长码编码器输出的代码组长度对应为 $B_1, B_2, \cdots, B_N$,其出现概率分别为 $P(B_1)$, $P(B_2), \cdots, P(B_N)$,则该变长码的平均长度为

$$\bar{B} = \sum_{i=1}^{N} P(B_i) B_i \tag{3.39}$$

其量纲为码元/符号序列,这时信息传输速率为

$$R = H(\boldsymbol{X}^K)/\bar{B} \tag{3.40}$$

定义 3.12　消息在不失真传输的条件下,信道所允许的最大信息传输速率称为信道容量,即

$$C = R_{\max} \tag{3.41}$$

信源编码器完成了信源消息和代码组之间的映射，一个好的映射，是能够使代码组的长度分布与信源中各个消息的概率分布达到统计匹配，其实质是指通过合适的信源编码方法可使消息在信道上的信息传输速率尽量接近信道容量，因此可将信源编码的效率用其信息传输速率接近于信道容量的程度来表征，于是有如下定义。

定义 3.13 信源编码器输出代码组的信息传输速率与信道容量之比，称为信源编码器的编码效率，即

$$\eta = \frac{R}{C} \times 100\% \tag{3.42}$$

由定义 3.13 可见，当 $R=C$ 时，$\eta=100\%$，这是信源编码的最理想特性，这样的信源编码能最充分地利用信道；当 $R<C$ 时，$\eta<100\%$，说明这样的信源编码还没有最充分地利用信道，具有进一步改进的潜力；当 $R>C$ 时，$\eta>100\%$，说明信源编码输出的信息速率超过了信道的传输能力，这样必然会产生失真。

式(3.38)和式(3.40)将信源编码的信息传输速率、信源熵和代码组长度联系在一起，因此有可能将信源编码效率用熵来表征。定理 3.1 给出了信源产生最大熵的情形，综合考虑式(3.41)，不难理解信源的最大熵对应着信道容量，故信源编码器的编码效率又可表示为

$$\eta = \frac{H(\boldsymbol{X})/\bar{b}}{H_{\max}(\boldsymbol{X})/b} \times 100\% \tag{3.43}$$

或

$$\eta = \frac{H(\boldsymbol{X}^K)/\bar{B}}{H_{\max}(\boldsymbol{X}^K)/B} \times 100\% \tag{3.44}$$

式中，$H(\boldsymbol{X})$和 $H(\boldsymbol{X}^K)$分别为单符号消息信源和符号序列消息信源编码后代码组的实际熵；$\bar{b}$、$\bar{B}$ 分别为其代码组的平均长度；$H_{\max}(\boldsymbol{X})$和 $H_{\max}(\boldsymbol{X}^K)$分别为单符号消息信源和符号序列消息信源的最大熵；$b$ 和 B 分别为其代码组的长度。由于信源的最大熵必然对应着信源消息的等概率分布，因此对于给定的信源，b 和 B 都是常数，例如二进制信源的 $H_{\max}(\boldsymbol{X})$和 b 都等于 1，$H_{\max}(\boldsymbol{X}^K)$和 B 都等于扩展的重数 K。由式(3.43)和式(3.44)可以清楚地看出，在给定信源的情况下，若要提高信源编码的编码效率，方法之一就是使代码组的平均长度 $\bar{b}$ 或 $\bar{B}$ 尽可能地小。为此有如下定义。

定义 3.14 具有最短的代码组平均长度或编码效率接近于 1 的信源编码称为最佳信源编码，简称最佳编码。

最佳编码是无失真信源编码的理想模式。为了达到这个目的，通常需要遵循下面两个原则：

(1)对信源中出现概率大的消息(或符号)，尽可能用短的代码组(码字)来表示，简称短码，反之用长码。

(2)不使用间隔即可区分码字。

这两条原则都容易直观地理解。第(1)条是为了寻求统计意义的最短码长，第(2)条是考虑间隔不携带信息量，若在两个代码组之间使用间隔，就会减小信源的信息传输速率，进而降低编码效率。

不使用间隔即可区分码字，就必然要求码字具有唯一性。一般来说，把一个消息变换成不止一种码字可能没有什么问题，但反过来若一个码字代表几个消息(符号)则可能出现大问题，因为在通信中接收者无法确定是这几个消息中的哪个。这种码字含义的唯一性又称为单义可译性，这样的码字称为单义可译码。

3.5　单义可译定理

3.5.1　单义可译码

定义 3.15　对任何一个有限长度的信源消息序列，如果编码得到的码字序列不与其他任何信源消息序列所对应的码字序列相同，则称这样的码为单义可译码。

先看几个例子。

例 3.7　一信源 $\boldsymbol{X}(x_1, x_2, x_3, x_4)$经编码后得码字集合 $\boldsymbol{S}(1, 01, 001, 0001)$且一一对应。现接收到码元序列为 101110001001101011，试写出译码结果。

解　该编码规则为：$x_1 \to 1, x_2 \to 01, x_3 \to 001, x_4 \to 0001$，每一码字均以 1 结尾，见 1 即可译码。对所接收序列的译码结果为

$$x_1, x_2, x_1, x_1, x_4, x_3, \cdots$$

编码中的“1”起到了“逗点”的作用，它既是一个码字，又起到了间隔作用，因此和纯粹的间隔不同。

按上述编码规则编出的码又称为逗点码。对于二进制的信道基本符号来说，其编码方法是：信道基本符号“1”是一个码字，在它的前面加上另一个信道基本符号“0”，就得到了一个新码字，多加“0”可得到更多的新码字。

对于这种编码，译码时不需要考察后续码元，故又称之为即时码。由其编码规律可知，即时码一定是单义可译码。

可以将逗点码的编码规则用图给出，如图 3.7 所示。从结构上看，它有点像“树”，如果将起点看作“根”，其余分别看作“干”、“枝”、“叶”，则编码规则可由根、干、枝、叶描述，其特点是：从根到叶构成码字。

例 3.8　一信源 $\boldsymbol{X}(x_1, x_2, x_3, x_4)$，经编码后得到码字集合 $\boldsymbol{S}(1, 10, 100, 1000)$且一一对应，现接收到码元序列为 10010111000110011010，试给出译码结果。

解　该编码规则为 $x_1 \to 1, x_2 \to 10, x_3 \to 100, x_4 \to 1000$。它的信道基本符号也是“1”、“0”，也是将“1”作为一个码字，但采用在它的后面加“0”构成新码字的方法。

该编码的特点是：已接收到了一个码字集合中的码字但还不能决定当前的译码结果，因为尚不知它与下一个码元一起能否构成码字集合中的另一个码字。例如接

收到100并不能马上就译为 x_3，因为下一码元假如是0，则1000应译成 x_4；若下一码元是1，则只能将前面的3个码元100译成 x_3，第4个码元还要等到再接收一个或多个码元后才能决定其译码结果。

这种译码时要接收多于一个码字所包含的码元才能决定的信源编码，称为非即时码。类似地，也可将这种码的编码规则用图给出，如图3.8所示。由图可见，在一个码字后面加一个信道基本符号（这里是“0”）就得到一个新码字，因此又称其为延长码，对应地前面的即时码可称为非延长码。

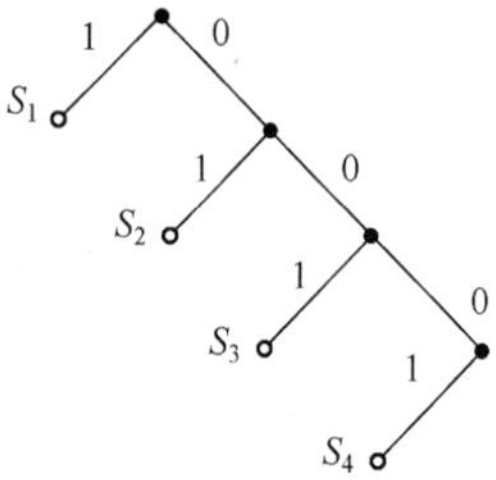

图3.7 例3.7的代码组码树图

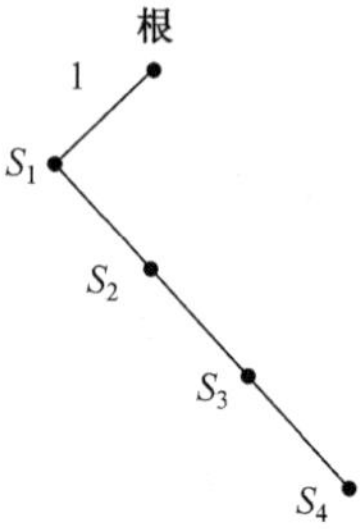

图3.8 例3.8的代码组码树图

3.5.2 即时码的构造

如何构造一个即时码，有如下定理：

定理3.4 设 $s_i(a_{i1},a_{i2},\cdots,a_{ik})$ 是码 $\boldsymbol{S}$ 中的任一码字，码 $\boldsymbol{S}$ 为即时码的充分必要条件是：对于任意的 $m<k$，任意码字 $s_j(a_{j1},a_{j2},\cdots,a_{jm})$ 都不是码字 $s_i(a_{i1},a_{i2},\cdots,a_{ik})$ 的前缀。

这一定理的证明从略。该定理说明，在即时码中，任何一个码字都不是其他码字的延长。因此，等长码都是即时码。

由即时码的定义和其编码方法可知，即时码一定是单义可译码。但由例3.8可见，非即时码也可能是单义可译码，这说明单义可译码不一定是即时码。为了找出即时码和单义可译码之间的关系，下面讨论单义可译定理。

3.5.3 单义可译定理

定理3.5 设信源消息集合为 $\boldsymbol{X}=\{x_1,x_2,\cdots,x_N\}$，信道基本符号的种类为 D，码字集合为 $\boldsymbol{S}=\{s_1,s_2,\cdots,s_N\}$，对应的码长集合为 $\boldsymbol{b}=\{b_1,b_2,\cdots,b_N\}$，则存在即时码的充分必要条件是 D、N 和码长 b_i 应满足如下不等式：

$$\sum_{i=1}^{N} D^{-b_i} \leqslant 1 \tag{3.45}$$

上式称为Kraft不等式。

这一定理的证明从略。该定理说明：任何一个结构为 N、D、b_i $(i=1,2,\cdots,N)$

的即时码一定满足 Kraft 不等式，而满足 Kraft 不等式的 N、D、b_i 又至少可构成一种结构为 N、D、b_i 的即时码。

反过来，给出一个满足 Kraft 不等式的码长集合 $l_1, l_2, \cdots, l_N$，总能构造一棵树，在这棵树上标注 $l_1, l_2, \cdots, l_N$。

定理 3.7 称为即时码存在定理，单义可译码的存在定理和它在形式上完全相同。

下面讨论该定理的应用。

例 3.9　信源空间为

$$\begin{array}{rcccc} \boldsymbol{X}: & x_1, & x_2, & x_3, & x_4 \\ P(\boldsymbol{X}): & \dfrac{1}{2}, & \dfrac{1}{4}, & \dfrac{1}{8}, & \dfrac{1}{8} \end{array}$$

对其进行信源编码，使用的信道基本符号集合为{0,1}；若编码后对应的码长分别为 $b_1=1, b_2=2, b_3=3, b_4=3$，能否构造出一种即时码？

解　实质上就是看本题条件是否符合定理 3.7。

将 $D=2$、$N=4$ 和 b_i 的 4 个值代入式(3.45)，得

$$\sum_{i=1}^{N} D^{-b_i} = 2^{-1} + 2^{-2} + 2^{-3} + 2^{-3} = 1$$

满足 Kraft 不等式，所以一定能构成至少一种即时码。

类似于例 3.7，可得符合本题即时码条件的一种树图，如图 3.9 所示。显然，这种树结构一定是即时码。编码后的码字集合为 $\boldsymbol{S}=\{0,10,110,111\}$。

下面进一步讨论 S_i 与 x_j 的搭配以完成编码。事实上，4 个码字对应着 4 个消息，其搭配方法共有 4！＝24 种，但我们的目标是寻求最短的平均长度 $\bar{b}$ 以获得最佳编码。图 3.9 的代码组结构已遵循了最佳编码的第(2)条原则，即不需要使用间隔即可区分码字，下面根据最佳编码的第(1)条原则，即信源符号中概率大的对应短码、概率小的对应长码，考虑如下的搭配：

$P(x_1)=1/2$　对应　$S_1=0$　$b_1=1$

$P(x_2)=1/4$　对应　$S_2=10$　$b_2=2$

$P(x_3)=1/8$　对应　$S_3=110$　$b_3=3$

$P(x_4)=1/8$　对应　$S_4=111$　$b_4=3$

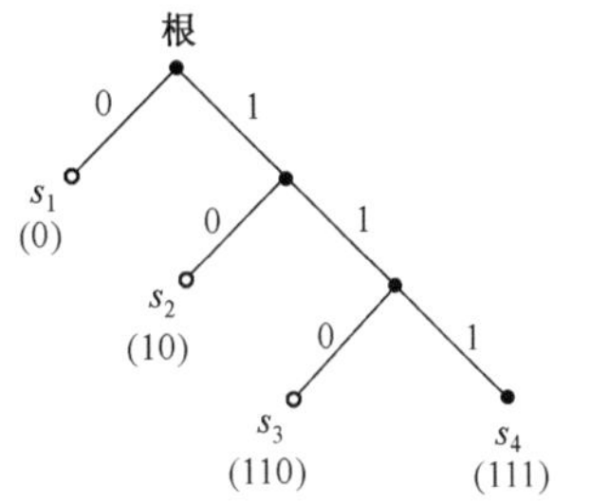

图 3.9　例 3.9 的代码组码树图

这时

$$\bar{b} = \sum_{i=1}^{4} P(x_i) b_i = \frac{1}{2}\times 1 + \frac{1}{4}\times 2 + \frac{1}{8}\times 3 + \frac{1}{8}\times 3 = \frac{14}{8} \quad \text{码符号 / 信源符号}$$

显然，如将 x_3 对应 S_4，x_4 对应 S_3，计算出的平均长度也是一样的；但如果不是用上述最佳编码的原则来搭配，得到的平均码长就会大一些。这就说明，要使 $\bar{b}$ 尽可能地小，就必须合理而充分利用信源消息的统计特性。

单义可译码或即时码的要求只涉及 D、N、b_i 这 3 个参数，可见它只与码的结构

有关,而与信源消息的统计特性无关,因此它没有给出是否为最佳编码的信息。欲得到最佳编码,还要寻求使平均长度 $\bar{b}$ 最短的方法。

由式(3.43)或式(3.44)可见,平均长度 $\bar{b}$ 越短,编码效率 η 越高。但 $\bar{b}$ 最短能到什么程度? 因此研究它的界限很有意义。

首先考虑 $\bar{b}$ 不能小于某一个数 $b_{\min}$,如果 $\bar{b} < b_{\min}$,就得不到单义可译码;反过来说,只要 $\bar{b} \geqslant b_{\min}$,就能得到单义可译码,即 $b_{\min}$ 可作为 $\bar{b}$ 的下限。

从另一个角度考虑,如果从 $\bar{b}$ 小于某一个数就能得到单义可译码,则当 $\bar{b}$ 大于这个数时更能得到单义可译码,则这个数可作为 $\bar{b}$ 的上界。

3.5.4 平均码长界定定理

定理 3.6 若一个离散无记忆信源 $\boldsymbol{X}$,具有熵 $H(\boldsymbol{X})$,对其编码用 D 种基本符号,则总可以找到一种无失真信源编码,构成单义可译码,使其平均码长满足

$$\frac{H(\boldsymbol{X})}{\mathrm{lb}D} \leqslant \bar{b} < \frac{H(\boldsymbol{X})}{\mathrm{lb}D} + 1 \tag{3.46}$$

定理 3.8 称为平均码长界定定理。

证明 先证下界。

根据 $\bar{b}$ 和 $H(\boldsymbol{X})$的定义,有

$$\begin{aligned} H(\boldsymbol{X}) - \bar{b}\mathrm{lb}D &= -\sum_{i=1}^{N} P(x_i)\mathrm{lb}P(x_i) - \left[\sum_{i=1}^{N} P(x_i)b_i\right]\mathrm{lb}D \\ &= -\sum_{i=1}^{N} P(x_i)\mathrm{lb}P(x_i) + \sum_{i=1}^{N} P(x_i)\mathrm{lb}D^{-b_i} \\ &= \sum_{i=1}^{N} P(x_i)\mathrm{lb}\frac{D^{-b_i}}{P(x_i)} \end{aligned}$$

由式(3.45),只要 $\sum\limits_{i=1}^{N} D^{-b_i} \leqslant 1$,就存在单义可译码。另外,数学上已证明了,对于底大于 1 的对数,有 $E[f(x)] \leqslant f[E(x)]$。利用这些关系可得

$$\sum_{i=1}^{N} P(x_i)\mathrm{lb}\frac{D^{-b_i}}{P(x_i)} \leqslant \mathrm{lb}\sum_{i=1}^{N} D^{-b_i} \leqslant 0 \tag{3.47}$$

故有

$$H(\boldsymbol{X}) - \bar{b}\mathrm{lb}D \leqslant 0 \tag{3.48}$$

亦即

$$\bar{b} \geqslant \frac{H(\boldsymbol{X})}{\mathrm{lb}D} \tag{3.49}$$

显然

$$\bar{b}_{\min} = \frac{H(\boldsymbol{X})}{\mathrm{lb}D} \tag{3.50}$$

如果 $D=2$,则 $\bar{b}_{\min} = H(\boldsymbol{X})$。下界得证。

再证上界。

根据最佳编码的第(1)条原则，编码应使概率大的信源符号对应短码，概率小的对应长码。为此来寻求直接由信源符号的概率 $P(x_i)$确切知道其对应码字长度 b_i的方法，即 x_i、$P(x_i)$、S_i、b_i的一一对应。

对于有 D 种基本符号的编码，对应于 x_i的编码 S_i，其长度 b_i通常应满足

$$b_i \geqslant \log_D \frac{1}{P(x_i)} \tag{3.51}$$

但 $b_{i,\min}=1$，b_i应该是整数。例如：$P(x_1)=1/2$，$\text{lb}[1/(1/2)]=1$，取 $b_1=1$；如果 $P(x_2)=1/6$，$\text{lb}[1/(1/6)]=2.585$，取 $b_2=3$。对于式(3.51)，若 $\log_D[1/P(x_i)]$是整数，则式(3.51)取等号，即 $b_i=\log_D[1/P(x_i)]$；若 $\log_D[1/P(x_i)]$不是整数，则 b_i用进一法取整。因此，有

$$\log_D \frac{1}{P(x_i)} \leqslant b_i < \log_D \frac{1}{P(x_i)} + 1 \tag{3.52}$$

为了分析其单义可译性，将上式右端的 1 用 $\log_D D$ 代替，则上式可改写为

$$P(x_i) \geqslant D^{-b_i} > \frac{P(x_i)}{D} \tag{3.53}$$

对式(3.53)的 i 取和，有

$$\sum_{i=1}^{N} P(x_i) \geqslant \sum_{i=1}^{N} D^{-b_i} > \sum_{i=1}^{N} \frac{P(x_i)}{D} \tag{3.54}$$

即

$$1 \geqslant \sum_{i=1}^{N} D^{-b_i} > \frac{1}{D} \tag{3.55}$$

这个结果说明用上述方法符合单义可译定理。

对 $\log_D[1/P(x_i)]$用换底公式，有

$$\log_D \frac{1}{P(x_i)} = \frac{\text{lb}\,\dfrac{1}{P(x_i)}}{\text{lb}D} \tag{3.56}$$

因此

$$b_i < \frac{\text{lb}\,\dfrac{1}{P(x_i)}}{\text{lb}D} + 1 \tag{3.57}$$

式(3.57)两边同乘以 $P(x_i)$，再对 i 求和，有

$$\sum_{i=1}^{N} P(x_i) b_i < \frac{\sum\limits_{i=1}^{N} P(x_i)\,\text{lb}\,\dfrac{1}{P(x_i)}}{\text{lb}D} + 1$$

即

$$\bar{b} < \frac{H(\boldsymbol{X})}{\text{lb}D} + 1 \tag{3.58}$$

上界得证。

下面讨论平均码长界定定理的物理意义。

按照式(3.46)的方法选取的码长,至少可以构成一种单义可译码,其平均码长比上界 $H(\boldsymbol{X})/\text{lb}D+1$ 要小;当 $\bar{b}$ 大于上界值时虽然更能构成单义可译码,但这并不是编码所希望的,编码所追求的,是在单义可译前提下寻求尽可能小的平均码长;平均码长界定定理指出,平均码长的下界值为 $\bar{b}_{\min}=\dfrac{H(\boldsymbol{X})}{\text{lb}D}$。对于给定信源空间$\{\boldsymbol{X},P(\boldsymbol{X})\}$的离散信源,其熵 $H(\boldsymbol{X})$是确定的数值,如果信道基本符号也是确定的,即 D 也是给定的,则 $\bar{b}_{\min}$ 也就定了。这意味着,如果不改变信源的统计特性,减小 $\bar{b}$ 的潜力,到了 $\bar{b}_{\min}=\dfrac{H(\boldsymbol{X})}{\text{lb}D}$ 也就到了极限。因此,如果要进一步提高编码效率,必须对信源本身进行研究,例如改变信源的统计特性。

3.6 香农第一定理

3.6.1 无失真信源编码

前面讨论 $\bar{b}$ 的界定,是以单符号消息的信源为例,消息 x_i对应的码字的长度为 b_i。如果对初始信源进行 K 重扩展,就得到符号序列消息,编码应使码字和扩展后的符号序列消息一一对应。尽管符号序列消息所用的码元长度 B_i可能比 b_i长,但由于符号序列消息有 K 个单符号消息,所以 B_i/K 和b_i相比有可能减小。因此,按照扩展后消息序列的概率分布来编码,其平均长度和初始信源相比也应该减小,即

$$\frac{\bar{B}}{K}<\bar{b} \tag{3.59}$$

这就是通过信源扩展来提高编码效率的基本考虑。

下面以二进制为例作进一步分析。

对于二进制编码,$D=2$。这时式(3.46)简化为

$$H(\boldsymbol{X})\leqslant\bar{b}<H(\boldsymbol{X})+1 \tag{3.60}$$

对初始信源进行 K 重扩展,则由式(3.46),有

$$H(\boldsymbol{X}^K)\leqslant\bar{B}<H(\boldsymbol{X}^K)+1 \tag{3.61}$$

对于无记忆信源,有

$$H(\boldsymbol{X}^K)=KH(\boldsymbol{X}) \tag{3.62}$$

$$H(\boldsymbol{X})\leqslant\frac{\bar{B}}{K}<H(\boldsymbol{X})+\frac{1}{K} \tag{3.63}$$

当 $K\to\infty$,有

$$\lim_{K\to\infty}\frac{\bar{B}}{K}=H(\boldsymbol{X})$$

上式说明,在二进制和无记忆信源条件下的无失真信源编码,可以通过扩展而

使其平均码长随着 K 的增加而无限接近信源熵。将这一结论用定理形式表述如下。

定理 3.7　设离散无记忆信源 $\boldsymbol{X}$ 包含 N 个符号 $\{x_1, x_2, \cdots, x_i, \cdots, x_N\}$，信源发出 K 重符号序列，则此信源可发出 N^K 个不同的符号序列消息，其中第 j 个符号序列消息的出现概率为 P_{K_j}，其信源编码后所得的二进制代码组长度为 B_j，代码组的平均长度为

$$\bar{B} = \sum_{j=1}^{N^K} P_{K_j} B_j \tag{3.64}$$

当 K 趋于无限大时，$\bar{B}$ 和 $H(\boldsymbol{X})$ 之间的关系为

$$\lim_{K \to \infty} \frac{\bar{B}}{K} = H(\boldsymbol{X}) \tag{3.65}$$

定理 3.9 称为香农(Shannon)第一定理，又称为无失真信源编码定理或变长码信源编码定理。定理指出，要做到无失真的信源编码，编码后信源符号平均长度将不能小于信源熵，其极限情况是信源的熵值；若编码的平均码长小于信源的熵值，则单义可译码不存在，在译码或反变换时必然带来失真或差错。

从定理还可得知，通过对扩展信源进行变长编码，可以使其平均码长 $\bar{B}$ 无限趋近于极限值 $KH(\boldsymbol{X})$。$\bar{B}/K$ 表示 K 重符号序列中每个符号对应的平均码元数，随着 K 的增加，编码效率 η 亦会增加，在极限情况 η 达到最高。但符号序列或编码的总数目为 N^K，它将随着 K 的增加呈指数规律增加，这预示着编码方法的复杂性亦会同时增加。也就是说，提高编码效率是以增加编码的复杂性为代价的。

香农第一定理表明，在无失真信源编码中，采用扩展信源的手段，虽然可以减少每一信源符号所需要的平均码符号数，使编码的有效性有所提高，但无论怎样扩展，无失真信源编码的结果，在无噪离散信道中传输的有效性是有一定限度的，其极限值就是信源熵。

在讨论编码效率时已经指出，当信息传输速率等于信道容量 C 时，编码效率达到最高，亦即信息传输的有效性最高。因此，无失真信源编码的实质就是对离散信源进行适当的变换，使变换后新的符号序列信源要么尽可能为等概率分布，要么寻求一种编码方法使新信源的每个码符号平均所含的信息量达到信源熵值，进而使信息传输率 R 达到信息容量 C，实现信源和信道理想的统计匹配，这是香农第一定理的另一层含义。

由香农第一定理可见，当 $\bar{B}/K > H(\boldsymbol{X})$ 时，更有效即效率接近于 1 的信源编码是存在的，否则更有效的编码不存在。但它并没有给出怎样来实现这样的编码，所以说香农第一定理是一个存在性定理。

香农第一定理成立的条件是要求 $K \to \infty$，实际上很难做到也不需要做到这一点，在绝大多数应用中，只要 $1/K \ll H(\boldsymbol{X})$，香农第一定理就能成立。下面通过一个实际的例子来说明香农第一定理的应用。

例 3.10 已知信源空间为

$$\begin{matrix} \boldsymbol{X}: & x_1, & x_2 \\ P(\boldsymbol{X}): & 0.2, & 0.8 \end{matrix}$$

信道基本符号为{0,1}。①若编码规则为：$x_1 \to S_1=0, x_2 \to S_2=1$，求平均长度 $\bar{b}$ 和编码效率 η；②若进行二重扩展并对扩展信源按最佳编码原则编码，再求平均长度 $\bar{B}$ 和编码效率 η。

解 (1)先求信源熵，然后再求平均长度和编码效率，结果如下：

$$H(\boldsymbol{X}) = 0.2\text{lb}\,\frac{1}{0.2} + 0.8\text{lb}\,\frac{1}{0.8} \approx 0.722(\text{比特 / 信符})$$

$$\bar{b} = 0.2 \times 1 + 0.8 \times 1 = 1(\text{码元 / 信符})$$

$$\eta = H(\boldsymbol{X})/\bar{b} \approx 0.722 = 72.2\%$$

(2)对初始信源的两个消息进行二重扩展，得到的消息序列为 4 个。假如采用前面图 3.9 所示的树图进行编码，得到的即时码集合为(0,10,110,111)。根据最佳编码的原则，可以得到消息序列、对应的概率、编码以及码长如下：

x_1x_1	1/25	111	$B_1=3$
x_1x_2	4/25	110	$B_2=3$
x_2x_1	4/25	10	$B_3=2$
x_2x_2	16/25	0	$B_4=1$

该消息序列编码的平均码长为

$$\begin{aligned} \bar{B} &= (1/25) \times 3 + (4/25) \times 3 + (4/25) \times 2 + (16/25) \times 1 \\ &= 39/25(\text{码元 /2 个信符}) \end{aligned}$$

故有

$$\bar{B}/K = 39/50 \quad \text{码元 / 信符}$$

$$\eta = \frac{H(\boldsymbol{X})}{\bar{B}/K} = \frac{0.722}{39/50} \approx 0.926 = 92.6\%$$

比较(1)、(2)可见，经过二重扩展后编码效率由 72.2%上升到 92.6%。

如果再作进一步的扩展，例如进行 4 重扩展，将得到 $2^4=16$ 种消息序列：$x_1x_1x_1x_1$，$x_1x_1x_1x_2$，$x_1x_1x_2x_1$，…，$x_2x_2x_2x_1$，$x_2x_2x_2x_2$。根据香农第一定理，这时一定存在着比二重扩展时效率更高的编码，但这样的编码如何构造？是否一定是“0,10,110,1110,…,11…110,11…11”或“1,01,001,0001,…,00…001,00…00”这种形式？上述问题也说明香农第一定理仅是一个存在性定理，没有给出如何构造的信息。用前述例子的编码方法虽然可以得到即时码，但通常不一定是最佳编码，故有必要寻求更高效率的编码方法。

3.6.2 等长码的信源编码

等长码可以看成是变长码的一个特例。事实上，只要将前面变长码讨论中的平均码长 $\bar{B}$ 改变成码长 B，所有的结论都是适用的。

对于等长码，设信源的消息符号集合为 $\boldsymbol{X}(x_1, x_2, \cdots, x_N)$，将它进行 K 重扩展后，符号序列消息的总数为 N^K；设信道有 D 种基本符号，每个码字有 B 个码元，故最多有 D^B 种码字，要想使码字和符号消息序列一一对应即满足单义可译性，应满足

$$D^B \geqslant N^K \tag{3.66}$$

即

$$B \geqslant K \frac{\mathrm{lb}N}{\mathrm{lb}D} \tag{3.67}$$

或

$$\frac{B}{K}\mathrm{lb}D \geqslant \mathrm{lb}N = H(\boldsymbol{X})_{\max} \tag{3.68}$$

设信源的实际熵为 $H(\boldsymbol{X})$，且通常 $H(\boldsymbol{X}) < H(\boldsymbol{X})_{\max}$，故可将式(3.68)改写为

$$\frac{B}{K}\mathrm{lb}D \geqslant H(\boldsymbol{X}) + \delta \tag{3.69}$$

式中，δ 为一小的正数。

若 δ 对应着信源编译码系统中译码时允许出现的失真，则研究 δ 与允许的失真之间的关系很有意义。特别地，当 δ 为一任意小的正数时，式(3.69)相当于对式(3.68)降低了要求。在什么情况下这种降低了的要求可以忽略不计，有如下的定理。

定理 3.8　设 K 重扩展的符号序列消息集合中，含有具有对应代码组的消息和没有对应代码组的消息，P_e 为所有没有对应代码组消息所占的概率。当

$$\frac{B}{K}\mathrm{lb}D \geqslant H(\boldsymbol{X}) \tag{3.70}$$

时，只要 K 足够大，P_e 就可以任意小。若上述不等式不满足，则当 $K \to \infty$ 时，P_e 可以任意地接近于 1。

上述定理称为等长码信源编码定理，这里略去对它的证明。

等长码信源编码定理和变长码信源编码定理具有类似的物理意义，当 $\frac{B}{K}\mathrm{lb}D \geqslant H(\boldsymbol{X})$ 时，更有效的信源编码是存在的，否则更有效的编码不存在。同样，它也没有给出怎样实现，即它也是一个存在性定理。

3.7　信源编码实例

香农第一定理说明编码效率接近于 1 的无失真信源编码是存在的，但没有给出具体的编码方法。本节讨论几种典型的信源编码方法，一方面是香农第一定理的具体应用，另一方面也是一直被广泛应用的实际编码方法。

3.7.1　费诺编码方法

费诺(Fano)编码属于概率匹配编码，其编码过程如下：

(1)将信源消息符号按其出现的概率大小依次排列,例如

$$P(x_1) \geqslant P(x_2) \geqslant \cdots \geqslant P(x_N)$$

(2)将依次排列的信源符号按概率值分为两大组,使两个组的概率之和接近于相同,并对各组赋予一个二进制码元"0"和"1"。

(3)将每一大组的信源符号进一步再分成两个组,使分解后的两个组的概率之和接近于相同,并又赋予两个组一个二进制符号"0"和"1"。

(4)如此重复,直至每个组只剩下一个信源符号为止。

(5)信源符号所对应的码字即为费诺编码的结果。

费诺编码具有如下特点:

(1)概率大,分解的次数少;概率小,分解的次数多。这符合最佳编码原则。

(2)码字集合是唯一的。

(3)分解完了,码字出来了,码长也有了。

因此,费诺编码方法又称为子集分解法。

例 3.11　某信源具有 7 个消息符号,其概率分别为 0.20,0.19,0.18,0.17,0.15,0.10,0.01。试对该信源进行费诺编码,求其二进制代码组及其编码效率。

解　按费诺编码方法,先将消息符号按其概率大小排列,再按方法中的步骤进行子集分解,本题经过 4 次分解完成编码,整个过程列于表 3.3。

表 3.3　例题 3.11 的有关数据

消息符号序号(i)	消息概率 p_i	第一次分解	第二次分解	第三次分解	第四次分解	二进制代码组	码组长度 b_i
1	0.20	0 (0.57)	(0.20) 0			00	2
2	0.19		(0.37) 1	(0.19) 0		010	3
3	0.18			(0.18) 1		011	3
4	0.17	1 (0.43)	(0.17) 0			10	2
5	0.15		(0.26) 1	(0.15) 0		110	3
6	0.10			(0.11) 1	(0.10) 0	1110	4
7	0.01				(0.01) 1	1111	4

由表 3.3 的数据可得,代码组集合的平均长度为

$$\bar{b} = 2.74 \quad \text{码元 / 符号}$$

信息传输速率为

$$R = \frac{H(\boldsymbol{X})}{\bar{b}} = \frac{2.61}{2.74} = 0.953(\text{比特 / 码元时间})$$

类似地,由于二进制信道的信道容量 $C=1$ 比特/码元时间,故编码效率为

$$\eta = R/C = 0.953/1 = 95.3\%$$

可见,费诺方法的编码效率接近于 1。

3.7.2　霍夫曼编码方法

霍夫曼(Huffman)编码是至今仍广泛应用的信源编码方法,该方法的具体步骤如下:

(1)将信源消息的概率按大小顺序排队;

(2)把两个最小的概率相加,作为新的概率,与剩余的概率重新排队;

(3)再把最小的两个概率相加,再重新排队,直到最后变成概率 1;

(4)每次相加时都将“0”和“1”按同一规律赋予相加的两个概率,例如概率大的赋予“1”、小的赋予“0”,读出时由该符号开始一直走到最后的概率 1,将路径上所遇到的“0”和“1”按最低位到最高位的顺序排好,就是该符号的霍夫曼编码。

下面通过几个例子来分析霍夫曼编码的性能。

例 3.12　一个信源包含 6 个符号消息,它们的出现概率分别为 0.3,0.2,0.15,0.15,0.1,0.1,信道基本符号为二进制码元,试用霍夫曼编码方法对该信源的 6 个符号进行信源编码,并求出代码组的平均长度和信息传输速率。

解　根据霍夫曼编码的步骤,可得其编码过程和编码结果,如图 3.10 所示。

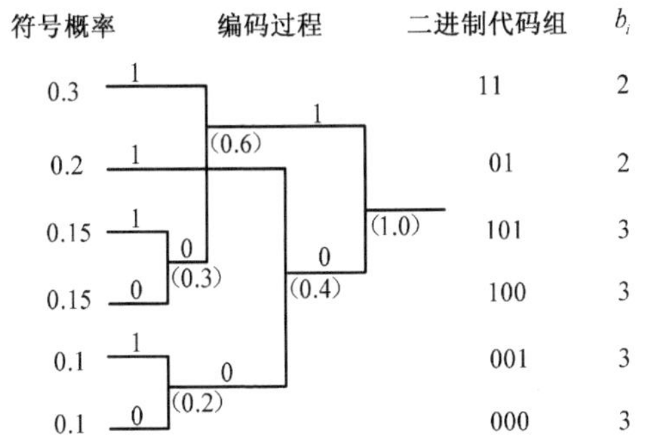

图 3.10　例 3.12 霍夫曼编码过程图

由图 3.10 的编码结果,求得平均码长为

$$\bar{b} = 2.5 \quad \text{码元 / 符号}$$

信源熵为

$$H(\boldsymbol{X}) = -\sum_{I} p(x_i)\mathrm{lb}\,p(x_i) = 2.471 \quad \text{比特 / 码元时间}$$

信息传输速率为

$$R = H(\boldsymbol{X})/\bar{b} = 2.471/2.5 = 0.988 \quad \text{比特 / 码元时间}$$

由此可得其编码效率为 98.8%,接近于最佳编码。

例 3.13　已知一信源的概率空间为

$$\boldsymbol{X}: x_1,\ x_2,\ x_3,\ x_4,\ x_5$$

$$P(\boldsymbol{X}): 0.4,\ 0.1,\ 0.2,\ 0.2,\ 0.1$$

试用霍夫曼编码方法找出各消息的代码组,并计算编码效率。

解 (解法一)根据霍夫曼编码的步骤,可得其编码过程和编码结果,如图 3.11 所示。由图 3.11 的编码结果,求得平均码长为

$$\bar{b}_1 = \sum_{i=1}^{s} P_i b_i = 0.4\times2 + 0.2\times2\times2 + 0.1\times3\times2 = 2.2 \quad \text{码元 / 代码组}$$

信源熵为

$$\begin{aligned} H(\boldsymbol{X}) &= -\sum_{i=1}^{s} P_i \mathrm{lb} P_i \\ &= -0.4\mathrm{lb}0.4 - 2\times0.2\mathrm{lb}0.2 - 2\times0.1\mathrm{lb}0.1 \\ &= 2.122 \quad \text{比特 / 代码组} \end{aligned}$$

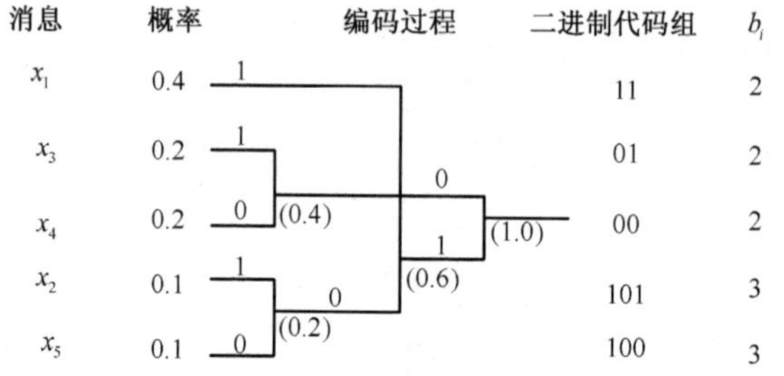

图 3.11 例 3.13 解法一的霍夫曼编码过程图

信息传输速率和编码效率分别为

$$R_1 = \frac{H(\boldsymbol{X})}{\bar{b}_1} = \frac{2.122}{2.2} = 0.964 \quad \text{比特 / 码元时间}$$

$$\eta_1 = R_1/C = 0.9645/1 = 96.45\%$$

由本例可见,编码效率也接近于最佳编码。

(解法二)同样根据霍夫曼编码的步骤,但组合的方法和解法一有所不同,所得编码过程和编码结果,如图 3.12 所示。

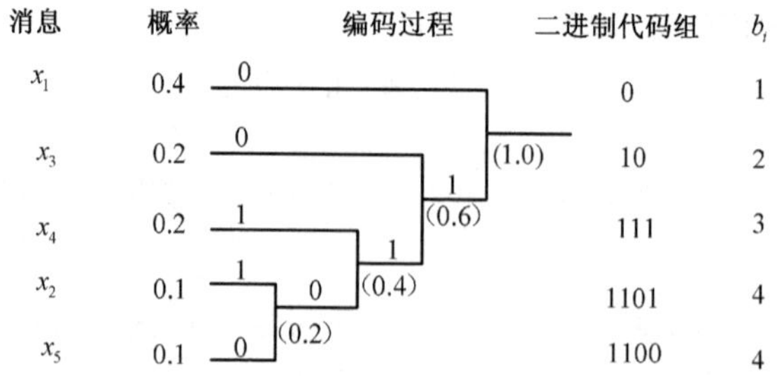

图 3.12 例 3.13 解法二的霍夫曼编码过程图

由图 3.12 的编码结果,求得平均码长为

$$\bar{b}_2 = \sum_{i=1}^{s} P_i b_i = 0.4\times1 + 0.2\times2 + 0.3\times3 + 0.1\times4\times2 = 2.2 \quad \text{码元 / 代码组}$$

由于平均码长与解法一相同，故信息传输速率和编码效率均与解法一相同。由此可见，尽管概率相加的组合方法不同而导致编码路径（编码结果）不同，但编码效率都是一样的。

从上面几个例子可总结出霍夫曼编码具有以下特点：

(1) 由于霍夫曼编码总是以最小概率相加的方法来“缩减”参与排队的概率个数，因此概率越小，对缩减的贡献越大，其对应消息的码字也越长；

(2) 最小概率相加的方法使得编码不具有唯一性，尤其是存在几个消息符号有着相同概率的情况，将会有多种路径选择，亦即具有多种可能的代码组集合；

(3) 尽管对同一信源存在着多种结果的霍夫曼编码，但它们的平均码长几乎都是相等的，因为每一种路径选择都是使用最小概率相加的方法，其实质都是遵循最佳编码的原则，因此霍夫曼编码是最佳编码。

由于霍夫曼编码是一种最佳编码，实现起来也不困难，因此是应用广泛的非等长无失真信源编码之一。

3.7.3　Lempel-Ziv 编码

尽管霍夫曼编码获得了广泛应用，但它仍存在一些不足。

首先，霍夫曼编码要求信源消息的概率必须已知或者可估计，这通常要靠统计而得，由于初始信源并不总是统计好了消息概率分布的，因此编码过程必须分为两步，第一步估算信源的统计特性，第二步才是编码。在信源具有记忆性能并且用霍夫曼编码来表示信源的扩展输出时，第一步会耗费很多时间。

其次，霍夫曼编码是建立在编码器和译码器都知道编码结构的基础上，如果信源消息数目变大，则编码结构和算法的复杂性会呈指数规律增加。例如，对图 3.6 输入的字符集合进行 ASCII 编码，需要一个具有 256 个末端节点的树型结构，这还是没有对信源进行扩展的情况，如果对初始信源进行 2 重扩展，则码树构和编码的复杂性会变得巨大。

对于某些应用，例如磁盘或光盘的存储，通常要求很高的传输速度，这时霍夫曼编码的复杂性和编码速度就成为了瓶颈。Lempel-Ziv 编码就是针对上述问题而提出的新方法。

Lempel-Ziv 算法独立于信源的统计特性，是一种由变长到定长的编码方案。也就是说，任何信源输出序列能唯一分解为可变长度的码组，这些码组是用等长的码字进行编码的。Lempel-Ziv 算法及其各种变形，使用消息自身迭代性地构造一个变长码字的分析序列，这些不同长度的码字构成一个码字典，编码过程就是在码字典中寻找与编码序列中下一段码相匹配的码。当找到匹配时，编码按照以下思路进行：因为接收器已存有这个码段，因此无需重发，只需要辨认地址以重新取回该码段；如果没有找到匹配码段，则根据码段序列的参考位置，向序列添加下一个码元以构造码字典的新码字。编码开始时，使用一个空码字典，所以第一个码字是与先前码字无关的。在一种码字典的结构中，递归地形成地址的游程序列和该地址上的字符段。

编码后的码字总是由两部分组成：字典地址和本码段需要添加的消息。由此可见，这种编码方法充分利用了已编码消息的信息。例如在仅有两个消息 a、b 的信源中，如果在编码过程中遇到一个消息段（码段）是 abababababababababb，则先看前面的编码中哪些是本序列的前缀，即到码字典中去寻找匹配码段，如果有，则选取那个最长的，用它的地址代表这个前缀，再加上后面 1 个消息从而构成一个码字；如果没有，在本例中它只能是第 1 个或第 2 个码字，其字典地址为 0。在这个例子中，假设码字典中第 36 个地址的内容为 aba，则对应这个消息序列的第 1 个编码结果是 36b，它表示了序列中前面 4 个消息 abab 的编码；但如果码字典中第 36 个地址的内容为 ab-abababababab，则对应这个消息序列的第 1 个编码结果虽然也是 36b，但它表示了该序列 17 个消息的编码。

下面通过几个例子来进一步分析这种编码技术。

例 3.14 待编码的字符序列为 abaaaabaabaaabbbbbbabbbbbaababaababa…，试用 Lempel-Ziv 方法给出编码结果。

解 编码从建立码字典开始。假设前面没有编码结果，则对第 1 个消息 a，其字典地址为 0，本码段需要添加的消息为 a，编码结果为 0a，码字典中的地址为 1；同理，对第 2 个消息 b，其字典地址亦为 0，本码段需要添加的消息为 b，编码结果为 0b，码字典中的地址为 2；从第 3 个消息起，就可以利用前面已编码信息了，这里可将第 3、4 两个看成一个码段，第 3 个消息用码字典中已有的码地址 1 来代替，本码段需要添加的消息为 a，编码结果为 1a，码字典中的地址为 3；由于第 5、6 个消息恰好是码地址 3 对应的消息，故第 5、6、7 个消息为一段，编码结果为 3b，码字典中的地址为 4；依此类推。该序列的编码结果、码字典的地址以及被编码的码段内容，列于表 3.4 中。

表 3.4 例 3.14 的有关数据

编码结果	0a	0b	1a	3b	4a	4b	2b	7b	1b	8b	5b	11a	…
地址	1	2	3	4	5	6	7	8	9	10	11	12	…
码段内容	a	b	aa	aab	aaba	aabb	bb	bbb	ab	bbbb	aabab	aababa	…

由上述编码过程可见，Lempel-Ziv 方法利用了已编码信息来进行当前的编码，编码结果是等长码，编码的过程就是建立码地址和将待编码消息序列分段的过程，所有的码段内容都是不同的。

对于短的消息序列，这种方法很难看出具有高的编码效率，因为要把地址序号在编码中表示出来；但随着待编码序列的增长，算法的压缩特性就会变得很明显，因为将会有越来越多的地址代表着长度较长的消息。

由此看来，Lempel-Ziv 算法的一个重要问题是应该如何选择最大地址数。通常情况下，随着待编码序列的长度增加，地址长度必然跟着变大。例如，对例 3.14 的序列可以选择最大地址数为 16，对应 4bit，但如果序列变长，地址也需相应变化。可见，这种地址是绝对地址。

另一个方法是采用相对地址的概念，其核心思想也是充分利用已编码的信息，但它将原方法中的地址和该地址的内容用相对地址和可利用的已编码信息长度来表示，编码结果为 3 部分内容：＜相对地址，长度，本次编码新增加的字符＞，称为一个编码包。下面是这种方法的例子。

例 3.15　待编码的字符序列为：abaababbbbbbbabbbbba，试用相对地址的 Lempel-Ziv 方法给出编码结果。

解　假设前面没有编码结果，从第 1 个字符 a 开始进行，相对地址和可利用的已编码字符长度均为 0，本次编码新增加的字符为 a，编码结果为＜0，0，a＞，被编码的内容为 a。

同理，对第 2 个字符 b，前面也没有可被利用的编码结果，故相对地址和可利用的已编码信息长度也都为 0，编码结果为＜0，0，b＞，被编码的内容为 b。

从第 3 个字符起即可利用前面的已编码信息，由于前面只有两个字符被编码，故可综合考虑第 3、4 两个字符 aa，第 3 个字符 a 与第 1 个字符 a 之间的相对距离是 2，且能被利用的已编码字符长度只有 1，故第 3 个编码包为＜2，1，a＞，被编码的内容为 aa。

接着进行第 5 个及其以后字符的编码，由于第 5、6、7 个字符是 bab，而与第 5 个字符相对距离为 3、长度为 2 的已编码字符段为 ba，故第 4 个编码包为＜3，2，b＞，被编码的内容为 bab。

接下来是对第 8 个及其以后字符的编码。由于有连续 7 个 b，而刚刚被编码的第 7 个字符就是 b，故这时相对距离为 1、可利用的已编码信息长度为它的重复次数 7，加上本次编码新增加的第 15 个字符 a，故第 5 个编码包为＜1，7，a＞，被编码的内容为 bbbbbbba。

下面是对第 16 个及其以后字符的编码，根据前面的方法不难得出本例第 6 个编码包为＜6，5，a＞，被编码的内容为 bbbbba。

编码结果见表 3.5。

表 3.5　例 4.15 的编码结果

编码包	＜0，0，a＞	＜0，0，b＞	＜2，1，a＞	＜3，2，b＞	＜1，7，a＞	＜6，5，a＞
内容	a	b	aa	bab	bbbbbbba	bbbbba
文本序列	a	ab	abaa	abaabab	abaababbbbbbba	整条序列

Lempel-Ziv 算法已应用于许多商业共享软件，包括 LZ77、Gzip、LZ78、LZW 和 UNIX 压缩等。

本章小结

离散信源是信息论中研究各种信源的基础，本章集中讨论了离散信源的一些共性的问题。首先讨论了离散信源的分类及其描述，给出了从不同角度分类的几种离散信源的定义；由于信源熵是信源信息特性的重要体现，故本章给出了研究无记忆和有记忆、单符号消息和符号序列消息、马尔可夫信源等常用离散信源信息特性的数学模型，讨论了它们的熵；在此基础上，引入了信源冗余度的概念，它给出了信源可以被压缩的物理本质，是信源编码的基础；接着讨论了信源编码的目的，引出了信息传输速率和编码效率的概率，给出了单义可译定理、平均码长界定定理，进而较为详细地讨论了香农第一定理，引出几种最佳编码方法。

思考题

3.1 请给出几种信源的分类。

3.2 请说说用什么方法来描述自然语信源的关联性。

3.3 请给出发出符号序列消息离散有记忆信源的熵。

3.4 请给出发出符号序列消息的马尔可夫信源的熵。

3.5 请说说时间熵的定义、量纲。

3.6 请举例说明信源冗余度的定义。

3.7 请给出信源编码器的主要任务以及对信源编码的基本要求。

3.8 请给出信道容量和信源编码器的编码效率的定义。

3.9 请给出最佳编码通常遵循的两个原则。

3.10 请给出单义可译码、即时码、延长码的定义。

3.11 请给出存在即时码/单义可译码的充要条件。

3.12 请叙述平均码长界定定理及其物理意义。

3.13 请描述二进制编码和无记忆信源条件下香农第一定理。

3.14 请简述费诺、霍夫曼编码的基本思路、方法和主要特点。

3.15 请简述 Lempel-Ziv 编码的基本思路、方法和主要特点。

习题

3-1 设随机变量序列($\boldsymbol{X}\ \boldsymbol{Y}\ \boldsymbol{Z}$)是马尔可夫链，且 $\boldsymbol{X}$:$\{a_1,a_2,\cdots,a_r\}$,$\boldsymbol{Y}$:$\{b_1,b_2,\cdots,b_s\}$,$\boldsymbol{Z}$:$\{c_1,c_2,\cdots,c_L\}$。又设 $\boldsymbol{X}$ 与 $\boldsymbol{Y}$ 之间的转移概率为 $p(b_j|a_i)(i=1,2,\cdots,r;j=1,2,\cdots,s)$；$\boldsymbol{Y}$ 与 $\boldsymbol{Z}$ 之间的转移概率为 $p(c_k|b_j)(k=1,2,\cdots,L;j=1,2,\cdots,s)$。试

证明：$\boldsymbol{X}$ 与 $\boldsymbol{Z}$ 之间的转移概率为

$$p(c_k \mid a_i) = \sum_{j=1}^{s} p(b_j \mid a_i) p(c_k \mid b_j)$$

3-2　某一无记忆信源的符号集为$\{0,1\}$，已知 $P(0)=1/4$，$P(1)=3/4$。

(1)求该符号集的熵；

(2)有 100 个符号构成的序列，求某一特定序列（如有 m 个“0”和 $100-m$ 个“1”）的自信息量的表达式；

(3)计算(2)中序列的熵。

3-3　设有一个信源 $\boldsymbol{X}$ 产生 0、1 序列的信息，它在任意时间而且不论以前发生过什么符号，均按 $P(0)=0.4$，$P(1)=0.6$ 的概率发出符号，发出的符号分别记为 $X_1, X_2, X_3, X_4, \cdots$。

(1)试问这个信源是否是平稳的？

(2)试计算 $H(\boldsymbol{X}^2)$，$H(X_3 \mid X_1X_2)$及 H_∞；

(3)试计算 $H(\boldsymbol{X}^4)$并写出 $\boldsymbol{X}^4$ 信源中可能有的所有符号。

3-4　有一个马尔可夫信源，已知 $p(x_1 \mid x_1) = \dfrac{2}{3}$，$p(x_2 \mid x_1) = \dfrac{1}{3}$，$p(x_1 \mid x_2) = 1$，$p(x_2 \mid x_2) = 0$，试画出该信源的香农线图，并求出信源熵。

3-5　一个马尔可夫链的基本符号为 0、1、2 三种，它们以等概率出现，且具有相同的转移概率，没有任何固定约束。(1)画出单纯马尔可夫链信源的香农线图，并求稳定状态下的信源熵 H_1；(2)画出二阶马尔可夫链信源的香农线图，并求稳定状态下的信源熵 H_2。

3-6　一阶马尔可夫信源的状态图如图 3.13 所示，信源 $\boldsymbol{X}$ 的符号集为$\{0,1,2\}$并定义 $\bar{p} = 1 - p$。

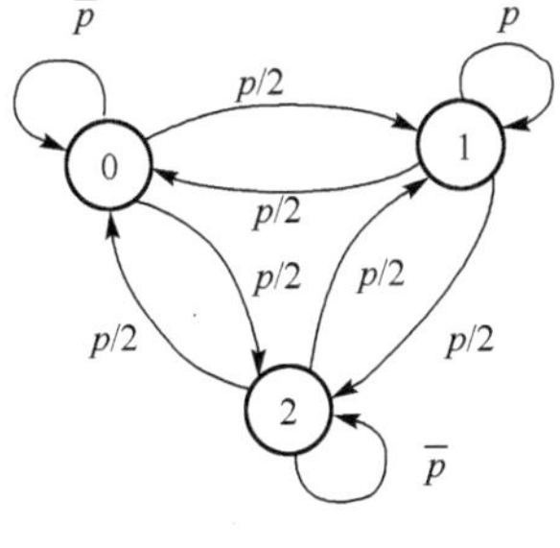

图 3.13　一阶马尔可夫信源的状态图

(1)求信源平稳后的概率分布 $P(0)$、$P(1)$和 $P(2)$。

(2)求此信源的熵。

(3)近似认为此信源为无记忆时，符号的概率分布趋于平稳分布。求近似信源的熵 $H(\boldsymbol{X})$并与 H_∞ 进行比较。

(4)对一阶马尔可夫信源，p 取何值时 H_∞ 有最大值？又当 $p=0$ 和 $p=1$ 时结果如何？

3-7　设随机变量序列 $\boldsymbol{X}=X_1X_2\cdots X_N$ 通过某离散信道$\{\boldsymbol{X},P(\boldsymbol{Y}|\boldsymbol{X}),\boldsymbol{Y}\}$，其输出序列为 $\boldsymbol{Y}=Y_1Y_2\cdots Y_N$。试证明：若

(1)$p(b_{jN}|a_{i1}a_{i1}\cdots a_{iN};b_{j1}b_{j2}\cdots b_{jN-1})=p(b_{jN}|a_{iN})$；

(2)$p(b_{j1}b_{j2}\cdots b_{jN-1}|a_{i1}a_{i1}\cdots a_{iN})=p(b_{j1}b_{j2}\cdots b_{jN-1}|a_{i1}a_{i1}\cdots a_{iN-1})$。

则该信道的转移概率为

$$P(\boldsymbol{X}\mid\boldsymbol{Y})=p(b_{j1}b_{j2}\cdots b_{jN}\mid a_{i1}a_{i2}\cdots a_{iN})=\prod_{k=1}^{N}p(b_{jk}\mid a_{ik})$$

3-8　设 $\boldsymbol{X}=X_1X_2\cdots X_N$ 是平稳离散有记忆信源，试证明：

$$H(X_1X_2\cdots X_N)=H(X_1)+H(X_2\mid X_1)+H(X_3\mid X_1X_2)+\cdots+H(X_N\mid X_1X_2\cdots X_{N-1})$$

3-9　设信源 $\boldsymbol{X}$ 的 N 次扩展信源 $\boldsymbol{X}=X_1X_2\cdots X_N$ 通过信道$\{\boldsymbol{X},P(\boldsymbol{Y}|\boldsymbol{X}),\boldsymbol{Y}\}$，其输出序列为 $\boldsymbol{Y}=Y_1Y_2\cdots Y_N$。试证明：

(1)当信源为无记忆信源，即 $X_1X_2\cdots X_N$ 之间统计独立时，有 $\sum\limits_{k=1}^{N}I(X_k;Y_k)\geqslant I(\boldsymbol{X};\boldsymbol{Y})$；

(2)当信道无记忆时，有 $\sum\limits_{k=1}^{N}I(X_k;Y_k)\geqslant I(\boldsymbol{X};\boldsymbol{Y})$；

(3)当信源、信道均为无记忆时，有 $\sum\limits_{k=1}^{N}I(X_k;Y_k)=I(\boldsymbol{X}^N;\boldsymbol{Y}^N)=NI(\boldsymbol{X};\boldsymbol{Y})$；

(4)用熵的概念解释以上3种结果。

3-10　黑白气象传真图的消息只有黑色和白色两种，即信源 $\boldsymbol{X}=\{$黑,白$\}$。设黑色出现的概率为 $P(\text{黑})=0.3$，白色出现的概率为 $P(\text{白})=0.7$。

(1)假设图上黑白消息出现前后没有关联，求熵 $H(\boldsymbol{X})$；

(2)假设消息前后有关联，其依赖关系为 $P(\text{白}|\text{白})=0.9$，$P(\text{黑}|\text{白})=0.1$，$P(\text{白}|\text{黑})=0.2$，$P(\text{黑}|\text{黑})=0.8$，求此一阶马尔可夫信源的熵 $H_2(\boldsymbol{X})$；

(3)分别求上述两种信源的剩余度，比较 $H(\boldsymbol{X})$ 和 $H_2(\boldsymbol{X})$ 的大小，并说明其物理含义。

3-11　设离散无记忆信源 $\begin{bmatrix}\boldsymbol{X}\\P(\boldsymbol{X})\end{bmatrix}=\begin{Bmatrix}x_1=0 & x_2=1 & x_3=2 & x_4=3\\3/8 & 1/4 & 1/4 & 1/8\end{Bmatrix}$，其发出的信息为(202120130213001203210110321010021032011223210)，求：

(1)此消息的自信息量；

(2)此消息中平均每符号携带的信息量。

3-12　有一个一阶平稳马尔可夫链 $\boldsymbol{X}=X_1,X_2,\cdots,X_r,\cdots$，各 X_r 取值于 $A=\{a_1,a_2,a_3\}$，已知起始概率为 $p_1=P(X_1=a_1)=\dfrac{1}{2}$，$p_2=p_3=\dfrac{1}{4}$，转移概率为

i \ j	1	2	3
1	1/2	1/4	1/4
2	2/3	0	1/3
3	2/3	1/3	0

(1)求 $X_1X_2X_3$ 的联合熵和平均符号熵；

(2)求这个链的极限符号熵；

(3)求 H_0, H_1, H_2 和它们所对应的冗余度。

3-13　某通信系统使用文字字符共 10000 个，据长期统计，使用频率占 80%的共有 500 个，占 90%的有 1000 个，占 99%的有 4000 个，占 99.9%的有 7000 个。(1)求该系统使用的文字字符的熵；(2)给出该系统一种信源编码方法并作简要评价。

3-14　设有一个无记忆信源发出符号 **A** 和 **B**，已知 $p(\boldsymbol{A})=1/4$，$p(\boldsymbol{B})=3/4$。(1)计算该信源熵；(2)设该信源改为发出二重符号序列消息的信源，采用霍夫曼编码方法，求其平均信息传输速率。

3-15　(1)信源每秒钟发出一个符号，求该信源的熵及信息传输速率；(2)对该信源的 8 个符号做二进制码元的霍夫曼编码，给出各个代码组，并求出编码效率。

3-16　设信道基本符号集合 $\boldsymbol{A}=\{a_1,a_2,a_3,a_4,a_5\}$，它们的时间长度分别为 $t_1=1, t_2=2, t_3=3, t_4=4, t_5=5$(各码元时间)，用这样的信道基本符号编成消息序列，且不能出现 $a_1a_1, a_2a_2, a_2a_1, a_1a_2$ 这四种符号相连的情况。(1)求这种编码信道的信道容量；(2)若信源的消息集合 $\boldsymbol{X}=\{x_1,x_2,\cdots,x_7\}$，它们的出现概率分别是 $P(x_1)=1/2, P(x_2)=1/4, P(x_3)=1/8, \cdots, P(x_6)=P(x_7)=1/64$，试求按最佳编码原则利用上述信道来传输这些消息时的信息传输速率；(3)求上述信源编码的编码效率。

3-17　设有信源 $\begin{bmatrix}\boldsymbol{X}\\P(\boldsymbol{X})\end{bmatrix}=\begin{Bmatrix}a_1 & a_2 & a_3 & a_4 & a_5 & a_6 & a_7\\0.2 & 0.19 & 0.18 & 0.17 & 0.15 & 0.1 & 0.01\end{Bmatrix}$

(1)求信源熵 $H(\boldsymbol{X})$；

(2)计算其平均码长及编码效率。

3-18　设信源

$$\begin{bmatrix}\boldsymbol{X}\\P(\boldsymbol{X})\end{bmatrix}=\begin{Bmatrix}a_1 & a_2 & a_3 & a_4 & a_5 & a_6 & a_7 & a_8\\\dfrac{1}{2} & \dfrac{1}{4} & \dfrac{1}{8} & \dfrac{1}{16} & \dfrac{1}{32} & \dfrac{1}{64} & \dfrac{1}{128} & \dfrac{1}{128}\end{Bmatrix}$$

(1)计算信源熵；

(2)给出二进制费诺编码与霍夫曼编码；

(3)计算二进制费诺编码与霍夫曼编码的平均码长和编码效率。

第 4 章　离散信道及其信道编码

信道是信息传递的通道,当信源与信宿之间没有干扰和噪声,即信道无扰无噪时,信宿能确切无误地收到信源发出的消息,获取信源发出消息的全部信息量。实际的通信信道大多是存在干扰和噪声的,为了分析的方便,本章对干扰和噪声不加区别,称这种存在干扰或噪声的信道为有扰信道或有噪信道。传输离散信号的有扰信道称为有扰离散信道。本章着重讨论有扰离散信道的编、译码问题,首先介绍信道的分类和几个基本概念,然后讨论离散信道的传输特性和译码准则,最后介绍关于信道编码的重要定理——香农第二定理。

4.1　信道的分类

信道的传输特性通常由统计而得出,为了集中讨论信道容量,假定信道的传输特性为已知,这样就可以抽象地将信道用图 4.1 所示的模型来描述,并按其输入/输出信号的数学特点以及它们之间关系的数学特点进行分类。图中 $\boldsymbol{X}$ 为信道的输入消息集合,也称为信道的输入空间;$\boldsymbol{Y}$ 为信道的输出消息集合,也称为信道的输出空间。集合$\{P(y|x)\}$是描述信道特征的传输概率集合。

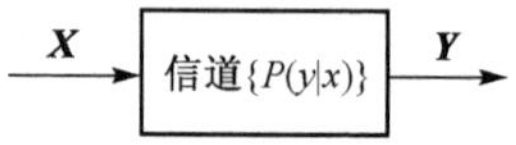

图 4.1　信道模型

从方便讨论信道容量的角度,信道的分类方法可以有以下几种。

(1)按信道的输入/输出符号空间的性质来划分,看其在幅度和时间上的取值是离散还是连续,可将信道分为如下 3 类:

①离散信道,输入和输出均为离散消息的集合;

②连续信道,输入和输出均为连续消息的集合;

③半连续信道,输入和输出中有一个是离散消息集合而另一个是连续消息集合。

(2)按信道的输入消息集合和输出消息集合的个数来划分,可将信道分为如下两类:

①两端信道,输入消息集合只有一个 $\boldsymbol{X}$ 集合,输出消息集合也只有一个 $\boldsymbol{Y}$ 集合,这种信道又称为单向单路信道;

②多端信道,输入端和输出端中至少有一端具有一个以上的消息集合,这种信道又称为多用户信道。

(3)按信道的输入/输出信号之间的关系是否确定来划分,可将信道分为如下两类:

①无扰信道,输入/输出之间是一种确定的关系,这是一种理想化的信道,信道上不存在噪声及干扰,在实际特别是无线通信中很少碰到,但它可以作为衡量其他信道特性的参考;

②有扰信道,输入/输出之间是一种统计依存的关系,信道上存在干扰或噪声,或两者都有,实际的通信信道几乎都是有扰信道。

(4)按信道的输入/输出之间的记忆性来划分,可将信道分为如下两类:

①无记忆信道,在某一时刻信道的输出消息仅与当时的信道输入消息有关,而与前面时刻的信道输入或输出消息无关,其统计特性可以用信道传输概率的集合$\{P(y|x)\}$来描述;

②有记忆信道,在任意时刻信道的输出消息不仅与当时的信道输入消息有关,而且还与以前时刻的信道输入消息和(或)输出消息有关。实际信道大多都是不同程度的有记忆信道,其记忆来源于物理信道中的惯性,如信道中含有电感或电容等储能元件、无线信道中电波传播的衰落等。

(5)按信道的统计特性来划分,可将信道分为如下两类:

①恒参信道,统计特性不随时间变化,又称为平稳信道;

②变参信道,统计特性随时间变化。

本章只讨论平稳的单向单路的无扰和有扰离散信道,对于后者将分别讨论无记忆和有记忆两种情况。

4.2　离散信道的传输特性

信道的传输特性主要涉及信道的信息传输速率、信道容量等物理量。

4.2.1　无扰离散信道的传输特性

第 3 章定义 3.11 给出了信源编码器的信息传输速率的定义。类似地,可以给出信道的信息传输速率定义如下:

定义 4.1　消息在信道传输中,单位时间内所传输的信息量称为信道的信息传输速率。

消息在无扰离散信道上传输不会损失信息量,这时信道的信息传输速率就等于信源的信息传输速率,亦即信源的时间熵,即

$$R_t = H_t \quad (\text{b/s}) \tag{4.1}$$

在第 2 章讨论平均互信息量的概念时曾经指出,它是信源端的消息通过信道后传输到信宿端的平均信息量,因此它实质上就是量纲为比特/码元(或比特/符号、比

特/符号序列等)的信息传输速率。如果改变其时间单位,则有

$$R_t = \frac{1}{t} I(\boldsymbol{X};\boldsymbol{Y}) \tag{4.2}$$

式中的 t 为 1 码元(或符号、符号序列等)所占用的时间,主单位为 s。

第 3 章定义 3.12 给出了信道容量的定义:消息在不失真传输的条件下,信道所允许的最大信息传输速率,即 $C=R_{max}$。如果信息传输速率的单位时间用秒,则有

$$C_t = R_{t\,max} \tag{4.3}$$

还可以建立信道容量和信道中传输的消息数目之间的关系。例如,对于无扰情况,信道传输的信息量就是信源发出的信息量,若在 T 时间内信源发出的符号(消息)总数为 $N(T)$,则

$$C_t \approx \frac{\mathrm{lb}N(T)}{T} \tag{4.4}$$

若消息之间是统计独立的,则式中 $\mathrm{lb}N(T)$ 为 $N(T)$ 个符号所包含的信息量。对于平稳信源,有

$$C_t = \lim_{T\to\infty} \frac{\mathrm{lb}N(T)}{T} \tag{4.5}$$

例 4.1 用 8kHz 速率对模拟信号取样,若对每一样值做 256 级量化且样值是各态历经的,求传输此信号的信道容量。

解 由题意可知,每秒钟有 8000 个样值,即 $n=8000$(信源消息),信道基本符号数 $D=256$,故每秒钟构成的不同消息的总数目为 $N=256^{8000}$,由式(4.4)或式(4.5),得

$$C_t = \frac{\mathrm{lb}256^{8000}}{1} = 8000 \times \mathrm{lb}256 = 64 \ (\mathrm{kb/s})$$

事实上,这就是传送脉冲编码调制(pulse code modulation,PCM)信号所需要的信道容量。

一般地,若每个信道基本符号的长度为 b 秒,每秒钟内信道上可传送的信道基本符号数为 n,则 $n=1/b$;T 秒钟内信道上可构成的不同消息数为 $N(T)=D^{nT}$,其中 nT 为 T 秒钟内信道上可传送的信道基本符号数。于是,式(4.5)可化为

$$C_t = n\mathrm{lb}D \quad (\mathrm{b/s}) \tag{4.6}$$

如果不以秒而是以一个信道基本符号作为时间单位,则

$$C = C_t/n = \mathrm{lb}D \quad (\text{比特 / 信道基本符号时间})$$

本例中信道基本符号时间等长,这种等长的基本符号称为码元,该种信道称为均匀编码信道。

4.2.2 有扰离散信道的传输特性

如果在图 1.1 最简单的通信系统模型中对信道再施加干扰源,信源、信宿的消息集合均为离散值,就构成了包含干扰源的单向单路离散通信系统模型,如图 4.2 所示。

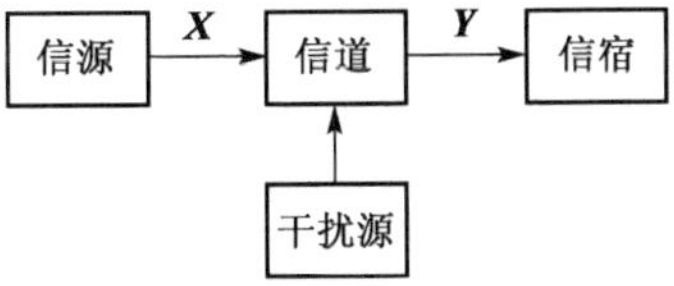

图 4.2 包含干扰源的单向单路离散通信系统模型

图 4.2 中的“信道”模块，是指将编码器、信道和译码器合并而成的等效信道，其中的编码器包括信源编码和信道编码两个功能，相应的译码器也包括信道译码和信源译码这两个功能，而把信道与干扰源合在一起称为有扰离散信道。

为了能得到一些比较系统的基本概念，先以单符号离散信源为例来讨论，然后再把这些结论推广到符号序列中。

可以用转移概率来描述信道的干扰特性，因此图 4.2 的有扰离散信道可以用图 4.3来等效。

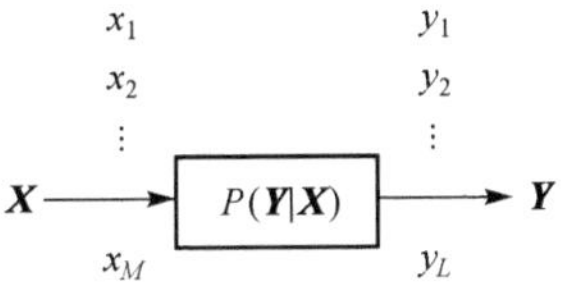

图 4.3 有扰离散信道的转移概率图

设离散信源发出的消息集合为 $\boldsymbol{X}=\{x_1,x_2,\cdots,x_i,\cdots,x_M\}$，信宿接收到的消息集合为 $\boldsymbol{Y}=\{y_1,y_2,\cdots,y_i,\cdots,y_L\}$。这里的 $\boldsymbol{X}$ 和 $\boldsymbol{Y}$ 集合又分别称为有扰离散信道的输入有限概率空间和输出有限概率空间。由于信道上存在干扰，所以 L 不一定等于 M。$P(y_j|x_i)$是信源发出 x_i 消息时信宿收到 y_j 消息的条件概率，又称为信道传输概率。由于 $\boldsymbol{Y}$ 是完备集，在信源发出一个 x_i 消息的条件下，接收消息集合 $\boldsymbol{Y}$ 中各个接收消息 $y_j(j=1,2,\cdots,L)$的信道传输概率之和等于 1，即

$$\sum_{j=1}^{L} P(y_j \mid x_i) = 1 \tag{4.7}$$

共有 $M\times L$ 个条件概率，它们构成一个 $M\times L$ 阶矩阵，称为信道矩阵，并表示为

$$\boldsymbol{\Pi} = \begin{bmatrix} P(y_1 \mid x_1) & P(y_2 \mid x_1) & \cdots & P(y_L \mid x_1) \\ P(y_1 \mid x_2) & P(y_2 \mid x_2) & \cdots & P(y_L \mid x_2) \\ \vdots & \vdots & & \vdots \\ P(y_1 \mid x_M) & P(y_2 \mid x_M) & \cdots & P(y_L \mid x_M) \end{bmatrix} \tag{4.8}$$

如果这个矩阵给出，信道特性就完全确定了。

有扰离散信道的特性也可用香农线图来表示，如图 4.4 所示。在香农线图中可以清楚地看到每个消息的条件转移关系。

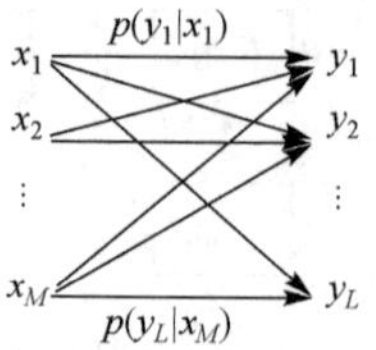

图 4.4 有扰离散信道的香农线图

4.2.3 几种特殊的有扰离散信道

1. 二进制对称信道

二进制对称信道(binary symmetry channel,BSC)是实际应用中最常见的信道,图 4.5 是它的状态转移图,其中 ε 为交叉传输概率。

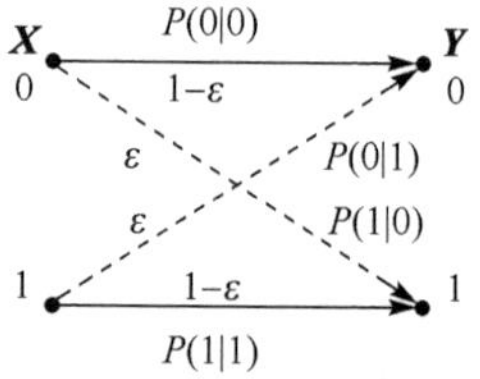

图 4.5 二进制对称信道的状态转移图

由图 4.5 可以给出 BSC 的定义如下:

定义 4.2 对于二进制信道,如果其交叉传输概率相等,则称该二进制信道为二进制对称信道。

根据上述定义或图 4.5,容易写出二进制对称信道的信道矩阵为

$$\mathbf{\Pi} = \begin{bmatrix} 1-\varepsilon & \varepsilon \\ \varepsilon & 1-\varepsilon \end{bmatrix} \tag{4.9}$$

观察式(4.9)可以看出,该信道矩阵的行元素相同、列元素也相同。这是对称信道的基本特性,由此可推广至一般情况,给出对称信道的定义如下:

定义 4.3 信道矩阵的行元素集合相同、列元素集合也相同的信道,称为对称信道。

在数字通信中,信道中干扰造成的直接影响是使接收端出现误码。对于确知位置的误码可以纠正之,这是通过后面将要讨论的纠错编码来实现的。但通信中也会出现类似于图 4.6 的情形,干扰的作用使得难以确定接收到的一些码元正确与否,如果将它们当作全部正确或全部错误可能都将带来较大的损失,而若给出一种特殊标记,说不定损失会小些,由此引出二进制删除信道的概念。

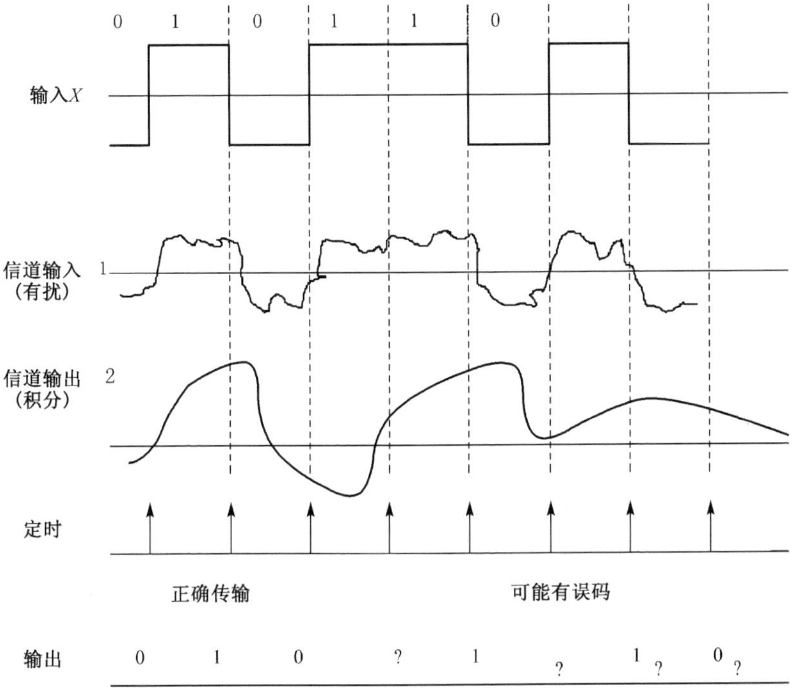

图 4.6　干扰对接收端判决影响的一个例子

2. 二进制删除信道

在图 4.6 中，如果对积分器输出的判决不能明显地决定是“1”还是“0”时，将其作为信道输出的一个符号 E，则离散信道的输入、输出概率空间变为 $\boldsymbol{X}(0,1)$，$\boldsymbol{Y}(0,\mathrm{E},1)$，这就得到另一种信道—二进制删除信道。“删除”是指在信宿中，见“E”就删去，既不作“1”，也不作“0”。图 4.7 是其状态转移图。

由状态转移图可以得到二进制删除信道的信道矩阵为

$$\boldsymbol{\Pi} = \begin{array}{c} \\ 0 \\ 1 \end{array}\begin{array}{c} \begin{array}{ccc} 0 & \mathrm{E} & 1 \end{array} \\ \begin{bmatrix} 1-\varepsilon_1-\varepsilon_2 & \varepsilon_1 & \varepsilon_2 \\ \varepsilon_2 & \varepsilon_1 & 1-\varepsilon_1-\varepsilon_2 \end{bmatrix} \end{array} \tag{4.10}$$

该信道矩阵的行元素相同但列元素不全相同，称这种信道为准对称信道。

由于输出集合中多了 E 元素，肯定将使 $P(1/0)$ 和 $P(0/1)$ 减小，也就是 ε_2 减小，从而使真正的误码降低。在有些分析中，可以设 $\varepsilon_2=0$，则这时删除信道的信道矩阵简化为

$$\boldsymbol{\Pi} = \begin{bmatrix} 1-\varepsilon_1 & \varepsilon_1 & 0 \\ 0 & \varepsilon_1 & 1-\varepsilon_1 \end{bmatrix} \tag{4.11}$$

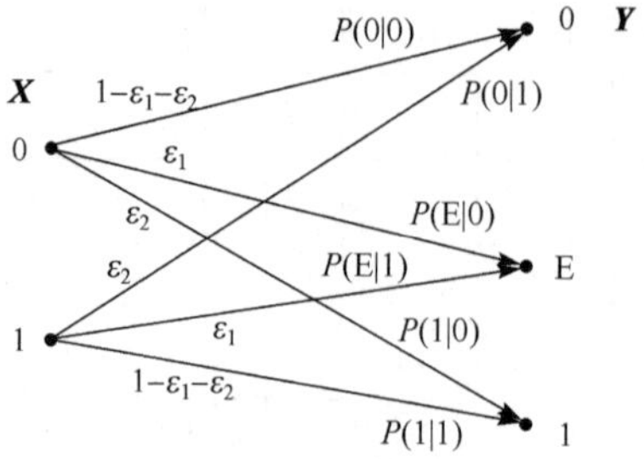

图 4.7 二进制删除信道的状态转移图

4.2.4 消息在有扰离散信道上的信息传输速率

在第 2 章讨论互信息量、平均互信息量等概念时，已涉及有扰信道，在那里用的是同一个信道模型$\{\boldsymbol{X},P(\boldsymbol{Y}|\boldsymbol{X}),\boldsymbol{Y}\}$。

信宿收到 y_j，从信道中获取的关于 x_i的互信息量 $I(x_i;y_j)=I(x_i)-I(x_i|y_j)$，而平均互信息量 $I(\boldsymbol{X};\boldsymbol{Y})=H(\boldsymbol{X})-H(\boldsymbol{X}|\boldsymbol{Y})$。又因为信源经信道传输给信宿的平均信息量为信息熵减去疑义度，因此平均互信息量 $I(\boldsymbol{X};\boldsymbol{Y})$就是信源经信道传输给信宿的平均信息量，即传过去的每个符号所包含的信息量。而信息传输率 R 为单位时间在信道上传输的信息量，如果取单位时间为一个符号的时间，则有

$$R = I(\boldsymbol{X};\boldsymbol{Y}) \tag{4.12}$$

因而，求有扰离散信道上的信息传输速率 R，实质上就是求平均互信息量 $I(\boldsymbol{X};\boldsymbol{Y})$。又由第 2 章可知，求 $I(\boldsymbol{X};\boldsymbol{Y})$，就是求各种熵，故有

$$\begin{aligned} R = I(\boldsymbol{X};\boldsymbol{Y}) &= H(\boldsymbol{X}) - H(\boldsymbol{X} \mid \boldsymbol{Y}) \\ &= H(\boldsymbol{Y}) - H(\boldsymbol{Y} \mid \boldsymbol{X}) = H(\boldsymbol{X}) + H(\boldsymbol{Y}) - H(\boldsymbol{XY})\text{（比特 / 符号时间）} \end{aligned} \tag{4.13}$$

而在信道无扰时，$R=H(\boldsymbol{X})/b$ 或 $R=H(\boldsymbol{X})/\bar{b}$，这时量纲为比特/码元时间，若也将其量纲转化为比特/符号时间，则与式(4.13)的差别仅在 $H(\boldsymbol{X}|\boldsymbol{Y})$。因为无扰时 $H(\boldsymbol{X}|\boldsymbol{Y})=0$，所以，无扰是有扰的特例。

类似于无扰时的研究思路，下面分析有扰离散信道的信道容量。

4.2.5 有扰离散信道的信道容量

有扰离散信道的信道容量，也是指在不失真传输的条件下信道所允许的最大信息传输速率，即 $C=R_{\max}$，而 $R_{\max}$由 $R=I(\boldsymbol{X};\boldsymbol{Y})$取最大值而得到。

信道容量 C 是信道的最大传输能力，是信道自身的特性。能使平均互信息量达到信道容量 C 的信源，称为匹配信源。一般来说，平均互信息量 $I(\boldsymbol{X};\boldsymbol{Y})$是信源概率分布 $P(x)$和信道转移概率 $P(y|x)$的函数。$P(x)$只与具体信源有关，$P(y|x)$只与信道特性有关而与具体信源无关，$P(x)$、$P(y|x)$不同，则 $I(\boldsymbol{X};\boldsymbol{Y})$也不同。

平均互信息量与信源和信道特性都有关系，但信道容量应仅与信道特性有关，故在各种可能的 $P(x)$ 中，必能找到一个分布，使 $I(\boldsymbol{X};\boldsymbol{Y})$ 达到最大值 $I(\boldsymbol{X};\boldsymbol{Y})_{\max}$，这里的 $I(\boldsymbol{X};\boldsymbol{Y})_{\max}$ 就是信道容量，通常写成如下形式：

$$C = \max_{\{P(x)\}} I(\boldsymbol{X};\boldsymbol{Y}) \tag{4.14}$$

下面先以二进制对称信道和二进制删除信道为例求其信道容量，然后再研究串联和并联信道的情况。

1. 二进制对称信道

二进制对称信道的状态转移图如图 4.5 所示。先假设信源符号和信宿符号都是等概率分布的，即

$$P_{\boldsymbol{X}}(0) = P_{\boldsymbol{X}}(1) = 1/2$$
$$P_{\boldsymbol{Y}}(0) = P_{\boldsymbol{Y}}(1) = 1/2$$

由于

$$I(\boldsymbol{X};\boldsymbol{Y}) = H(\boldsymbol{X}) - H(\boldsymbol{X} \mid \boldsymbol{Y})$$

或

$$I(\boldsymbol{X};\boldsymbol{Y}) = H(\boldsymbol{X}) - H(\boldsymbol{Y} \mid \boldsymbol{X})$$

故有

$$\begin{aligned}
H(\boldsymbol{Y}) = H(\boldsymbol{X}) &= P(0)\mathrm{lb}\,\frac{1}{P(0)} + P(1)\mathrm{lb}\,\frac{1}{P(1)} \\
&= \frac{1}{2}\mathrm{lb}\,\frac{1}{1/2} + \frac{1}{2}\mathrm{lb}\,\frac{1}{1/2} = \mathrm{lb}2 = 1 \\
H(\boldsymbol{X} \mid \boldsymbol{Y}) = H(\boldsymbol{Y} \mid \boldsymbol{X}) &= -\sum_{\boldsymbol{XY}} P(xy)\mathrm{lb}P(y \mid x) \\
&= -P(0)P(0 \mid 0)\mathrm{lb}P(0 \mid 0) - P(0)P(1 \mid 0)\mathrm{lb}P(1 \mid 0) \\
&\quad - P(1)P(0 \mid 1)\mathrm{lb}P(0 \mid 1) - P(1)P(1 \mid 1)\mathrm{lb}P(1 \mid 1) \\
&= -(1-\varepsilon)\mathrm{lb}(1-\varepsilon) - \varepsilon\mathrm{lb}\varepsilon
\end{aligned}$$

$$I(\boldsymbol{X};\boldsymbol{Y}) = 1 + \varepsilon\mathrm{lb}\varepsilon + (1-\varepsilon)\mathrm{lb}(1-\varepsilon) \tag{4.15}$$

式(4.15)是在信源消息等概的条件下计算的平均互信息量，对于信源的各种分布，如果能够证明这种条件下的平均互信息量是最大的，那么它就是二进制对称信道的信道容量。下面的定理说明了 $I(\boldsymbol{X};\boldsymbol{Y})$ 与 $P(x)$ 的关系。

定理 4.1　对于二进制信源的各种信源空间，当 $P(0)=P(1)=1/2$ 时，对应于二进制对称信道的平均互信息量为最大，得到的 $I(\boldsymbol{X};\boldsymbol{Y})$ 就是 $I(\boldsymbol{X};\boldsymbol{Y})_{\max}$。

证明　令 $P(0)=\alpha$，$P(1)=1-P(0)$，则 $I(\boldsymbol{X};\boldsymbol{Y})=f[P(0)]$，即 $I(\boldsymbol{X};\boldsymbol{Y})$ 是 $P(0)$ 的单变量函数。设 $P(y|x)$ 已知，令 $\dfrac{\mathrm{d}I(\boldsymbol{X};\boldsymbol{Y})}{\mathrm{d}\alpha}=0$，解得 $P(0)=1/2$ 时，$I(\boldsymbol{X};\boldsymbol{Y})$ 有极值。可以看到 $I(\boldsymbol{X};\boldsymbol{Y})$ 呈上凸函数的特性，即 $I(\boldsymbol{X};\boldsymbol{Y})$ 具有唯一的极大值，也就是说，在信源 $P(0)=P(1)=1/2$ 条件下，$I(\boldsymbol{X};\boldsymbol{Y})$ 有极大值。证毕。

定理 4.1 说明式(4.15)就是二进制对称信道的信道容量,即

$$C_{\mathrm{BSC}} = 1 + \varepsilon \mathrm{lb}\varepsilon + (1-\varepsilon)\mathrm{lb}(1-\varepsilon) \tag{4.16}$$

其量纲为比特/码元。

若信源符号不是等概率分布,即 $P(0) \neq P(1)$,例如,$P(0)=0.8$,$P(1)=0.2$,计算可得

$$I(\boldsymbol{X};\boldsymbol{Y}) = H(\boldsymbol{X}) - H(\boldsymbol{X} \mid \boldsymbol{Y}) = 0.722 + \varepsilon \mathrm{lb}\varepsilon + (1-\varepsilon)\mathrm{lb}(1-\varepsilon)$$

这从具体数值的计算上说明了定理 4.1 的正确性。

将定理 4.1 推广到具有多个符号消息的一般信源,有如下的定理。

定理 4.2 对于对称信道,当且仅当信源的符号消息等概分布时,任何一个输入符号 x_i 对输出随机变量集合 $\boldsymbol{Y}$ 提供的信息量相等,且等于信道容量 C。

证明 由于 $P(y|x)$ 为已知,可令

$$\frac{\partial^M I(\boldsymbol{X};\boldsymbol{Y})}{\partial P(x_1)\partial P(x_2)\cdots\partial P(x_M)} = 0$$

根据式(2.33)表示的信息链接准则求上式的 M 阶偏导数,略去中间过程,解得

$$P(x_1) = P(x_2) = \cdots = P(x_M) = \frac{1}{M} \tag{4.17}$$

时,$I(\boldsymbol{X};\boldsymbol{Y})$ 达到最大值 $I(\boldsymbol{X};\boldsymbol{Y})_{\max}$。

设对称信道的条件概率(或转移概率)为

$$P(y_j \mid x_j) = \begin{cases} 1-\varepsilon, & i=j \\ \dfrac{\varepsilon}{M-1}, & i \neq j \end{cases} \tag{4.18}$$

则信道矩阵为

$$\underset{M\times M}{\boldsymbol{\Pi}} = \begin{matrix} \\ x_1 \\ \vdots \\ x_i \\ \vdots \\ x_M \\ \\ \end{matrix} \begin{bmatrix} y_1 & \cdots & y_i & \cdots & y_M \\ 1-\varepsilon & & \cdots & & \dfrac{\varepsilon}{M-1} \\ & \ddots & & & \\ & & 1-\varepsilon & & \\ & & & \ddots & \\ & & & & \\ \dfrac{\varepsilon}{M-1} & & \cdots & & 1-\varepsilon \end{bmatrix} \tag{4.19}$$

可以得到

$$P(y_1) = P(x_1)(1-\varepsilon) + P(x_2)\frac{\varepsilon}{M-1} + \cdots + P(x_M)\frac{\varepsilon}{M-1}$$

$$P(y_2) = P(x_1)\frac{\varepsilon}{M-1}P(x_2)(1-\varepsilon) + \cdots + P(x_M)\frac{\varepsilon}{M-1}$$

$$\vdots$$

$$P(y_M) = P(x_1)\frac{\varepsilon}{M-1} + P(x_2)\frac{\varepsilon}{M-1} + \cdots + P(x_M)(1-\varepsilon)$$

因为信道矩阵中的每列，也均由 $1-\varepsilon$ 和 $M-1$ 个 $\frac{\varepsilon}{M-1}$ 组成，所以只有当

$$P(x_1)=P(x_2)=\cdots=P(x_M)=\frac{1}{M}$$

时，才能使

$$P(y_1)=P(y_2)=\cdots=P(y_M)=\frac{1}{M}$$

从而使 $H(\boldsymbol{Y})$ 达到最大值 $\text{lb}M$，即信息传输速率达到信道容量 C。证毕。

本质上信道容量是描述信道的参量，下面以二进制对称信道为例来仔细分析 C_{BSC} 与 ε 的关系。

由式(4.16)可以绘出 C_{BSC}-ε 的曲线，如图 4.8 所示。由图可见，$\varepsilon\in[0,1]$、$C\in[0,1]$。当 ε 等于 0 或 1 时，均有 $C_{\text{BSC}}=1$ 比特/符号时间，其中 $\varepsilon=0$ 对应于无扰离散信道而 $\varepsilon=1$ 对应于恒错离散信道，这就说明，从信息传输的角度来看，恒错和无扰产生的效果是一样的；但是当 $\varepsilon=1/2$，即信道具有一半的比特错误率时，$C_{\text{BSC}}=0$，说明这样的信道没有传输信息的能力。

式(4.16)和图 4.8 还可看出，C_{BSC} 关于 $\varepsilon=1/2$ 对称，因此讨论 C_{BSC}-ε 的关系时可只就其一半来进行。另外，ε 在 1/2 附近的变化对 C_{BSC} 产生的影响比较缓慢，而在 $\varepsilon>0$ 和 $\varepsilon<1$ 的小区间变化对 C_{BSC} 产生的影响比较剧烈，这些特性在考虑信道特性对通信系统的影响时应给予足够的重视。

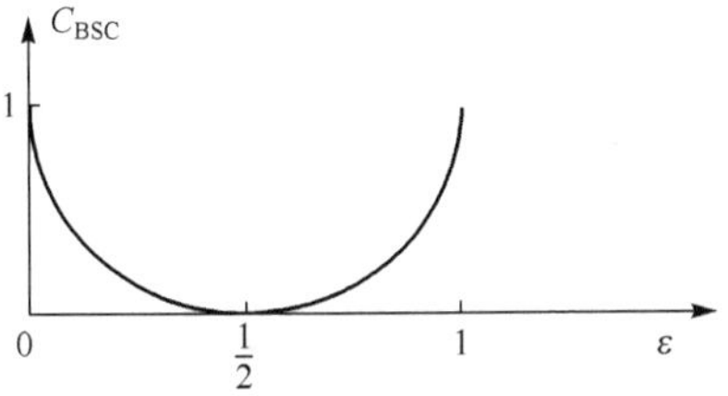

图 4.8　二进制对称信道的信道容量与 ε 关系图

2. 二进制删除信道

二进制删除信道的信道矩阵和线图分别为式(4.10)和图 4.7。类似于二进制对称信道，可以证明，当信源分布为 $P(0)=P(1)=1/2$ 时，二进制删除信道的平均互信息量 $I(\boldsymbol{X};\boldsymbol{Y})$ 达到最大。根据 $C=I(\boldsymbol{X};\boldsymbol{Y})_{\max}$ 以及 $I(\boldsymbol{X};\boldsymbol{Y})=H(\boldsymbol{X})-H(\boldsymbol{X}|\boldsymbol{Y})=H(\boldsymbol{Y})-H(\boldsymbol{Y}|\boldsymbol{X})$ 的关系，如果知道了信源空间和传输概率，例如 $P(0)=P(1)=1/2$，$P(E|1)=P(E|0)=\varepsilon_1$，$P(1|0)=P(0|1)=\varepsilon_2$，$P(0|0)=P(1|1)=1-\varepsilon_1-\varepsilon_2$，则有

$$C=\text{lb}[2/(1-\varepsilon_1)]+\varepsilon_2\text{lb}\varepsilon_2+\varepsilon_1\text{lb}[(1-\varepsilon_1)/2]+(1-\varepsilon_1-\varepsilon_2)\text{lb}(1-\varepsilon_1-\varepsilon_2) \tag{4.20}$$

当 $\varepsilon_2\approx 0$ 时，式(4.20)可近似为

$$C \approx 1 - \varepsilon_1 \tag{4.21}$$

式(4.21)表明 C 和 ε_1 近似为线性关系，如图 4.9 所示。当 ε_2 较小时，式(4.20)和式(4.21)的误差是不大的。

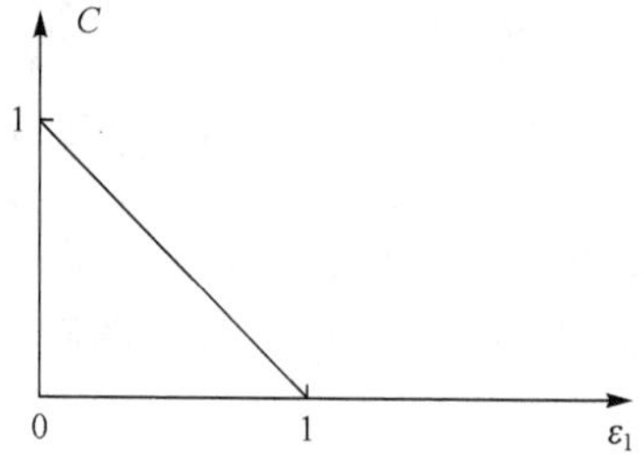

图 4.9 二进制删除信道的信道容量 C 与 ε_1 关系

3. 串联信道

串联信道又称为级联信道，是无线通信中应用最为广泛的一种形式，例如各类中继通信系统的信道都可以用这种模型。两个信道相串连，其总的信道矩阵为两个信道矩阵的乘积，即

$$\boldsymbol{\Pi} = \boldsymbol{\Pi}_1 \cdot \boldsymbol{\Pi}_2 \tag{4.22}$$

以两个 BSC 相串联的信道为例，其总的信道矩阵为

$$\boldsymbol{\Pi} = \begin{bmatrix} 1-\varepsilon & \varepsilon \\ \varepsilon & 1-\varepsilon \end{bmatrix} \cdot \begin{bmatrix} 1-\varepsilon & \varepsilon \\ \varepsilon & 1-\varepsilon \end{bmatrix} = \begin{bmatrix} (1-\varepsilon)^2+\varepsilon^2 & 2\varepsilon(1-\varepsilon) \\ 2\varepsilon(1-\varepsilon) & (1-\varepsilon)^2+\varepsilon^2 \end{bmatrix} \tag{4.23}$$

式(4.23)表明，两个 BSC 相串联可以等效为一个信道，等效信道仍是对称信道。设信源和信宿的概率空间分别为 $\boldsymbol{X}$、$\boldsymbol{Z}$，根据式(4.23)可得两个 BSC 相串联的等效信道的香农线图，如图 4.10 所示。

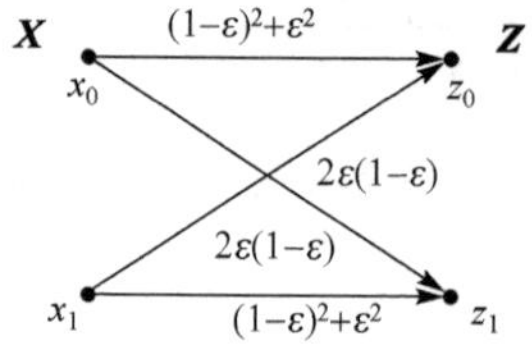

图 4.10 BSC 串联信道的转移概率图

比较式(4.9)与式(4.23)或者图 4.5 与图 4.10 可见，两个 BSC 信道相串联，可以等效为一个 BSC 信道，串联的结果使得交叉传输概率由原来的 ε 变为 $2\varepsilon(1-\varepsilon)$，正向传输概率由原来的 $1-\varepsilon$ 变为 $(1-\varepsilon)^2+\varepsilon^2$。因此，可以根据式(4.16)直接写出两个 BSC 串联信道的信道容量，即

$$C_{2\mathrm{BSC}} = 1 + 2\varepsilon \mathrm{lb} 2\varepsilon + (1-2\varepsilon)\mathrm{lb}(1-2\varepsilon) \tag{4.24}$$

将式(4.24)和式(4.16)比较可以看出，在同样的 $\varepsilon(\varepsilon \neq 0)$ 情况下，一般总有

$$C_{2BSC} < C_{BSC} \tag{4.25}$$

例如

$$\varepsilon = 0.001, \quad C_{BSC} = 0.9886, \quad C_{2BSC} = 0.979$$

$$\varepsilon = 0.01, \quad C_{BSC} = 0.9192, \quad C_{2BSC} = 0.858$$

$$\varepsilon = 0.1, \quad C_{BSC} = 0.5310, \quad C_{2BSC} = 0.278$$

这说明级联的结果使信道容量 C 下降，而且随着 ε 的增大，这种下降变得非常明显。

通常 ε 的数值较小，式(4.23)和式(4.24)可分别近似为

$$\boldsymbol{\Pi}_{2BSC} = \begin{bmatrix} 1-2\varepsilon & 2\varepsilon \\ 2\varepsilon & 1-2\varepsilon \end{bmatrix} \tag{4.26}$$

$$C_{2BSC} = 1 + 2\varepsilon \mathrm{lb} 2\varepsilon \tag{4.27}$$

类似地，可以算出 3 个和 4 个 BSC 串连信道的等效信道矩阵和信道容量分别为

$$\boldsymbol{\Pi}_{3BSC} \approx \begin{bmatrix} 1-3\varepsilon & 3\varepsilon \\ 3\varepsilon & 1-3\varepsilon \end{bmatrix} \tag{4.28}$$

$$C_{3BSC} = 1 + 3\varepsilon \mathrm{lb} 3\varepsilon \tag{4.29}$$

$$\boldsymbol{\Pi}_{4BSC} \approx \begin{bmatrix} 1-4\varepsilon & 4\varepsilon \\ 4\varepsilon & 1-4\varepsilon \end{bmatrix} \tag{4.30}$$

$$C_{4BSC} = 1 + 4\varepsilon \mathrm{lb} 4\varepsilon \tag{4.31}$$

在微波通信、卫星通信和移动通信等系统中，基本上都要采用接力方式，因此都要用到串联信道的模型。级联的越多，C 下降越厉害。因此在设计这些系统时，必须充分考虑到这个因素，使每个环节的 ε 尽可能小，由总体的误码率指标，利用上述关系推得两点间(点对点)的误码要求。

4. 并联信道

并联信道是指两个或两个以上的信道相并接的情况，图 4.11 给出了利用两个信道相并接进行通信的例子。根据信道容量的定义，有

$$C_1 = I(\boldsymbol{X};\boldsymbol{Y})_{\max}$$

$$C_2 = I(\boldsymbol{X}';\boldsymbol{Y}')_{\max}$$

$$C_{12} = I(\boldsymbol{X}\boldsymbol{X}';\boldsymbol{Y}\boldsymbol{Y}')_{\max}$$

如果 $\boldsymbol{X}$ 和 $\boldsymbol{X}'$ 相互独立，则有

$$I(\boldsymbol{X}\boldsymbol{X}';\boldsymbol{Y}\boldsymbol{Y}') = I(\boldsymbol{X};\boldsymbol{Y}) + I(\boldsymbol{X}';\boldsymbol{Y}')$$

因此

$$C_{12} = C_1 + C_2 \tag{4.32}$$

如果 $\boldsymbol{X}$ 和 $\boldsymbol{X}'$ 不是相互独立，则其关联性将使并联后总的信息传输量减少，这时有

$$C_1, C_2 < C_{12} < C_1 + C_2 \tag{4.33}$$

即等效信道的容量将大于相并联的任何一个，但小于它们之和。综合式(4.32)和式(4.33)，有

$$C_1, C_2 < C_{12} \leqslant C_1 + C_2 \tag{4.34}$$

推广到一般情况，当 N 个相互独立的信道相并接并构成一个并联信道时，其总信道容量 C 为

$$C \leqslant \sum_{i=1}^{N} C_i \tag{4.35}$$

式中，C_i为第 i 个信道的信道容量；当并联的各个信道都相同时，有

$$C_i \leqslant NC_i \tag{4.36}$$

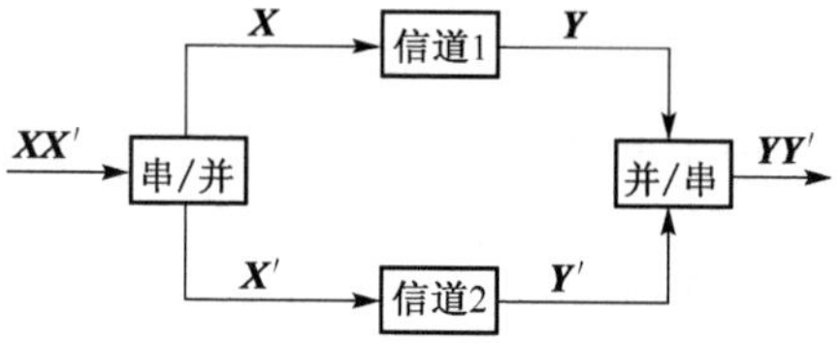

图 4.11 两个独立信道的并联

4.3 译码准则

从对 BSC 的讨论中已经看出，若 $\varepsilon=0$，则 $y_0=x_0$，$y_1=x_1$；但若 $\varepsilon=1$，则 $y_0=x_1$，$y_1=x_0$。这说明在 $\varepsilon=1$ 时，信道的疑义度或噪声熵均为 0，在信宿端只要将收到的 x_0和 x_1相互变换就得到了无差错接收，但如果不进行变换则得到完全错误的接收。

这个例子是译码问题的一种极端表现，它说明如何对接收到的符号消息进行判决是一个非常重要的问题。

定义 4.4 在一般的信息传输系统中，信宿将收到的消息 y_j根据某种规则判决为对应于信源符号消息集合中的某一个 x_i，这个判决的过程称为接收译码，简称译码，译码时所用的规则称为译码准则。

任何译码准则所遵循的基本要求都是要使信宿得到的判决结果中错误最少。例如把接收到的 y_j译码为 x_i，之所以不把它译成信源符号消息集合中的其他消息，一定是因为译成 x_i比译成其他任何一个其他消息所产生的错误概率都更小。换句话说，译码准则就是一种能满足 $g(y_j)=x_i$的函数关系，它使得译码结果中的错误概率达到最小。这里 $g(\cdot)$称为译码函数，研究译码准则就是寻找合适的译码函数。

4.3.1 常用的译码准则

1. 最小错误概率准则

最小错误概率准则的出发点是如何使译码后的错误概率 P_e 为最小。它的基本思路是，收到 y_j 后，对于所有的条件概率 $P(x_1|y_j)$，$P(x_2|y_j)$，…，$P(x_i|y_j)$，…，若其中 $P(x^*|y_j)$ 具有最大值，则将 x^* 判决为 y_j 的估值。

对最小错误概率准则可作如下表述：

对于所有的 i，若 $x_i \neq x^*$，且

$$P(x^* \mid y_j) > P(x_i \mid y_j) \tag{4.37}$$

则

$$g(y_j) = x^* \tag{4.38}$$

例 4.2 一信源的信源空间和信道矩阵分别为

$$\begin{matrix} x: & x_1 & x_2 & x_3 \\ P(x): & \dfrac{1}{2} & \dfrac{1}{4} & \dfrac{1}{4} \end{matrix} \qquad \boldsymbol{\Pi} = \begin{bmatrix} 1/2 & 1/3 & 1/6 \\ 1/6 & 1/2 & 1/3 \\ 1/3 & 1/6 & 1/2 \end{bmatrix}$$

试找出能使错误传输概率 P_E 最小的译码方案，并求出错误传输概率 P_E。

解 从信道矩阵可以看出，信道是对称的，可作出该信道的香农线图如图 4.12 所示。

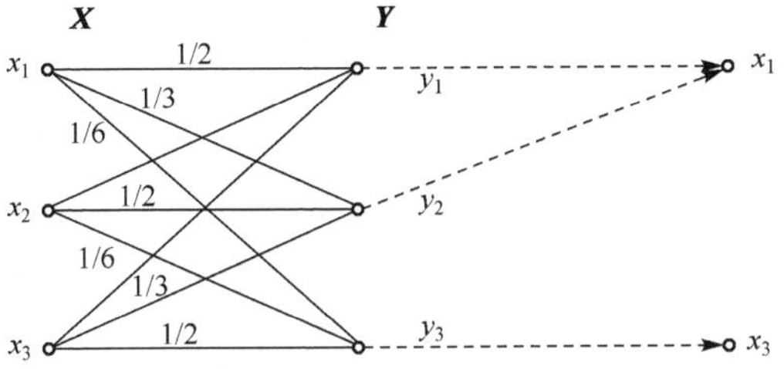

图 4.12 例 4.4 的信道状态转移图

本题使用最小错误概率准则，为此应求条件概率矩阵。由于条件概率 $P(x \mid y) = \dfrac{P(xy)}{P(y)}$，而 $P(xy)=P(x)P(y|x)$，根据本题所给数据可得

$$P(xy) = \begin{bmatrix} 1/4 & 1/6 & 1/12 \\ 1/24 & 1/8 & 1/12 \\ 1/12 & 1/24 & 1/8 \end{bmatrix}$$

$$\begin{aligned} P'_C &= P(x_1) \cdot P(y_1 \mid x_1) + P(x_2)P(y_2 \mid x_2) + P(x_3)P(y_3 \mid x_3) \\ &= 1/2 \times 1/2 + 1/4 \times 1/2 + 1/4 \times 1/2 = 1/2 \end{aligned}$$

由 $P(y) = \sum_X P(xy)$，得

$$P(y) = [3/8 \quad 1/3 \quad 7/24]$$

所以

$$P(x \mid y) = \begin{matrix} & y_1 & y_2 & y_3 \\ x_1 & 2/3 & 1/2 & 2/7 \\ x_2 & 1/9 & 3/8 & 2/7 \\ x_3 & 2/9 & 1/8 & 3/7 \end{matrix}$$

即

$$p(x_1 \mid y_1) = 2/3, \quad p(x_1 \mid y_2) = 1/2, \quad p(x_1 \mid y_3) = 2/7$$
$$p(x_2 \mid y_1) = 1/9, \quad p(x_2 \mid y_2) = 3/8, \quad p(x_2 \mid y_3) = 2/7$$
$$p(x_3 \mid y_1) = 2/9, \quad p(x_3 \mid y_2) = 1/8, \quad p(x_3 \mid y_3) = 3/7$$

根据最小错误概率准则，应作如下译码：

$$y_1 \to x_1, \quad y_2 \to x_1, \quad y_3 \to x_3$$

如此译码后正确传输概率 P_C 为

$$P_C = P(x_1) \cdot P(y_1 \mid x_1) + P(x_1) \cdot P(y_2 \mid x_1) + P(x_3) \cdot P(y_3 \mid x_3)$$
$$= 1/2 \times 1/2 + 1/2 \times 1/3 + 1/4 \times 1/2 = 13/24$$

错误概率为

$$P_E = 1 - P_C = 11/24$$

可见，这个信道的传输特性是非常差的，但如果不采用最小错误概率准则，P_E 的数值可能还要大。例如，将 y_1 译作 x_1，将 y_2 译作 x_2，将 y_3 译作 x_3，则有

$$P'_E = 1 - P'_C = \frac{1}{2}$$

在讨论二进制对称信道的信道容量与交叉传输概率的关系时已经看到，当 $\varepsilon = 1/2$ 时信道容量 $C=0$。通过类似的计算可以看到，这一结论同样适合于其他信道，也就是说，当错误传输概率和正确传输概率相等，即

$$P_C = P_E = 1/2 \tag{4.39}$$

时，$C \to 0$，说明信道没有传输信息的能力，根本不能通信。本题采用最小错误概率准则，得到的结果是 $P_C > P_E$，故 $C > 0$，该信道具有通信能力，它也说明了译码规则的重要性。

可以直接从信源的概率分布和条件概率来求采用最小错误概率准则时的接收错误概率。设信源和信宿分别有 M 和 L 个符号消息，译码函数为 $g(y_j) = x^*$，则由概率间的相互关系可得译码后最小错误概率为

$$P_{\mathrm{Emin}} = \sum_{j=1}^{L} P(y_j)[1 - P(x^* \mid y_j)] = \sum_{j=1}^{L} \sum_{\substack{i=1 \\ i \neq *}}^{M} P(x_i) P(y_j \mid x_i) \tag{4.40}$$

2. 最大似然译码准则

最小错误概率准则是理论上最优的译码方法，但在实际译码时，条件概率的定量计算有时比较困难，需要寻找更为实际可行的译码准则。下面先考虑几种特殊情况。

1)信源符号等概分布

设信源有 M 个符号消息，这时，有

$$P(x_i)=\frac{1}{M},\quad i=1,2,\cdots,M$$

$$P(x_i \mid y_j)=\frac{P(x_i y_j)}{P(y_j)}=\frac{1}{MP(y_j)}P(y_j \mid x_i) \tag{4.41}$$

由式(4.41)可见，欲使 $P(x_i|y_j)$ 为最大，只需 $P(y_j|x_i)$ 达到最大。因此，在 $P(y_j|x_1),P(y_j|x_2),\cdots,P(y_j|x_M),\cdots$ 中，若存在一个 $P(y_j|x^*)$ 为其中的最大值，则 $g(y_j)=x^*$ 必然符合最小错误概率准则，此时可将式(4.40)变为

$$P_{\mathrm{Emin}}=\frac{1}{M}\sum_{j=1}^{L}\sum_{\substack{i=1\\ i\neq *}}^{M}P(y_j \mid x_i) \tag{4.42}$$

这种由最大的信道传输概率 $P(y_j|x^*)$ 直接将 y_j 译成 x^* 的方法，称为最大似然译码准则。这种方法的特点是只要知道传输概率 $P(y_j|x_i)$ 就可以了，不需要知道信源的概率空间。

2) $p(y_j|x_1)=p(y_j|x_2)=\cdots=p(y_j|x_M)$

在这种情况下，无论发端发哪个符号，收端收到 y_j 的概率都是相等的。此时收到 y_j 后合理的译码是看发端发哪一个符号消息的概率大。如果这时发端 $P(x^*)$ 最大，则采用译码函数 $g(y_j)=x^*$，也可得到最小错误概率的译码。

4.3.2　关于译码准则的讨论

关于上述译码规则，可以作如下讨论。

(1)把上述概念扩大到 K 重扩展的符号序列时，只要把单符号消息变成符号消息序列，用矢量或多维函数表示，以上各种结论都是成立的。

(2)采用最小错误概率准则，或在输入符号等概时采用最大似然准则作为译码规则，可使平均错误译码概率 P_{E} 达到最小值 P_{Emin}。但无论采用什么样的译码准则，总不能仅通过译码方法的改进而使 P_{Emin} 减小到 0。也就是说，在信源编码的方法确定之后，采用好的译码准则最多只能将译码后的平均错误概率减小到最小值 P_{Emin}，要想使接收端的平均错误概率任意小，单靠信源的编码和译码是做不到的。

(3)如同第 3 章的分析，信源编码要解决的主要矛盾是信息传输的有效性，关心的是编码效率，追求的是平均长度最短的最佳编码，采用的方法通常是尽量压缩信源中的冗余度。但由于最佳编码的码字中冗余度已经极小，如果在传输中发生了错

误，就会发生张冠李戴的现象。实际的通信信道免不了总会存在干扰和噪声，为寻求通信的可靠性，有必要研究专门针对通信可靠性的编码，这就是信道编码。

4.4 香农第二定理

4.4.1 信道编码与平均错误译码概率

首先通过一个例子来建立一些基本概念。

例 4.3 已知一 BSC 信道的交叉传输概率 $\varepsilon=0.01$，信源的“1”、“0”等概率。(1)给出所采用的译码准则并求 P_{Emin}；(2)若对于输入符号“0”和“1”，信源分别发“000”和“111”，其他条件不变，再求 P_{Emin}。

解 (1)已知 $\varepsilon=P(1|0)=P(0|1)=0.01$，$P(0)=P(1)=1/2$，故可采用最大似然准则，选取的译码函数为 $g(0)=0$，$g(1)=1$。由式(4.42)，得

$$P_{\mathrm{Emin}}=\frac{1}{2}\times(0.01+0.01)=10^{-2}$$

(2)将“000”记做 α_1，“111”记做 α_2。当信源发“000”或“111”时，由于信道中存在着干扰，从“000”到“111”的 8 种组合都有可能在接收端出现。将这 8 种可能的组合分别表示为：$\beta_0=000$，$\beta_1=001$，$\beta_2=010$，$\beta_3=100$，$\beta_4=011$，$\beta_5=101$，$\beta_6=110$，$\beta_7=111$。

若信道是无记忆 BSC，则信道矩阵为

$$\mathbf{\Pi}=\begin{bmatrix}\bar{\varepsilon}^3 & \bar{\varepsilon}^2\varepsilon & \bar{\varepsilon}^2\varepsilon & \bar{\varepsilon}^2\varepsilon & \bar{\varepsilon}\varepsilon^2 & \bar{\varepsilon}\varepsilon^2 & \bar{\varepsilon}\varepsilon^2 & \varepsilon^3\\ \varepsilon^3 & \bar{\varepsilon}\varepsilon^2 & \bar{\varepsilon}\varepsilon^2 & \bar{\varepsilon}\varepsilon^2 & \bar{\varepsilon}^2\varepsilon & \bar{\varepsilon}^2\varepsilon & \bar{\varepsilon}^2\varepsilon & \bar{\varepsilon}^3\end{bmatrix}$$

采用最大似然译码，则译码函数为

$$g(\beta_0)=g(\beta_1)=g(\beta_2)=g(\beta_3)=\alpha_1=000\rightarrow 0$$
$$g(\beta_4)=g(\beta_5)=g(\beta_6)=g(\beta_7)=\alpha_2=111\rightarrow 1$$

由式(4.42)，得

$$P_{\mathrm{Emin}}=(\varepsilon^3+\bar{\varepsilon}\varepsilon^2+\cdots+\varepsilon^3)=\varepsilon^3+3\bar{\varepsilon}\varepsilon^2\approx 3\times10^{-4}$$

从例 4.6 可以得到以下结论：

(1)采用简单的三次重复的编码，相当于把信源进行三重扩展 $\boldsymbol{X}=X_1X_2X_3$，在 $2^3=8$ 种符号中，选了两种。其中被选用的代码组称为许用码组，未被选用的称为禁用码组。这一过程可以看成是一种重新编码，目的是为了提高传输的可靠性。

通常称这种主要针对提高传输可靠性而采用的编码称为信道编码。

在本例中，编码的效果是使 P_{Emin} 由原来的 10^{-2} 减小为 3×10^{-4}，降低了将近两个数量级，可见信道编码确实可以提高通信系统的可靠性。

(2)P_{Emin} 的下降是借助于在编码中注入冗余度来实现的，这必然要降低信息传输速率 R。也就是说，信道编码以信息传输速率的降低换取平均错误译码概率的下降。

这种“换取”方法达到最佳的标准是：使 P_E 降到了最小但 R 降低得不多，由此产生了很多编码方法，在后面章节将会详细讨论。

(3)本例中是以“000”和“111”为许用码组的，如果选其他的码作为许用码组而其他条件不变，得到的 P_{Emin} 将会有所不同。例如将 0 编码为 000，将 1 编码为 001 的极端情况下，$P_{Emin}\approx 10^{-2}$。可见如何选取许用码组是有讲究的，下面先讨论这一问题。

4.4.2　汉明距离与编码原则

定义 4.5　设 α_i 和 β_j 是两个由码符号 $\{0,1\}$ 组成的长度为 N 的码字，即

$$\alpha_i = (a_{i1}a_{i2}a_{i3}\cdots a_{iN})$$

$$\beta_j = (b_{j1}b_{j2}b_{j3}\cdots b_{jN})$$

称在 α_i 和 β_j 之间对应位置上码元取值不同的个数为 α_i 和 β_j 间的汉明距离，简称距离或码距，用 $D(\alpha_i,\beta_j)$ 来表示。

例如：$\alpha_i=00011001011$，$\beta_j=10101110010$，则 $D(\alpha_i,\beta_j)=7$。

显然，有

$$D(\alpha_i,\beta_j) = \sum_{k=1}^{N}(a_{ik}\oplus b_{jk}) \tag{4.43}$$

对于例 4.6，$D(000,111)=3$，其他码字之间的汉明距离均小于 3。可见，在码字集合中，码字与码字之间的汉明距离不一定相等。

定义 4.6　由码符号集 $\{0,1\}$ 构成的二进制码集合 $\boldsymbol{W}$ 中，任意两个码字的汉明距离 $D(\alpha_i,\beta_j)$ 的最小值 D_{min}，称为该码的最小汉明距离，即

$$D_{min} = \min\{D(\alpha_i,\beta_j)\},\quad i\neq j,\quad \alpha_i,\beta_j\in\boldsymbol{W} \tag{4.44}$$

在例 4.6 中，码字集合 $\boldsymbol{W}$ 有多种选择，各种码字集合的 D_{min} 可能不同。例如选择：

$$\boldsymbol{W}(A):\{000,111\},\quad D_{min}=3$$

$$\boldsymbol{W}(B):\{001,111\},\quad D_{min}=2$$

$$\boldsymbol{W}(C):\{000,001\},\quad D_{min}=1$$

在同样的信道条件下，所能达到的 P_{Emin}，与所选择许用码组的 D_{min} 有关。

可以将最大似然译码准则用汉明距离来描述如下：

假设有 M 个发送码字 $\alpha_1,\alpha_2,\cdots,\alpha_M$ 和 N 个可能的接收码字 $\beta_1,\beta_2,\cdots,\beta_N$，接收端收到 β_j 后，将其与发送码字集合中诸码字比较汉明距离，若存在着对应于最小汉明距离的发送码字 α^*，则将其译为 β_j 的估值。

用汉明距离来说明最大似然译码准则比较容易理解，因为两个码字的汉明距离越小就越相似，这也正是“最大似然”的含义和由来。

对于有 D 个信道基本符号的 D 进制情况，若经过信道编码后的码字长度为 N，

从 D^N 个可能的码字中挑选出 M 个作为许用码字，分别代表 M 个消息，要想使 P_{Emin} 尽可能小，应该使这 M 个许用码组中任意两个码字间的最小汉明距离尽量大。换句话说，挑选出来的 M 个码字之间越不相似越好。

4.4.3 有扰离散信道的信道编码定理

前述的译码准则和汉明距离的概念还没有回答如下问题：对于给定的信道，信息传输速率 R 最高能到什么水平？最小平均错误译码概率 P_{Emin} 又能小到什么程度？下面的定理回答了这个问题。

定理 4.3 设信道有 D 个输入符号，s 个输出符号，信道容量为 C，被传消息的码长为 N，信息传输速率为 R，则当 $R<C$ 时，只要码长 N 足够长，总可以在输入集合中，找到 M 个码字($M<2^{N(C-\varepsilon)}$，ε 为任意小的正数)，分别代表 M 个等可能性的消息，组成一种信道编码，选择相应的译码规则，使信宿端译码后的最小平均错误译码概率 P_{Emin} 达到任意小；若选择许用码组个数 $M=2^{N(C+\varepsilon)}$(即 $R>C$)，则无论码长 N 多大，也不可能找到一种编码，使 P_E 任意小。

定理 4.1 为香农第二定理，通常称前半部分为定理而后半部分为逆定理。

香农第二定理也可以简单叙述如下：对于有噪信道的信道编码，若 $R<C$，则存在某种编码可以使传输错误概率任意小；反之，若 $R>C$，则不存在可以使传输错误概率任意小的编码。

定理的证明需要较大的篇幅和较多的基础知识，这里从略。

香农第二定理告诉人们，对于有噪信道，只要信道编码采取足够的码长 N，总存在某种编码方式，能使其传输错误概率任意小，且信道上的信息传输速率可以无限接近于信道容量，即在有噪信道中消息是可以可靠地传输的，这对于设计实际的通信系统具有十分重要的意义。

香农第二定理也是一个存在性定理，它指出在 $R<C$ 的前提条件下，只要码长 N 足够长，就存在着可以使传输错误概率任意小的信道编码，但并没有给出如何构造这种码。人们在这一理论指导下已经设计出了各种形式的信道编码，例如分组码、卷积码和各种等效长码，都是香农第二定理的具体应用，将在后面章节具体讨论。

从香农第二定理可以看出，传输错误概率与 R、C 和 N 有关。条件 $R<C$ 实际上就是信道中传输消息要有一定的冗余度，R 与 C 的值悬殊越大说明冗余度越大。

从编码的角度来看，可采取以下措施来降低传输错误概率。

1)增大信道容量 C

信道容量 C 与带宽 B、信号平均功率 S 和噪声谱密度 N_0 有关，这将在第 5 章详细讨论。由香农第二定理可知，在其他条件都相同时，增大信道容量 C 将提高信道传输消息的冗余度，必然能提高通信的可靠性、降低传输错误概率。为此，可以采取如下措施：

(1)扩展带宽。其主要手段是不断开发新的频段以利于宽带应用,有线通信使用的传输媒质包括明线、电缆和光纤等,占用的频带从几十 Hz 到数百 THz;无线通信则从声波到毫米波、微米波。

(2)加大功率。例如:提高发送功率,使用高增益天线,应用分集接收技术,根据智能天线的思想将无方向的漫射改为方向性强的波束或点波束等。

(3)降低噪声。如采用低噪声器件、滤波、屏蔽、良好接地、低温运行等。

在纠错编码技术发展之前,通信系统设计者传统上主要就是靠增大 C 来提高通信可靠性的。

2)减小信息传输速率 R

在信道容量给定的前提下减小信息传输速率 R,等效于拉大 C 和 R 之差,因此说这是用增加信道的冗余度来换取通信可靠性的。这是纠错编码的基本方法。

3)增加码长 N

香浓第二定理虽然没有给出如何构造可以使错误传输概率任意小的编码,但明确指出在 $R<C$ 的条件下,只要 N 足够长就存在这样的编码。因此增加码长 N 必能提高通信的有效性。以二进制为例,设码长为 N,若其中信息长度为 k,令 $\eta=k/N$ 为信道编码的编码效率(简称码率),则会出现如下情况:增加码长 N 的同时增大信息位 k 以保持 k/N 之比不变,在 C 和 R 固定情况下加大 N 并没有增加信道容量的冗余度,但却增强了通信可靠性!这是因为随着 N 的增大,矢量空间 X^N 以指数量级增大,从统计角度而言码字间距离必将加大,从而可靠性提高。另外,码长 N 越大,其实际差错概率就越能符合统计规律。因此,通过增加码长 N 来提高可靠性已经成为纠错编码的主要途径之一,特别是近年来的一些等效长码,其性能越来越接近于理论上的极限,将在后面章节再作较为深入的讨论。

本章小结

本章从信道的分类及其描述出发,对无扰离散信道和有扰离散信道的信息传输速率和信道容量等信道特性进行了详细讨论,其中对信道容量的分析为充分利用信道的信息传输能力提供了理论依据,对实际通信系统的设计有着重要的理论指导意义。

香农第二定理是本章的重点,虽然这里没有对此定理及其逆定理进行证明,但它的结论明确,意义重大,从某种意义上说,正是由于这一定理,给人们指明了诸如深空通信等有用信号极其微弱情况下如何进行可靠通信的方向,它是纠错编码理论的基础。

信道编码的目的是提高信息传输的可靠性。在通信中影响信息传输可靠性的根本原因是信道中的干扰。由于受到干扰的影响,信号码元波形变坏,传输到接收端可能发生错误判决。由乘性干扰引起的码间串扰通常采用均衡的办法来纠正，这在大多数介绍数字通信的教材或专著中都会给出详细的分析。对于加性干扰则通常采用纠错编码的方法加以解决，将在后续章节详细讨论。

思 考 题

4.1 请简述常用的信道分类。

4.2 请简述信道矩阵的含义及作用。

4.3 请给出对称信道、准对称信道和删除信道的定义并各举一例说明。

4.4 请给出二进制对称信道和删除信道的信道容量。

4.5 请简述串联信道信道容量的变化规律并说明其原因。

4.6 请简述并联信道的信息传输特性。

4.7 请简述常用的译码准则。

4.8 请简述信道编码中的许用码组和禁用码组的作用。

4.9 试用汉明距离的概念来说明一种信道编码方法性能的优劣。

4.10 请简述 Shannon 第二定理，说明它的含义。

4.11 请简述减少传输错误概率的措施。

习 题

4-1 设有扰离散信道的输入端是以等概率出现的 A、B、C、D 四个字母。该信道的正确传输概率为 0.5，错误传输概率分布在其他三个字母上。验证在信道上每个字母传输的平均信息量为 0.21bit。

4-2 一个电报系统传输两种信号：传号 M 和空号 S。假设在发送端发送 M 和 S 的概率相等，由于信道上有干扰，有 1/6 的传号 M 被错传成空号 S，同时有半数的空号 S 被错传成传号 M。现有一收发符号序列如下：

发送	M	M	M	M	M	M	S	S	S	S	S	S
接收	M	M	M	M	M	S	S	S	S	M	M	M

求每个符号传输的平均信息量。

4-3 在一个信道上传送符号 1 和 0，接收端用绿灯指示收到符号为 1，用红灯指示收到符号为 0；由于信道上有干扰，因此产生一部分的错误传输情况，统计情况如下：

x	1	1	1	1	1	0	0	0
y	绿	绿	绿	红	红	红	红	绿

若该信道在 1s 内传送 1000 个符号,求该信道上消息的信息传输速率。

4-4　在有扰离散信道上传输符号 1 和 0,在传输过程中每 100 个符号中发生一个错传的符号。已知 $P(0)=P(1)=\frac{1}{2}$,信道每秒钟允许传输 1000 个符号,求此信道的信道容量。

4-5　设二元对称信道的信道矩阵为 $\begin{bmatrix} \frac{2}{3} & \frac{1}{3} \\ \frac{1}{3} & \frac{2}{3} \end{bmatrix}$。

(1)若 $P(x_0)=3/4$,$P(x_1)=1/4$,求 $H(\boldsymbol{X})$,$H(\boldsymbol{X}|\boldsymbol{Y})$,$H(\boldsymbol{Y}|\boldsymbol{X})$和 $I(\boldsymbol{X};\boldsymbol{Y})$;

(2)求该信道的信道容量及其达到信道容量时的输入符号的概率分布。

4-6　有三种有扰离散信道的传输情况分别如图 4.13(a)、(b)、(c)所示,试求出这三种信道的信道容量。

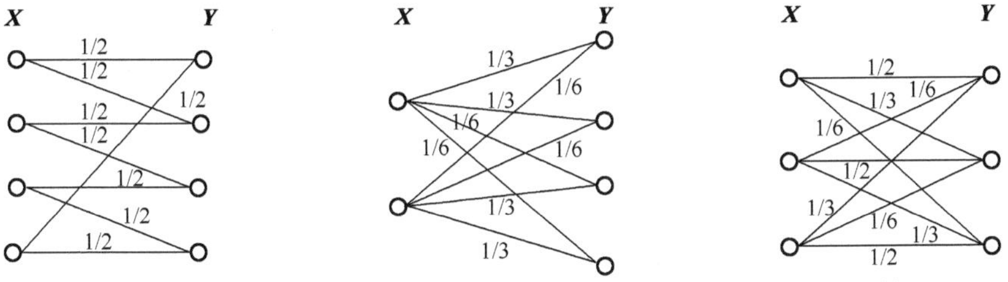

(a)　(b)　(c)

图 4.13

4-7　有一个有扰离散信道的输入符号集合 $\boldsymbol{X}=\{x_1,x_2,x_3\}$,输出的符号集 $\boldsymbol{Y}=\{y_1,y_2,y_3\}$,信道传输概率 $P(y_1|x_1)=1$,$P(y_2|x_2)=P(y_3|x_3)=\varepsilon$,$P(y_2|x_3)=P(y_3|x_2)=\varepsilon'$,并且有 $\varepsilon+\varepsilon'=1$。求该信道的信道容量。

4-8　某数字微波通信系统两端点间需加 3 个中继站。假设发端的二进制数字信号速率为 1024kb/s 且 1、0 等概率,每两点间的误比特率约为 10^{-4},求该系统的信道容量。

4-9　设有一离散信道,其信道矩阵为

$$\begin{pmatrix} \frac{1}{2} & \frac{1}{3} & \frac{1}{6} \\ \frac{1}{6} & \frac{1}{2} & \frac{1}{3} \\ \frac{1}{3} & \frac{1}{6} & \frac{1}{2} \end{pmatrix}$$

若 $p(x_1)=\frac{1}{2}$,$p(x_2)=p(x_3)=\frac{1}{4}$。求最佳译码时的平均错误概率。

4-10 将 M 个消息编成长度为 n 的二元数字序列，此特定的 M 个二元序列从 2^n 个可选择的序列中独立、等概率地选出。设采用最大似然译码规则译码。试求图 4.14(a)、(b)、(c)中 3 种信道下的平均错误译码概率。

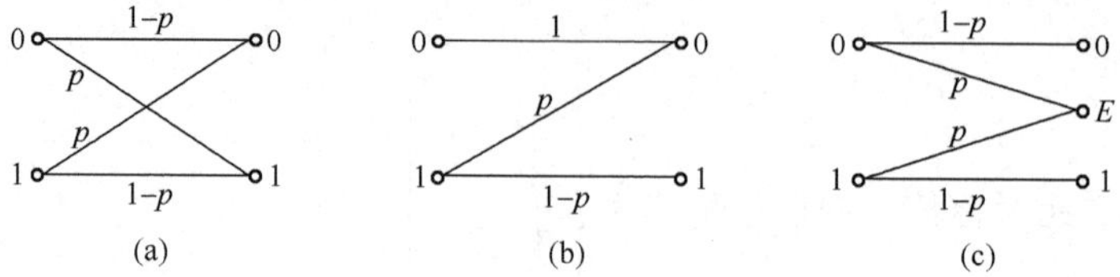

图 4.14

第 5 章　连续消息和连续信道

实际中许多初始信源输出消息所对应的电信号在幅度和时间上都是连续的，例如语音或图像；也有些在时间上是离散的但在幅度上是连续的，例如模拟信号经取样处理后的样值集合。这种输出消息所对应的电信号在幅度和时间上都连续，或者幅度与时间之一连续的信源，称为连续信源。连续信源的输出就是连续消息，或者说连续信号。每一个连续消息都是随机过程$\{x(t)\}$中的一个样本函数，这些样本函数都是 t 的连续函数。连续信号经过取样、量化，通常还经过编码，就变成了离散信号。理论上，可以将任何连续信源变换成离散信源，从而借助前几章的结论。但连续信源和离散信源之间毕竟有着差别，本章的讨论主要着眼于其间的差别。

对于信道来说，传输连续消息的信道就是连续信道，或者说，如果信道的输入输出均是一个取值连续的随机过程，则称该信道为连续信道。

本章重点研究连续消息和连续信道的信息传输特性。

5.1　连续消息的信息度量

5.1.1　基本思路

一个连续信号 $X(t)$，经过取样得到样值集合，是连续型随机变量 x 的集合，其过程如图 5.1 所示。

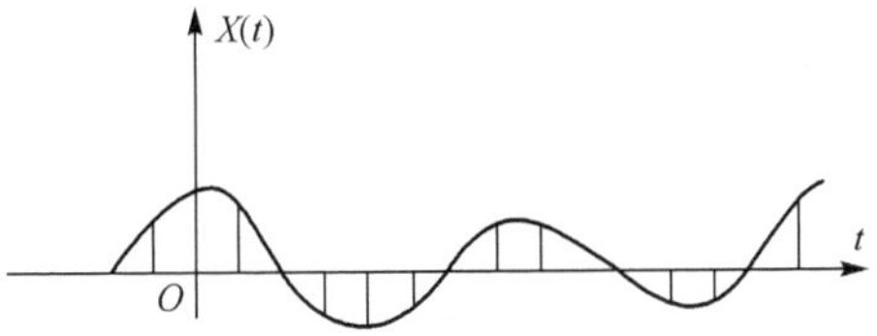

图 5.1　连续信号取样示意图

取样后得到的样值空间，即信源空间 $\mathbf{X}$，是实数集 $\mathbf{R}$ 或它的某一特定区间。设其相应的概率密度函数为 $p(x)$，通常 $p(x)$的取值存在着一些约束条件，例如

$$\int_{-\infty}^{\infty} p(x)\mathrm{d}x = 1 \tag{5.1}$$

$$\int_{a}^{b} p(x)\mathrm{d}x = 1 \tag{5.2}$$

$$\oint_{R} p(x)\mathrm{d}x = 1 \tag{5.3}$$

分析具有这样概率密度函数的信源的信息特性，一种思路是将样值进行量化，即先将连续型信源变换成离散型信源，用离散信源的分析方法进行分析；然后再将量化单位无限缩小，在极限情况下，量化单位趋于0，分析离散情况得到的结果，其对应的极限值就是原始连续信源的信息特性。下面对这两点再稍加说明。

1）样值量化——连续信源变为离散信源

连续信号通过时间抽样后变换成时间离散的信号，但在幅度的取值上仍是连续的。要使连续信源变换成离散信源，还必须对信号幅度进行量化，把信号幅度的取值变成有限个数。量化方法是根据接收者对信号保真度的要求，选择适当的量化单位，然后根据样点幅度所处的量化等级，选取该幅度的近似值。设信号幅度为电压，量纲为V，量化限制在$[-L,L]$，共有$2L+1$级，其中0、L也是一个量化级。经这样量化处理后，概率空间由概率密度$p(x)$变为离散的概率值$P(x_1),P(x_2),\cdots,P(x_i),\cdots,P(x_n)$。量化后，每个样值的自信息量以及信源熵就都可以用离散信源的理论来计算，所得的离散信源的熵可以近似作为此连续信源的熵。

2）量化级无限增大——离散信源还原成连续信源

图5.1中的样值集合构成一个连续信源，将样值量化就得到离散信源。量化后形成的信号量化幅度与原幅度值之间的差异会引起量化噪声，若量化单位偏大，量化噪声就较大，在数字通信中，为了减小量化噪声采取了许多措施，例如非线性压扩和减小量化单位等。现在考虑将量化单位Δx无限缩小，以使得离散消息有足够多的量化级来反映连续消息幅度变化的细节。当Δx趋近于0时，则离散信源又将还原为连续信源。

设量化前样值的幅度为x，对应的概率密度值为$p(x)$；若经量化后的样值幅度为x_i，对应的概率密度值为$p(x_i)$，则在区间$(x_i,x_i+\Delta x)$，其概率为$P(x_i)\cdot\Delta x$，如图5.2所示。

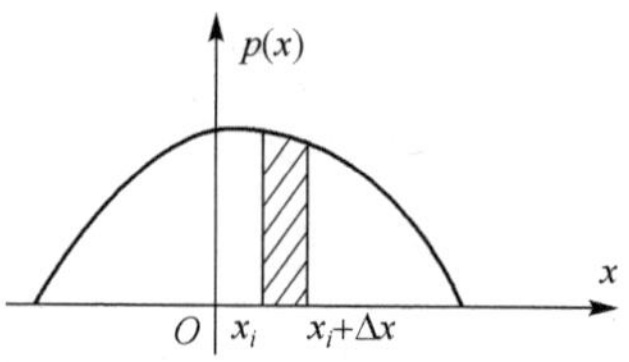

图5.2 量化示意图

设一个样值的熵为$H(x)$，它实际上就是量化后得到的离散信源的信息熵，根据第2章的定义2.4或式(2.4)，有

$$H(x) = -\sum p(x_i)\Delta x \cdot \log_a[p(x_i)\cdot\Delta x] \tag{5.4}$$

式(5.4)对所有的量化值求和。当 $\Delta x \to 0$ 时,求和将转变成积分运算,从而有

$$H(x)=-\int_{-\infty}^{\infty} p(x)\log_a p(x)\,\mathrm{d}x-\int_{-\infty}^{\infty} p(x)\log_a \Delta x \mathrm{d}x \tag{5.5}$$

式(5.5)为连续信源的熵的计算公式。与离散信源相同,可以根据对数的底来定义其量纲,如果对数的底取 2,则信息量的单位为比特;如果取 e,则其单位为奈特;如果取 10,则其单位为哈特。

下面对式(5.5)作进一步分析。式中第一项由且仅由 $p(x)$ 决定,为某一确定值,从形式上,它将计算离散信源熵的求和运算变成了积分运算,和式(2.4)完全对应,如果式(5.5)中没有第二项,这一项也能表征该连续信源的熵值。但事实上连续信源的熵式还包括了第二项,对应这一项,当 $\Delta x \to 0$ 时它趋于无限大。因此,许多文献把第一项称为相对熵,用 $h(x)$ 表示;把第二项称为绝对熵,用 $H(x_0)$ 表示,即

$$h(x)=-\int_{-\infty}^{\infty} p(x)\log_a p(x)\,\mathrm{d}x \tag{5.6}$$

$$H(x_0)=-\int_{-\infty}^{\infty} p(x)\log_a \Delta x\,\mathrm{d}x \tag{5.7}$$

首先看式(5.5)。由于 $H(x)=E[I(x)]$,和离散信源不同,连续消息每一样值只有对应的概率密度,其所占概率为 0,根据自信息量的定义,连续消息每一样值的自信息量将都是无限大,况且量化前样值集合的幅度连续,有无限多幅度值。但经量化后,样值集合的幅度值变为有限,样值与样值之间的差异也就变为有限。反映在信息特性上就是相对熵,它仅与连续信源的概率密度有关,不同概率密度的信源具有不同的相对熵,因此它表征了信源间平均信息量的差异,故又称为“熵差”。

再来看式(5.6)。之所以称为绝对熵,一方面是当 $\Delta x \to 0$ 时它趋于无限大;另一方面是连续信源的各种熵,包括条件熵、信宿熵、联合熵等,将都会有这一项,且都是当 $\Delta x \to 0$ 时其数值趋于无限大,这在后面的分析中会清楚地看出。因此绝对熵虽然有明确的物理意义,但在分析信源的信息特性时并没有实际的意义。

综上所述,对于任一连续型随机变量,绝对熵 $H(x_0)$ 都是无穷大,而相对熵 $h(x)$ 具有比较的意义,不同分布的随机变量,相对熵也不同。因此,相对熵能够很好地量度连续信源的信息特性,在后面的讨论中,如无特别说明,一般所说的信源熵都是指相对熵。

5.1.2　几种连续信源的相对熵

只要给定概率密度函数,用式(5.6)可以求出任何连续信源的相对熵。作为例子,下面讨论几种典型连续信源的相对熵,这几种信源的概率分布分别是均匀分布、高斯分布和指数分布。

1. 均匀分布情况

均匀分布的连续信源 $\boldsymbol{X}$ 的信源空间为

$$[\boldsymbol{X}\cdot P]:\begin{cases}\boldsymbol{X}: & [x_1,x_2]\\ P(\boldsymbol{X}):p(x)=\begin{cases}\dfrac{1}{x_2-x_1}, & x_1\leqslant x\leqslant x_2\\ 0, & x>x_2,x<x_1\end{cases}\end{cases}\tag{5.8}$$

概率密度函数 $p(x)$如图 5.3 所示。

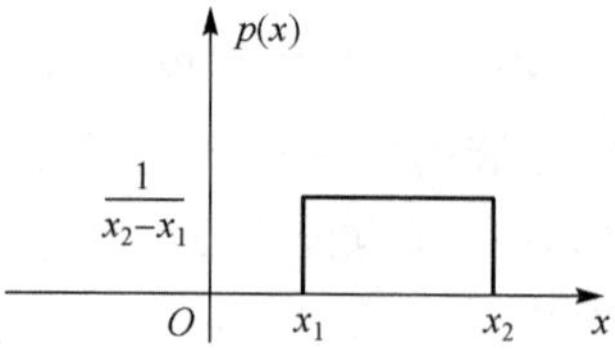

图 5.3 均匀分布的概率密度函数

由式(5.6)和式(5.8),可得均匀分布连续信源的相对熵为

$$\begin{aligned}h(x)&=-\int_a^b p(x)\log_a p(x)\mathrm{d}x\\&=\log_a(x_2-x_1)\end{aligned}\tag{5.9}$$

这表明均匀分布的连续信源 $\boldsymbol{X}$ 的相对熵 $h(x)$,等于取值区间的上下限值之差(x_2-x_1)的对数。由上式可见,对于底大于 1 的对数,当(x_2-x_1)小于 1 时,$h(x)<0$,这说明均匀分布的连续信源 $\boldsymbol{X}$ 的相对熵将会出现负值。与单符号离散信源的信息熵不同,连续信源的相对熵不具有非负性。这是因为连续信源 $\boldsymbol{X}$ 的相对熵 $h(x)$毕竟不是信息熵的全部,只是信息熵 $H(x)$中的有定值的部分,虽然 $h(x)$可能出现负值,但与无限大的绝对熵相加,$H(x)$仍为无限大的正数。式(5.9)量纲视对数的底而定。

2. 高斯分布的情况

高斯分布又称为正态分布。具有高斯分布连续信源的信源空间为

$$[\boldsymbol{X}\cdot P]:\begin{cases}\boldsymbol{X}: & R:(-\infty,\infty)\\ P(\boldsymbol{X}):p(x)=\dfrac{1}{\sqrt{2\pi\sigma^2}}\exp\left[-\dfrac{(x-m)^2}{2\sigma^2}\right]\end{cases}\tag{5.10}$$

式中,m 是高斯连续信源 $\boldsymbol{X}$ 的均值,即

$$m=\int_{-\infty}^{\infty}xp(x)\mathrm{d}x\tag{5.11}$$

σ^2 是高斯连续信源 $\boldsymbol{X}$ 的方差,即

$$\sigma^2=\int_{-\infty}^{\infty}(x-m)^2p(x)\mathrm{d}x\tag{5.12}$$

当均值 $m=0$ 时,方差 σ^2 就是高斯连续信源 $\boldsymbol{X}$ 的平均功率,即

$$P=\int_{-\infty}^{\infty}x^2p(x)\mathrm{d}x\tag{5.13}$$

约束条件为

$$\int_{-\infty}^{\infty} p(x)\mathrm{d}x = 1 \tag{5.14}$$

具有高斯分布连续信源的概率密度函数 $p(x)$ 如图 5.4 所示。

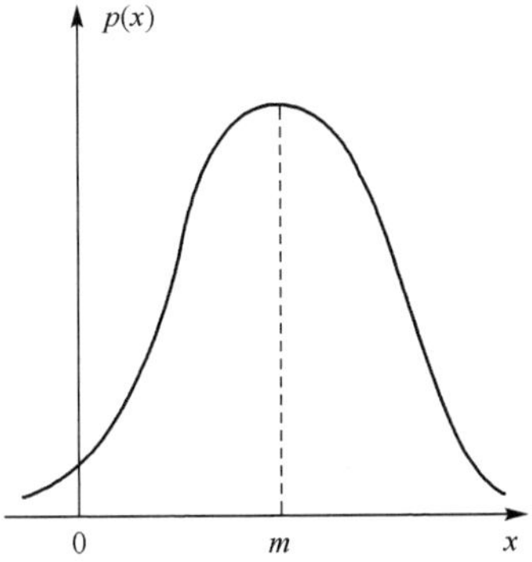

图 5.4　高斯分布的概率密度函数

同样，由式(5.6)和式(5.10)可求得高斯分布连续信源 $\boldsymbol{X}$ 的相对熵。为了使结果具有较为简洁明了的形式，式中的对数取自然对数，故有

$$\begin{aligned}
h(x) &= -\int_{-\infty}^{\infty} p(x)\ln p(x)\mathrm{d}x \\
&= -\int_{-\infty}^{\infty} p(x)\ln\left\{\frac{1}{\sqrt{2\pi\sigma^2}}\exp\left[-\frac{(x-m)^2}{2\sigma^2}\right]\mathrm{d}x\right\} \\
&= -\int_{-\infty}^{\infty} p(x)\ln\frac{1}{\sqrt{2\pi\sigma^2}}\mathrm{d}x + \int_{-\infty}^{\infty} p(x)\,\frac{(x-m)^2}{2\sigma^2}\mathrm{d}x \\
&= \ln\sqrt{2\pi\sigma^2} + \frac{\sigma^2}{2\sigma^2} \\
&= \frac{1}{2}\ln(2\pi\sigma^2) + \frac{1}{2} \\
&= \frac{1}{2}\ln(2\pi\sigma^2) + \frac{1}{2}\ln \mathrm{e} \\
&= \frac{1}{2}\ln(2\pi \mathrm{e}\sigma^2)
\end{aligned} \tag{5.15}$$

当均值 $m=0$，即不计高斯连续信源 $\boldsymbol{X}$ 中的直流部分时，由式(5.13)和式(5.15)可得

$$h(x) = \frac{1}{2}\ln(2\pi \mathrm{e}P) \tag{5.16}$$

这表明，高斯连续信源 $\boldsymbol{X}$ 的相对熵 $h(x)$ 只取决于高斯连续信源 $\boldsymbol{X}$ 的方差 σ^2，当均值 $m=0$ 时，它只取决于平均功率 P，而与信源的均值 m 无关。

对于二维高斯分布，通过类似的计算可得

$$h(x_1x_2)=-\int_{-\infty}^{\infty}\int_{-\infty}^{\infty}p(x_1x_2)\log a\ p(x_1x_2)\mathrm{d}x_1\mathrm{d}x_2$$
$$=h(x_1)+h(x_2)+\log a\ \sqrt{1-\rho^2} \tag{5.17}$$

式中，$h(x_1)$、$h(x_2)$分别为 $\boldsymbol{X}_1$、$\boldsymbol{X}_2$ 的相对熵；ρ 为 $\boldsymbol{X}_1$ 和 $\boldsymbol{X}_2$ 之间的相关系数，表征了它们之间的相关程度，且有

$$\rho=\frac{\mu}{\sqrt{\sigma_1^2\sigma_2^2}} \tag{5.18}$$

$$\mu=E[(x_1-m_1)(x_2-m_2)] \tag{5.19}$$

式中，m_1、m_2 分别是信源 $\boldsymbol{X}_1$、$\boldsymbol{X}_2$ 的均值，σ_1^2、σ_2^2 分别是信源 $\boldsymbol{X}_1$、$\boldsymbol{X}_2$ 的方差。

3. 指数分布

指数分布连续信源 $\boldsymbol{X}$ 的信源空间为

$$[\boldsymbol{X}\cdot P]:\begin{cases}\boldsymbol{X}: & (0,\infty)\\ P(\boldsymbol{X}):p(x)= & \begin{cases}\dfrac{1}{a}\mathrm{e}^{-\frac{x}{a}}, & x>0\\ 0, & x\leqslant 0\end{cases}\end{cases} \tag{5.20}$$

式中，常数 a 为连续信源 $\boldsymbol{X}$ 的均值，即

$$m=E(x)=\int_0^{\infty}xp(x)\mathrm{d}x=\int_0^{\infty}x\frac{1}{a}\mathrm{e}^{-\frac{x}{a}}\mathrm{d}x=a \tag{5.21}$$

概率密度函数 $p(x)$如图 5.5 所示。

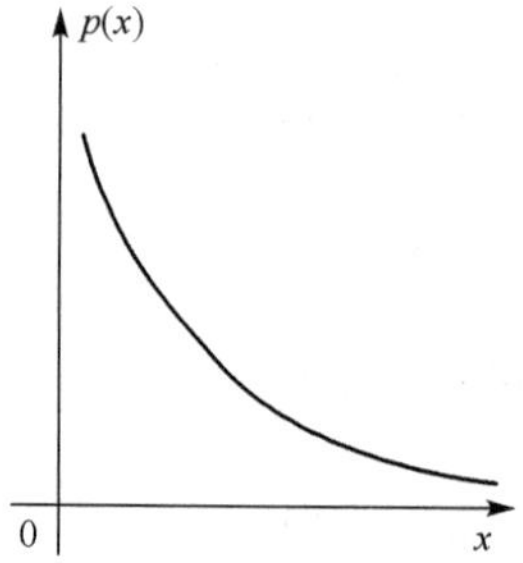

图 5.5 指数分布的概率密度函数

由式(5.6)和(5.20)可得，指数分布连续信源 $\boldsymbol{X}$ 的相对熵为

$$h(x)=-\int_0^{\infty}p(x)\ln p(x)\mathrm{d}x$$
$$=\int_0^{\infty}\left(\frac{1}{a}\mathrm{e}^{-\frac{x}{a}}\right)\ln\left(\frac{1}{a}\mathrm{e}^{-\frac{x}{a}}\right)\mathrm{d}x$$
$$=\frac{1}{a}\ln a\cdot\int_0^{\infty}\mathrm{e}^{-\frac{x}{a}}\mathrm{d}x+\frac{1}{a^2}\int_0^{\infty}x\mathrm{e}^{-\frac{x}{a}}\mathrm{d}x$$

$$\begin{aligned}&= \ln a + \ln \mathrm{e}\\&= \ln a\mathrm{e}\end{aligned} \tag{5.22}$$

式(5.22)表明指数分布连续信源 $\boldsymbol{X}$ 的相对熵 $h(x)$ 只取决于信源的均值 a。

5.1.3　条件熵

对于离散信源，在式(2.9)中已经给出了条件熵的定义，为了和连续信源情况比较，将其重写如下：

$$H(\boldsymbol{X} \mid \boldsymbol{Y}) = -\sum_{\boldsymbol{XY}} P(xy) \operatorname{lb} P(x \mid y) \tag{5.23}$$

其中任意两事件 x_i、y_j 的联合概率为

$$P(x_i y_j) = P(y_j) P(x_i \mid y_j) = p(x_i) P(y_j \mid x_i) \tag{5.24}$$

设连续信源经取样、量化后的样值幅度 $x_i \in [-L, L]$，即 x_i 可在 $2L+1$ 个不同量化等级中取值。这时连续信源已变成离散信源，可以像离散信源一样寻求在给定 $\boldsymbol{Y}$ 条件下 $\boldsymbol{X}$ 集合的总体信息测度。根据第 2 章的分析，可知信源发出任一样值消息 x_i 及信宿收到对应样值消息 y_j 后，其条件熵为

$$H(\boldsymbol{X} \mid \boldsymbol{Y}) = -\sum_{j=-L}^{L} \sum_{i=-L}^{L} P(y_j) P(x_i \mid y_j) \operatorname{lb} P(x_i \mid y_j) \tag{5.25}$$

为了推导方便，这里对数采用自然对数。和推导信源熵的思路一样，下面再看从离散到连续的情况。设发送消息的量化单位为 Δx，接收消息的量化单位为 Δy。当这两个量化单位都逐渐减小时，发送消息和接收消息的量化等级增多，从而有

$$\begin{aligned}&P(x_i < x < x_i + \Delta x) \approx p(x_i) \cdot \Delta x\\&P(y_j < y < y_j + \Delta y) \approx p(y_j) \cdot \Delta y\\&P(x_i < x < x_i + \Delta x \mid y_j) \approx p(x_i \mid y_j) \cdot \Delta x\\&P(y_j < y < y_j + \Delta y \mid x_i) \approx p(y_j \mid x_i) \cdot \Delta y\end{aligned} \tag{5.26}$$

式(5.26)中 $p(x_i)$、$p(y_j)$、$p(x_i \mid y_j)$、$p(y_j \mid x_i)$ 分别为相应的概率密度函数和条件概率密度函数。因此，式(5.25)的条件熵又转变为

$$H(\boldsymbol{X} \mid \boldsymbol{Y}) = -\sum_{j=-L}^{L} p(y_j) \Delta y \sum_{i=-L}^{L} p(x_i \mid y_j) \Delta x \operatorname{lb} [p(x_i \mid y_j) \Delta x] \tag{5.27}$$

当 $\Delta x \to 0$ 时，式(5.27)的求和运算将转换为积分，有

$$\begin{aligned}H(x \mid y) &= -\int_{-\infty}^{\infty} p(y) \mathrm{d}y \int_{-\infty}^{\infty} p(x \mid y) \mathrm{d}x \operatorname{lb} [p(x \mid y) \Delta x]\\&= -\int_{-\infty}^{\infty} p(y) \mathrm{d}y \int_{-\infty}^{\infty} p(x \mid y) \operatorname{lb} p(x \mid y) \mathrm{d}x - \int_{-\infty}^{\infty} p(y) \mathrm{d}y \int_{-\infty}^{\infty} p(x \mid y) \mathrm{d}x \operatorname{lb} \Delta x\\&= -\int_{-\infty}^{\infty} p(y) \mathrm{d}y \int_{-\infty}^{\infty} p(x \mid y) \operatorname{lb} p(x \mid y) \mathrm{d}x - \operatorname{lb} \Delta x \int_{-\infty}^{\infty} \int_{-\infty}^{\infty} p(x \mid y) p(y) \mathrm{d}x \mathrm{d}y\\&= -\int_{-\infty}^{\infty} \int_{-\infty}^{\infty} p(xy) \operatorname{lb} p(x \mid y) \mathrm{d}x \mathrm{d}y - \operatorname{lb} \Delta x \int_{-\infty}^{\infty} \int_{-\infty}^{\infty} p(x \mid y) p(y) \mathrm{d}x \mathrm{d}y\end{aligned} \tag{5.28}$$

式(5.28)和连续信源的熵式(5.5)在形式上完全相似。式(5.28)的前一项称为相对条件熵,表示为

$$h(x \mid y)=-\int_{-\infty}^{\infty}\int_{-\infty}^{\infty}p(xy)\mathrm{lb}\ p(x \mid y)\mathrm{d}x\mathrm{d}y \tag{5.29}$$

后一项称为绝对条件熵,表示为

$$H(x_0 \mid y_0)=-\ \mathrm{lb}\ \Delta x\int_{-\infty}^{\infty}\int_{-\infty}^{\infty}p(x \mid y)p(y)\mathrm{d}x\mathrm{d}y \tag{5.30}$$

显然,当 $\Delta x \to 0$ 时它趋于无限大,因此又可与连续信源熵式中的绝对熵同样表示为 $H(x_0)$。

与此相类似地,可以写出连续消息在 $\boldsymbol{X}$ 条件下关于 $\boldsymbol{Y}$ 的条件熵的表达式,为

$$H(y \mid x)=-\int_{-\infty}^{\infty}\int_{-\infty}^{\infty}p(xy)\mathrm{lb}\ p(y \mid x)\mathrm{d}x\mathrm{d}y+H(x_0) \tag{5.31}$$

其中相对条件熵为

$$h(y \mid x)=-\int_{-\infty}^{\infty}\int_{-\infty}^{\infty}p(xy)\mathrm{lb}\ p(y \mid x)\mathrm{d}x\mathrm{d}y \tag{5.32}$$

连续消息的条件熵式(5.29)和(5.32)的物理意义与离散消息情况时完全相同,它们实质上代表了信道的特性,与离散消息情况相对应,前者称为连续信道的疑义度,后者称为连续信道的噪声熵或散布度。

5.1.4 平均互信息量

和有扰离散信道的情况一样,可以用平均互信息量来描述连续消息的信息流通特性。同样地,先将收、发端的连续消息进行取样、量化,将其变换成离散消息集合,设它们分别为 $\boldsymbol{X}$、$\boldsymbol{Y}$,则其平均互信息量为

$$I(\boldsymbol{X};\boldsymbol{Y})=-\sum_{\boldsymbol{XY}}P(xy)\mathrm{lb}\ \frac{P(x \mid y)}{P(x)} \tag{5.33}$$

式(5.33)中的概率均指量化后样值所占的概率,它们和连续消息的各个概率密度函数的关系同样由式(5.26)所描述。在分析离散消息的平均互信息量时已知,平均互信息量具有对称性并可以用信息熵和条件熵来表示,因此可将这些结论直接引用到连续消息情况。于是有

$$I(\boldsymbol{X};\boldsymbol{Y})=H(x)-H(x \mid y) \tag{5.34}$$

或

$$I(\boldsymbol{Y};\boldsymbol{X})=H(y)-H(y \mid x) \tag{5.35}$$

以式(5.34)为例,将式(5.5)和式(5.28)代入,有

$$\begin{aligned}I(\boldsymbol{X};\boldsymbol{Y})&=H(x)-H(x \mid y)\\&=-\int_{-\infty}^{\infty}p(x)\mathrm{lb}\ p(x)\mathrm{d}x-\int_{-\infty}^{\infty}p(x)\mathrm{lb}\ \Delta x\mathrm{d}x\end{aligned}$$

$$
\begin{aligned}
&+\int_{-\infty}^{\infty}\int_{-\infty}^{\infty}p(xy)\text{lb }p(x\mid y)\mathrm{d}x\mathrm{d}y \\
&-\text{lb }\Delta x\int_{-\infty}^{\infty}\int_{-\infty}^{\infty}p(x\mid y)p(y)\mathrm{d}x\mathrm{d}y \\
=&-\int_{-\infty}^{\infty}p(x)\text{lb }p(x)\mathrm{d}x-\int_{-\infty}^{\infty}\int_{-\infty}^{\infty}p(xy)\text{lb }p(x\mid y)\mathrm{d}x\mathrm{d}y \\
=&\ h(x)-h(x\mid y)\quad(\text{信息单位 / 样值})
\end{aligned}
\tag{5.36}
$$

由式(5.36)可见，在计算连续消息的平均互信息量时，信源熵和条件熵中的绝对熵被抵消了，因而连续消息平均互信息量的计算公式和离散情况几乎完全一样，只是将求和运算换成了积分、各种概率换为概率密度函数。

对于连续消息，接收端收到的平均信息量是信源相对熵和条件相对熵之差，由于平均信息量表征的是信息流通特性，因此相对熵在这里表现出了信息的特征。

连续消息平均互信息量的几个公式归纳如下：

$$
\begin{aligned}
I(\boldsymbol{X};\boldsymbol{Y}) &= h(x)-h(x\mid y) \\
I(\boldsymbol{Y};\boldsymbol{X}) &= h(y)-h(y\mid x) \\
I(\boldsymbol{X};\boldsymbol{Y}) &= I(\boldsymbol{Y};\boldsymbol{X}) \\
I(\boldsymbol{X};\boldsymbol{Y}) &= h(x)+h(y)-h(xy)
\end{aligned}
\tag{5.37}
$$

式(5.37)中 $h(xy)$ 为相对联合熵。

上面的讨论都是针对单个样值的，因此式(5.36)的量纲为信息单位/样值。而实际传递的连续消息通常是一个随机过程，对于随机过程的信源，假设在 n 个取样时刻 $t_1,t_2,\cdots,t_n$ 获得的 n 个样值为 $x_{i1},x_{i2},\cdots,x_{in}$，如果各样值相互独立，则可以独立计算各个抽样值的信息量，信源熵为各样值信息量的简单叠加，即

$$H(x^n)=nH(x) \tag{5.38}$$

但一般的随机过程各个抽样值总是相互关联的，因而必须对整个符号序列消息进行分析，即用 n 维联合概率密度 $p(x_{i1},x_{i2},\cdots,x_{in})$ 来描述。只要将变量 x 变换成矢量 $\boldsymbol{x}$、y 变换成矢量 $\boldsymbol{y}$，前面讨论的信息熵、条件熵和平均互信息量等在形式上就完全相同，这时相对信息熵为

$$h(\boldsymbol{x})=-\int_{-\infty}^{\infty}\cdots\int_{-\infty}^{\infty}p(\boldsymbol{x})\text{lb }p(\boldsymbol{x})\ \mathrm{d}\boldsymbol{x} \tag{5.39}$$

相对条件熵为

$$h(\boldsymbol{x}\mid\boldsymbol{y})=-\int_{-\infty}^{\infty}\cdots\int_{-\infty}^{\infty}p(\boldsymbol{xy})\text{lb }p(\boldsymbol{x}\mid\boldsymbol{y})\ \mathrm{d}\boldsymbol{x}\mathrm{d}\boldsymbol{y} \tag{5.40}$$

平均互信息量为

$$
\begin{aligned}
I(\boldsymbol{X};\boldsymbol{Y}) &= H(\boldsymbol{x})-H(\boldsymbol{x}\mid\boldsymbol{y}) \\
&= h(\boldsymbol{x})-h(\boldsymbol{x}\mid\boldsymbol{y})=h(\boldsymbol{y})-h(\boldsymbol{y}\mid\boldsymbol{x}) \\
&= h(\boldsymbol{x})+h(\boldsymbol{y})-h(\boldsymbol{xy})=I(\boldsymbol{Y};\boldsymbol{X})
\end{aligned}
\tag{5.41}
$$

5.1.5 连续消息熵的性质

连续消息相对熵的多数性质与离散消息情况相同。下面不加证明地给出几个常用的性质：

(1)$h(xy)\leqslant h(x)+h(y)$，当且仅当 x 和 y 相互独立时，等号成立。

(2)$h(xy)=h(x)+h(y|x)=h(y)+h(x|y)$，且有

$$h(y \mid x) \leqslant h(y)$$

及

$$h(x \mid y) \leqslant h(x)$$

(3)相对熵可以是正值或 0，也可以是负值，取决于概率密度函数。以信源熵为例，在 $p(x)\leqslant 1$ 的条件下，相对熵为非负值；在 $p(x)>1$ 的条件下，相对熵为负值。

(4)相对熵是 $p(x)$上的凸函数，即对于某一个概率密度函数，可以得到相对熵的最大值。

下面对性质(4)再作进一步的讨论。

5.1.6 最大相对熵定理

对于离散信源，当信源消息等概分布时具有最大熵值。考虑连续信源的相对熵 $h(x)$，是否存在着一个 $p(x)$使 $h(x)$达到最大，即 $h(x)$是否对于连续信源的概率密度函数 $p(x)$存在极值？为此讨论几种特定约束条件下的最大熵定理。

在证明下面的几个最大相对熵定理前，将首先不加证明地给出一个数学上已被证明的定理。

定理 5.1 设 $p(x)$是在(a,b)区间具有某种分布的概率密度函数，其约束条件为

$$\int_a^b p(x)\mathrm{d}x = 1$$

$q(x)$为不同于 $p(x)$的其他分布，但约束条件和 $p(x)$相同，即

$$\int_a^b q(x)\mathrm{d}x = 1$$

则有

$$-\int_a^b p(x)\mathrm{lb}p(x)\mathrm{d}x \leqslant -\int_a^b p(x)\mathrm{lb}q(x)\mathrm{d}x \tag{5.42}$$

式(5.42)中区间(a,b)在极限情况$(-\infty,\ \infty)$时，上式仍然成立。

1. 峰值功率受限条件下信源的最大熵定理

所谓峰值功率受限，是指在任何时候信号的瞬时功率都不会超过限定值。在通信电路中常用限幅器来使其输出的信号具有这种特性。

峰值功率受限不代表平均功率受限。例如理论上的白噪声具有无限大的平均功率，因为其频谱可以延伸到无限宽，但它通过限幅器后的输出信号却是峰值功率受限信号。

定理 5.2　若某信源输出信号的峰值功率受限，即信号的取值被限定在某一有限范围内，则在限定的范围内，当输出信号的概率密度函数是均匀分布时该信源达到最大熵值。

证明　设 $p(x)$ 在 (a,b) 区间内具有均匀分布，其约束条件为

$$\int_a^b p(x)\mathrm{d}x = 1$$

$q(x)$ 为不同于 $p(x)$ 的其他分布，约束条件为

$$\int_a^b q(x)\mathrm{d}x = 1$$

由式(5.42)，有

$$\begin{aligned} h_q(x) &= -\int_a^b q(x)\mathrm{lb}\, q(x)\mathrm{d}x \leqslant -\int_a^b q(x)\mathrm{lb}\, p(x)\mathrm{d}x \\ &= -\int_a^b q(x)\mathrm{lb}\, \frac{1}{b-a}\mathrm{d}x = \mathrm{lb}\,(b-a) = h_p(x) \end{aligned} \tag{5.43}$$

即

$$h_p(x) \geqslant h_q(x)$$

证毕。

根据峰值功率受限的条件，可假设 $a=-A, b=A$，则峰值功率为

$$P_s = A^2$$

该信源的最大相对熵为

$$h(x)_{\max} = \mathrm{lb}\,(2A) = \frac{1}{2}\mathrm{lb}\,(4P_s) \tag{5.44}$$

如果将对应的分布称为最佳分布并用 p_{opt} 表示，则有

$$p_{\mathrm{opt}} = \begin{cases} \dfrac{1}{2\sqrt{P_s}} \text{或} \dfrac{1}{2A}, & -A < x < A \\ 0, & \text{其他} \end{cases} \tag{5.45}$$

2. 平均功率受限条件下信源的最大熵定理

所谓平均功率受限，是指在考虑的时间区间里，信号的平均功率不会超过限定值。

平均功率受限不代表峰值功率受限，这种限制允许信号的瞬时功率超限甚至趋于无限大，只要在考虑的时间区间里取平均后其功率不超限。

通信系统中的发射机输出信号、语声信号、电力系统中变压器的输出等都具有这种特性。理论上的白噪声不具有这种特性。

定理 5.3 若某信源输出信号的平均功率和均值被限定,则当其输出信号幅度的概率密度函数 $p(x)$ 是高斯分布时,信源达到最大熵值;对于 N 维连续信源来说,若 N 维随机矢量的协方差矩阵 $[\boldsymbol{M}]$ 和各分量均值被限定,则 N 维连续信源为 N 维高斯分布时达到最大熵值。

证明 先针对单变量情况进行证明。

证明的思路和前面完全一样,只不过约束条件多一些。

设 $p(x)$ 在 $(-\infty,\infty)$ 为高斯分布,其概率密度函数和约束条件分别为

$$p(x)=\frac{1}{\sqrt{2\pi\sigma^2}}\exp\left[-\frac{(x-m)^2}{2\sigma^2}\right] \tag{5.46}$$

$$\int_{-\infty}^{\infty}p(x)\mathrm{d}x=1 \tag{5.47}$$

式(5.46)中均值 m、方差 σ^2 分别如式(5.11)、式(5.12)所示。

设 $q(x)$ 是不同于 $p(x)$ 的其他分布,但约束条件与 $p(x)$ 相同,即

$$m=\int_{-\infty}^{\infty}xq(x)\mathrm{d}x \tag{5.48}$$

$$\int_{-\infty}^{\infty}(x-m)^2q(x)\mathrm{d}x=\sigma^2 \tag{5.49}$$

$$\int_{-\infty}^{\infty}q(x)\mathrm{d}x=1 \tag{5.50}$$

由式(5.42)并使用对数的换底公式,有

$$\begin{aligned}h_q(x)&=-\int_{-\infty}^{\infty}q(x)\mathrm{lb}\ q(x)\mathrm{d}x\leqslant-\int_{-\infty}^{\infty}q(x)\mathrm{lb}\ p(x)\mathrm{d}x\\&=\mathrm{lb}\ \mathrm{e}\int_{-\infty}^{\infty}q(x)\left[\frac{(x-m)^2}{2\sigma^2}-\ln\sqrt{2\pi\sigma^2}\right]\mathrm{d}x\\&=\frac{1}{2}\mathrm{lb}(2\pi\mathrm{e}\sigma^2)=h_p(x)\end{aligned} \tag{5.51}$$

当 $m=0$ 时,$P=\sigma^2$,有

$$h(x)_{\max}=\frac{1}{2}\mathrm{lb}(2\pi\mathrm{e}P) \tag{5.52}$$

证毕。

N 维情况可由类似方法证得,不再赘述。

3. 均值受限条件下信源的最大熵定理

所谓均值受限,是指在考虑的时间区间里,信号的平均幅度不会超过限定值。

均值受限不代表峰值受限,这种限制允许信号的瞬时幅度超限甚至趋于无限大,只要在考虑的时间区间里取平均后其幅度不超限。

定理 5.4 若某连续信源 $\boldsymbol{X}$ 输出非负信号的均值被限定,则其输出信号幅度为指数分布时,连续信源 $\boldsymbol{X}$ 达到最大熵值。

证明　设 $p(x)$ 为指数分布，即

$$p(x)=\begin{cases}\dfrac{1}{a}\mathrm{e}^{-\frac{x}{a}}, & x>0\\ 0, & x\leqslant 0\end{cases} \tag{5.53}$$

$$\int_0^{\infty} xp(x)\mathrm{d}x=a \tag{5.54}$$

$q(x)$ 为指数分布以外的其他分布，但其约束条件与 $p(x)$ 相同，即

$$\int_0^{\infty} xq(x)\mathrm{d}x=a \tag{5.55}$$

由式(5.42)并对使用对数的换底公式，有

$$\begin{aligned}h_q(x)&=-\int_0^{\infty} q(x)\mathrm{lb}\ q(x)\mathrm{d}x\leqslant-\int_0^{\infty} q(x)\mathrm{lb}\ p(x)\mathrm{d}x\\&=-\int_0^{\infty} q(x)\mathrm{lb}\ \frac{1}{a}\mathrm{d}x-\int_0^{\infty} q(x)\mathrm{lb}\ \mathrm{e}^{-\frac{x}{a}}\mathrm{d}x\\&=\mathrm{lb}\ a+\frac{1}{a}\int_0^{\infty}\mathrm{lb}\ \mathrm{e}\ xq(x)\mathrm{d}x=\mathrm{lb}\ a+\mathrm{lb}\ \mathrm{e}=\mathrm{lb}(a\mathrm{e})=h_p(x)\end{aligned} \tag{5.56}$$

由式(5.56)得最大熵，为

$$h(x)_{\max}=\mathrm{lb}(a\mathrm{e}) \tag{5.57}$$

证毕。

上面的 3 个例子均是以每一样值来平均的，它是一种求集平均的方法。如同求任何随机过程的均值一样，除了用集平均的方法外，还可以用时间平均的方法。下面从时间平均的角度来研究连续信源熵的特性。

5.1.7　熵功率和熵功率不等式

1. 熵功率

若连续信号的频带限制在$(0\sim w_0)$之内，对其按奈奎斯特准则取样，取样周期为 T，则有

$$T=\frac{1}{2w_0} \tag{5.58}$$

若取样如图 5.6 所示，在 T'时间内进行了 n 次取样，则

$$n=\frac{T'}{T}=2w_0T' \tag{5.59}$$

如果该信号是一个随机过程，幅度按高斯分布，平均功率为 σ^2，则 n 个相互独立的样值的最大相对熵为

$$h_{\max}(x)=2w_0T'\cdot\frac{1}{2}\mathrm{lb}\ (2\pi\mathrm{e}\sigma^2) \tag{5.60}$$

若按单位时间考虑，可得最大时间熵，用 h_{tmax}表示为

$$h_{\mathrm{tmax}}=w_0\mathrm{lb}\ (2\pi\mathrm{e}\sigma^2) \tag{5.61}$$

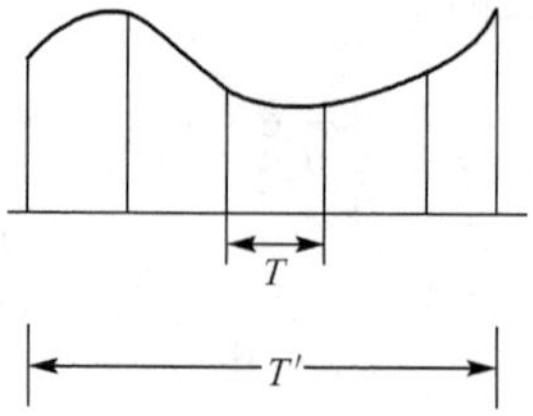

图 5.6 带限连续信号取样示意图

由式(5.61),该随机过程(信号)的平均功率用熵表示为

$$\sigma^2 = \frac{1}{2\pi e} 2^{h_{\text{tmax}}/w_0} \tag{5.62}$$

事实上,上述信号是一个限带的白色高斯噪声(narrow white Gaussian noise, NWGN),所以式(5.62)又被看成是一个等效的白高斯噪声(white Gaussian noise, WGN),记为

$$\overline{N} = \frac{1}{2\pi e} 2^{h_{\text{tmax}}/w_0} \tag{5.63}$$

它是带宽限制在 w_0 内且达到 h_{tmax} 时所需的平均功率值,是用熵表征的功率值,故称为该随机过程的熵功率。

另外,随机过程并不一定都是 WGN。在同样的 w_0 条件,其他过程的信号要达到同样的 h_{tmax},所需的平均功率 P,必然要大于熵功率 $\overline{N}$。故熵功率 $\overline{N}$ 是在 WGN 条件下达到 h_{tmax} 值时所需要的平均功率的最小值。对于其他过程,必有 $P>\overline{N}$,故可用 P 和 $\overline{N}$ 的相对差值 $\dfrac{P-\overline{N}}{\overline{N}}$ 来代表随机过程连续消息的冗余度。

综合以上讨论,可以得到如下两个结论。

(1)在平均功率受限制的信道上,最有效的信号应是具有白色高斯噪声特性的信号。这是因为这种信号能使连续消息的熵 $h(x^n)$ 达到最大值,基于这一点,用伪随机码和伪白色噪声来传输信号的通信系统成为近年来人们研究的热点课题,其中扩展频谱通信就是一个非常典型的例子。

(2)从噪声对通信的影响角度来看,假如信道的噪声是白色高斯噪声,则它的危害最大。这是因为在各类噪声中,白色高斯噪声的熵功率最大,由此可知它引起信道上的相对噪声熵 $h(y|x)$或相对疑意度 $h(x|y)$也为最大。因为平均互信息量 $I(\boldsymbol{X};\boldsymbol{Y})=h(y)-h(y|x)$或 $I(\boldsymbol{X};\boldsymbol{Y})=h(x)-h(x|y)$,显然,当 $h(y|x)$或 $h(x|y)$达到最大值时 $I(\boldsymbol{X};\boldsymbol{Y})$必然最小。

另外,由随机过程中的大数定律或中心极限定理可知,当存在 N 个不同分布的随机过程时,无论它们各自呈何分布,当 N 很大时,其合成的结果将呈高斯分布,而在有限带宽内的功率谱密度近似为均匀分布,也就是呈现 NWGN 的特性。在实际使用的通信信道中，特别是无线通信信道，绝大多数都是这种情况，这也就是在通信中总是把白色高斯噪声作为重点研究的主要原因。

2. 熵功率不等式

定理 5.5　设 $a_1(t)$和 $a_2(t)$是两个互相独立的各态历经随机过程，其平均功率分别为 P_1和 P_2，熵功率分别为 $\overline{N}_1$ 和 $\overline{N}_2$。若 $a_3(t)=a_1(t)+a_2(t)$，其平均功率和熵功率分别为 P_3和 $\overline{N}_3$，则存在

$$P_3 = P_1 + P_2 \tag{5.64}$$

和

$$\overline{N}_1 + \overline{N}_2 \leqslant \overline{N}_3 \leqslant P_3 \tag{5.65}$$

式(5.65)中 $\overline{N_1} + \overline{N_2} \leqslant \overline{N_3}$ 称为熵功率不等式。该式仅当 $a_1(t)$和 $a_2(t)$是两个互相独立的各态历经高斯分布随机过程时，等号成立。

证明　首先证明式(5.64)。

根据各态历经随机过程的性质，有

$$\begin{aligned} P_3 &= \lim_{T\to\infty}\frac{1}{T}\int_{-T/2}^{T/2}\alpha_3^2(t)\,\mathrm{d}t \\ &= \lim_{T\to\infty}\frac{1}{T}\int_{-T/2}^{T/2}[\alpha_1(t)+\alpha_2(t)]^2\,\mathrm{d}t \\ &= \lim_{T\to\infty}\frac{1}{T}\int_{-T/2}^{T/2}[\alpha_1^2(t)+2\alpha_1(t)\alpha_2(t)+\alpha_2^2(t)]\,\mathrm{d}t \end{aligned}$$

因为 $a_1(t)$和 $a_2(t)$是互相独立的，故有 $\int\alpha_1(t)\alpha_2(t)\,\mathrm{d}t = 0$，所以得

$$P_3 = \lim_{T\to\infty}\frac{1}{T}\int_{-T/2}^{T/2}[\alpha_1^2(t)+\alpha_2^2(t)]\,\mathrm{d}t = P_1 + P_2$$

再证明式(5.65)。

两个互相独立的随机过程叠加后，各样点之间的相关性必然小于原来各自随机过程的各样点之间的相关性。随着各样点间相关性的减少，随机过程的相对熵将增大，极限情况是当各样点之间相互独立时得到最大相对熵 $h(x^n)_{\max} = nh(x)$。由式(5.62)可知 $\overline{N} \propto 2^{h_{t\max}}$，对叠加后的随机过程而言，其熵功率增大了，故必然有

$$\overline{N}_1 + \overline{N}_2 \leqslant \overline{N}_3$$

由于熵功率是在各种概率密度函数的连续消息之中最小的平均功率，所以显然有 $\overline{N_3} < P_3$；当且仅当合成随机过程是高斯分布时，式中的等号成立，这通常是被合成的两个随机过程是互相独立的各态历经高斯分布时的情况，因为高斯分布的随机过程叠加后所得出的随机过程仍然是高斯分布的。

5.2　连续消息在信道上的传输问题

在研究离散消息的传输时已知，$I(\boldsymbol{X};\boldsymbol{Y})=H(\boldsymbol{Y})-H(\boldsymbol{Y}|\boldsymbol{X})=H(\boldsymbol{X})-H(\boldsymbol{X}|\boldsymbol{Y})$，其中 $H(\boldsymbol{Y}|\boldsymbol{X})$为噪声熵，它是指由于信道中存在噪声而损失的信息量。下面讨论连续信道的情况。

严格地说，干扰和噪声的特性并不一样，但根据大数定律，不管单个干扰是什么分布，当干扰较多时，合成干扰都趋于高斯分布。所以为简化分析，可以把干扰和噪声统一考虑，不再分别说明。由于高斯分布的典型性，而且计算简单，在下面的讨论中，将主要针对高斯分布。

信道中噪声对信号的作用有两种，一种为加性干扰，用公式描述为

$$e_0(t) = e_i(t) + n(t) \tag{5.66}$$

另一种为乘性干扰，用公式描述为

$$e_0(t) = e_i(t) \cdot n(t) \tag{5.67}$$

一般来讲，加性的情况较多且较为典型，乘性情况则要复杂得多。此处以加性为例对 $h(y|x)$ 进行讨论。

对于一维情况，平均来说对每个样值，有

$$h(y \mid x) = -\iint\limits_{\boldsymbol{XY}} p(x)p(y \mid x)\mathrm{lb}p(y \mid x)\mathrm{d}x\mathrm{d}y \tag{5.68}$$

简单回顾一下条件概率 $p(y|x)$。如果没有噪声，就没有这一函数，或其值为 0；如果各样值相互独立、噪声在各抽样点上的取值也相互独立，则 $p(y|x)$ 完全是由噪声引起的，也就是说它是噪声的函数，可表示为

$$p(y \mid x) = k(n) \tag{5.69}$$

故有

$$\begin{aligned} h(y \mid x) &= \iint\limits_{\boldsymbol{X}\boldsymbol{N}} p(x)k(n)\mathrm{lb}k(n)\mathrm{d}x\mathrm{d}n \\ &= -\int\limits_{\boldsymbol{N}} k(n)\mathrm{lb}k(n)\mathrm{d}x\mathrm{d}n \\ &= h(n) \end{aligned} \tag{5.70}$$

由式(5.70)可见，$h(y|x)$ 确实是噪声熵，当噪声为 WGN 时，有

$$h(n) = \frac{1}{2}\mathrm{lb}\ (2\pi\mathrm{e}\sigma^2) \tag{5.71}$$

5.3 香农信道容量公式

5.3.1 高斯信道的信道容量

具有白高斯噪声的信道简称为高斯信道，现在来看它的信道容量。

高斯信道是平均功率受限的信道。设该信道的通信模型如图 5.7 所示，类似于离散信道的信道容量定义式(4.14)，高斯信道的信道容量可定义为

$$C = \max_{P(x);E\{x^2\}<P} I(\boldsymbol{X};\boldsymbol{Y}) \tag{5.72}$$

式中

$$I(\boldsymbol{X};\boldsymbol{Y}) = h(y) - h(y \mid x) = h(y) - h(n) \tag{5.73}$$

信道的输出功率为

$$E\{y^2\} = E\{(x+z)^2\} = E\{x^2\} + 0 + E\{z^2\} = S + \sigma^2 = S + N \tag{5.74}$$

根据平均功率受限的最大熵定理,有

$$h(y) \leqslant \frac{1}{2}\mathrm{lb}\,[2\pi \mathrm{e}(S+N)] \tag{5.75}$$

而

$$h(n) \leqslant \frac{1}{2}\mathrm{lb}\,(2\pi \mathrm{e}N) \tag{5.76}$$

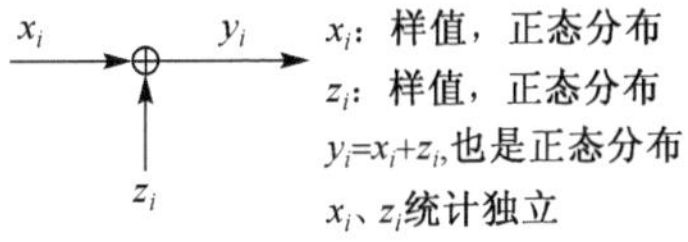

图 5.7　高斯信道的通信模型

$$I(\boldsymbol{X};\boldsymbol{Y}) \leqslant \frac{1}{2}\mathrm{lb}[2\pi \mathrm{e}(S+N)] - \frac{1}{2}\mathrm{lb}(2\pi \mathrm{e}N) \tag{5.77}$$

对上式取等号,可得信道容量,为

$$C = \frac{1}{2}\mathrm{lb}\left(1+\frac{S}{N}\right) \quad (\text{比特 / 样值}) \tag{5.78}$$

5.3.2　带限信道的信道容量

从时间熵的角度考虑,样值间隔由取样速率决定。对于带限信号,取样定理指出,若信号的有效带宽为 B,取样频率为 f_s,则当 $f_s \geqslant 2B$ 时,样值序列能够保留原连续信号的全部频谱特征,或者说全部的信息量。从传输信息量的角度,既然 $f_s = 2B$ 已经保留了原连续消息的全部信息量,那么取每秒钟的样值数目为 $2B$ 已代表了最大信息量,故式(5.78)就变为

$$C_t = 2B \cdot \frac{1}{2}\mathrm{lb}\left(1+\frac{S}{N}\right) \quad (\mathrm{b/s})$$

即

$$C_t = B\mathrm{lb}\left(1+\frac{S}{N}\right) \quad (\mathrm{b/s}) \tag{5.79}$$

通常称式(5.79)为香农信道容量公式,简称香农公式(或 Shannon 公式)。当式中的对数取以 e 为底时,有

$$C_t = B\ln\left(1+\frac{S}{N}\right) \quad (\mathrm{nat/s}) \tag{5.80}$$

由于式(5.79)和式(5.80)仅仅是量纲的不同,故可以只研究式(5.79)。为了说明概念,通常将式中 C_t 的下标省去,即把香农公式直接表示为

$$C = B\mathrm{lb}\left(1+\frac{S}{N}\right) \quad (\mathrm{b/s}) \tag{5.81}$$

香农公式是香农信息论的基本公式之一,这里推出的条件是:①连续消息是平

均功率受限的高斯随机过程，平均功率为 S，取样后的样值同样呈高斯分布，样值之间彼此独立；②噪声为加性 WGN，平均功率为 N；③信号的有效带宽为 B。

5.3.3 香农公式的含义

香农公式的形式极为简单，但其内涵却非常丰富。

在香农公式中，S/N 为信噪比代表发射功率，B 代表传输信号的带宽，C_t 为信道容量即最大信息传输速率，香农公式给出了它们之间的相互制约关系。这几个参量之间的制约关系实质上也是一种互换特性，人们感兴趣的是这种互换对于通信能够带来什么好处以及怎样的互换才是合算的。

从香农公式至少可以得出如下概念：

(1)信道容量与所传输信号的有效带宽成正比，信号的有效带宽越宽，信道容量越大。

(2)信道容量与信道上的信噪比有关，信噪比越大，信道容量也越大，但其制约规律呈对数关系。

(3)信道容量 C、有效带宽 B 和信噪比 S/N 可以相互起补偿作用，即可以互换。例如，在保持信道容量不变的情况下，可以用增加信号带宽、减小发射功率(减小信噪比)的办法进行通信，也可以反过来用减小信号带宽、增大发射功率(提高信噪比)的办法进行通信。应用极为广泛的扩展频谱通信、多相位调制等都是以此为理论基础。

(4)当信道上的信噪比小于 1 时，信道的信道容量并不等于 0，这说明此时信道仍具有传输消息的能力。也就是说，信噪比小于 1 时仍能进行可靠的通信，这对于移动通信、卫星通信、深空通信等具有特别重要的意义。

(5)是否可以用无限制地加大信号有效带宽的方法来减小发射功率，或在任意低的信噪比情况下仍能实现可靠通信呢？尽管从香农公式不能直接看出，但它隐含着否定的回答，说明如下：

设噪声的单边功率谱密度为 n_0，则噪声功率为

$$N = n_0 B$$

当 $B\to\infty$时，有

$$\lim_{B\to\infty} C = \frac{S}{n_0}\,\text{lbe} \approx 1.44\,\frac{S}{n_0} \tag{5.82}$$

这说明此时的信道容量 C 趋于有限值，取决于发射功率和信道白色高斯噪声的功率谱密度之比。尽管这时的 C 仍大于 0，尚可进行通信，但由于信道容量与发射功率成正比，已与加大信号有效带宽的初衷相悖，因此用无限的带宽换取式(5.82)的信道容量是否合算，值得推敲，况且物理上不可能提供无限带宽进行通信。

这一结论实际上指出了信号有效带宽与发射功率互换的有效性问题。信道容量是通信系统的最大信息传输速率，通常是系统的设计指标，因此 C 往往是给定的，这时可以根据信道特性来权衡发射功率和信号有效带宽的互换，使系统的设计趋于最佳。

(6)对于二进制通信系统，有 $S=E_bR$，其中 E_b 为平均每传输 1 比特接收输入端所需要的能量(简称比特能量)，R 为信息传输速率，由式(5.82)，有

$$\frac{E_b}{n_0} \approx \frac{C}{R} \cdot \frac{1}{1.44}$$

根据香农第二定理，当 $R \to C$，有

$$\frac{E_b}{n_0} \approx \frac{1}{1.44} \approx 0.694$$

用分贝表示，有

$$\left.\frac{E_b}{n_0}\right|_{dB} \approx 10\lg 0.694 \approx -1.59(dB) \tag{5.83}$$

式(5.83)是由香农公式在 $B \to \infty$ 和 $R \to C$ 的极限情况下得出的，通常称为香农限。

(7)香农公式是在噪声为加性 WGN 情况推得的，由于白色高斯噪声是危害最大的信道干扰，因此对那些不是白色高斯噪声的信道干扰而言，其信道容量应该大于按香农公式计算的结果。

根据香农第二定理，只要 $R<C$，就存在着信息传输速率无限接近于信道容量且传输的错误概率任意小的通信，而 C 和有效带宽 B、信噪比 S/N 又遵从式(5.81)的关系，因此，理想通信系统的概念就提出来了。例如，当给定可供使用的频率资源后，应该设计信号的有效带宽尽量接近给定的可使用带宽，这时由估计的信道噪声特性和发射功率的要求，根据香农公式可以计算出信道容量，即信道可能传输的最大信息传输速率。

再例如，当最大信息传输速率和可使用的频率资源给定后，根据香农公式，可以由信道噪声计算出对应的发射机发射功率，理论上只要这么大的发射功率就能得到可靠的通信，因此又可用这一功率值来衡量实际通信系统接近理论极限的程度。

本章小结

本章从连续消息的信息量度出发，介绍了连续消息在信道上的传输问题，重点讨论了香农信道容量公式。香农公式是香农信息论最基本和最重要的结论之一，具有丰富的内涵和重要的应用价值。

思考题

5.1　试简要说明连续信源的熵的主要特性。

5.2　请说出信源消息为均匀分布、高斯分布和指数分布时信源的熵。

5.3 试简述峰值功率受限条件下信源的最大熵定理。

5.4 试简述平均功率受限条件下信源的最大熵定理。

5.5 试简述均值受限条件下信源的最大熵定理。

5.6 试简述白色高斯噪声的定义。

5.7 请给出香农公式并说明其含义。

习 题

5-1 连续变量 $\boldsymbol{X}$ 和 $\boldsymbol{Y}$ 的联合概率密度为

$$p(\boldsymbol{x},\boldsymbol{y})=\begin{cases}\dfrac{1}{\pi r^2}, & x^2+y^2\leqslant r^2\\ 0, & \text{其他}\end{cases}$$

求 $H(\boldsymbol{X})$,$H(\boldsymbol{Y})$,$H(\boldsymbol{XY})$ 和 $I(\boldsymbol{X};\boldsymbol{Y})$。(提示:$\int_0^{\frac{\pi}{2}}\mathrm{lb}\sin x\mathrm{d}x=-\dfrac{\pi}{2}\mathrm{lb}2$。)

5-2 有一模拟信源输出信号的频带受限于 60~108kHz,现对其用最低取样速率取样。

(1)若样值集合符合高斯分布(μ,σ^2),求该信源的相对熵;

(2)若对样值进行 256 级量化,样值量化后服从什么分布时,该信源有最大熵?最大熵是多少?

(3)现对量化后的每一样值进行二进制编码,信道的通频带恰好能不失真地传送该编码信号,若信道中的干扰源为加性白高斯噪声(additive white Gaussian noise,AWGN),S/N=30dB,求信道容量;

(4)若 S/N=36dB,其他条件不变,求信道容量与 S/N=30dB 相比变化的百分比。

5-3 一通信系统发端模型如图 5.8 所示,其中 $x_1(t)$为语音信号。

(1)若"ADC"先对 $x_1(t)$进行 8kHz 速率的取样,样值集合符合高斯分布(μ,σ^2),求该信源的相对熵;

(2)"ADC"对样值又进行了 256 级的量化并进行二进制编码得到 $x_2(t)$,经"语音编码"后 $x_3(t)$的速率为 8.55kb/s,假设压缩编码并没有造成信息的损失,试求 $x_2(t)$中的冗余度;

(3)经"信道编码"后 $x_4(t)$的速率达到 1.2288Mb/s,信道通频带恰好传送 BPSK 调制后信号的主瓣,信道具有加性白高斯噪声,若只要求信道容量为 9.6kb/s,求 $y(t)$所允许的最低信噪比;

(4)如果信噪比 S/N 达到了 3dB,其他条件不变,求信道容量。

5-4 若随机噪声在-1~1V 之间的概率密度函数为 $p(x)=1-|x|$,设从 0 开始向正负幅度按量化单位 $\Delta x=0.5$ 做量化,并且每秒取 10 个记录,求该信源的时间熵。

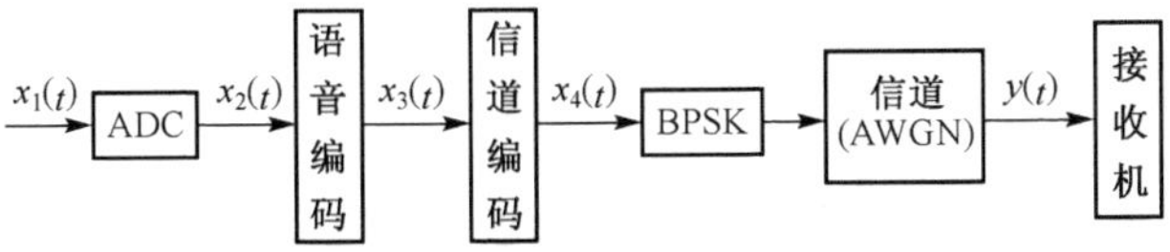

图 5.8

5-5　一个随机变量 x 的概率密度函数为 $p(x)=kx, 0\leqslant x\leqslant 2\text{V}$，求该信源的时间熵。

5-6　设信源的输出消息为一连续随机变量，其概率密度函数为

$$p(x)=\begin{cases}A\cos x, & |x|\leqslant \dfrac{\pi}{2}\\ 0, & \text{其他}\end{cases}$$

求该信源的熵。

5-7　设有一连续随机变量，其概率密度函数 $p(x)=\begin{cases}bx^2, & 0\leqslant x\leqslant a\\ 0, & \text{其他}\end{cases}$。

(1)试求信源的熵 $H(x)$；

(2)试求 $Y=X+A(A>0)$ 的熵 $H(y)$；

(3)试求 $Y=2X$ 的熵 $H(y)$。

5-8　彩色电视显像管的屏幕上有 5×10^5 个像元，设每个像元有 64 种彩色度，每种彩色度又有 16 种不同的亮度层次，如果所有的彩色品种和亮度层次的组合均以等概率出现，并且各个组合之间相互独立。

(1)计算每秒传送 25 帧图像所需要的信道容量；

(2)如果信道上信号与噪声平均功率的比值为 30dB，为实时传送彩色电视的图像，试求信道的通频带。

5-9　设某一信号的信息率为 5.6kb/s，噪声功率谱为 $N=5\times10^{-6}B(\text{mW})$，在带限 $B=4\text{kHz}$ 的高斯信道中传输。求无差错传输需要的最小功率。

5-10　对于加性白高斯噪声信道，当输入信号是平均功率受限的高斯白信号时，证明当带宽 B 趋于无穷时，信道容量为一常数。

5-11　一个平均功率受限制的连续信道，其通频带为 1MHz，信道上存在高斯白噪声。

(1)已知信道上的信号与噪声的平均功率之比为 10，求该信道的信道容量；

(2)若信道上的信号与噪声的平均功率之比降为 5，要达到相同的信道容量，信道通频带应为多大？

(3)若信道通频带减少为 0.5MHz，要保持相同的信道容量，信道上的信号与噪声的平均功率之比应为多少？

第6章 限失真信源编码

在前面几章的讨论中，其基本出发点都是如何保证信息的无失真传输。但在许多实际应用中，人们并不要求完全无失真地恢复消息，而是只要满足一定的条件，近似地恢复信源发出的消息就可以了。例如，人的眼睛、耳朵都只有一定的分辨力，对于那些绝大多数人都感觉不到的很小的失真，有失真与无失真都无所谓，因此这时的传输就不必像无失真传输时考虑得那么精细。也就是说，许多应用允许一定的失真，通过传输后恢复出的消息不必和原始消息一模一样。

另一方面，对于许多应用而言，完全无失真的传输要花费的代价十分巨大，甚至是不可能的。例如，图像信号占有很宽的频带，将其按照奈奎斯特速率取样后再编码，一路活动图像占用的频带将超过100MHz；再例如，理论上高速脉冲序列占有的频带宽度为无限大，传输这样的消息采用某种程度的近似不但无关大雅，而且可以大大地降低代价。

随着科学技术的发展，需要传输、存储和处理的数据量越来越大，为了提高通信的效率，对有待传输或存储的大量数据进行压缩极为必要，传输过程产生一定程度的失真几乎不可避免，而人们也允许一定的失真存在。然而，什么是允许的失真？如何对失真进行描述？信源输出信息传输速率（简称信息率）被压缩的最大程度是多少？信息率失真理论回答了这些问题，其中香农的限失真信源编码定理定量地描述了这种失真，研究了信息率与失真的关系，论述了在限失真范围内的信源编码问题，已成为量化、数据转换、频带压缩和数据压缩等现代通信技术的理论基础。

6.1 失真函数和平均失真度

6.1.1 失真函数

定义6.1 对于图6.1所示的系统，对应于每一对$(a_i,b_j)$$(n=1,2,\cdots,r;j=1,2,\cdots,s)$，定义一个非负实值函数

$$d(a_i,b_j)\geqslant 0,\quad i=1,2,\cdots,r;j=1,2,\cdots,s \tag{6.1}$$

表示信源发出符号a_i而经信道传输后再现成信道输出符号集合中的b_j所引起的误差或失真，称之为a_i和b_j之间的失真函数，亦可简写为d_{ij}。

失真函数的值可人为地规定。例如，若$i=j$时，$b_j=a_i$；$i\neq j$时，$b_j=a_j\neq a_i$，则可规定

$$d(a_i,b_j)=\begin{cases}0, & i=j\\ \text{大于零的其他数}, & i\neq j\end{cases} \tag{6.2}$$

下面讨论这种规定的合理性。当 $i=j$ 时，x 和 y 的消息符号都是 a_i，说明收发之间没有失真，所以失真函数 $d_{ij}=0$；反之，当 $i\neq j$ 时，信宿收到的消息不是信源发出的符号 a_i，而是 a_j，这意味着出现了失真，所以失真函数 $d_{ij}\neq 0$，而 d_{ij} 值的大小可以表示这种失真的程度，因此这样的规定是合理的。

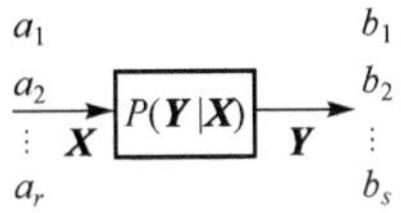

图 6.1　消息通过信道的传输

因为信道的输入符号集 $\boldsymbol{X}$：$\{a_1,a_2,\cdots,a_r\}$ 中有 r 种不同的符号 $a_i(i=1,2,\cdots,r)$，输出符号集 $\boldsymbol{Y}$：$\{b_1,b_2,\cdots,b_s\}$ 中有 s 种不同的符号 $b_j(j=1,2,\cdots,s)$，所以规定的失真函数 $d(a_i,b_j)(i=1,2,\cdots,r;j=1,2,\cdots,s)$ 共有 $r\times s$ 个具体值。也可把规定的失真函数 $d(a_i,b_j)(i=1,2,\cdots,r;j=1,2,\cdots,s)$ 的 $r\times s$ 个具体值，按 $a_i(i=1,2,\cdots,r)$ 和 $b_j(j=1,2,\cdots,s)$ 的对应关系，排列成一个 $r\times s$ 阶矩阵，如下式所示：

$$
[\boldsymbol{D}] = \begin{array}{c} \\ a_1 \\ a_2 \\ \vdots \\ a_r \end{array}
\begin{array}{c}
\begin{array}{cccc} b_1 & b_2 & \cdots & b_s \end{array} \\
\begin{bmatrix}
d(a_1,b_1) & d(a_1,b_2) & \cdots & d(a_1,b_s) \\
d(a_2,b_1) & d(a_2,b_2) & \cdots & d(a_2,b_s) \\
\vdots & \vdots & & \vdots \\
d(a_r,b_1) & d(a_r,b_2) & \cdots & d(a_r,b_s)
\end{bmatrix}
\end{array} \tag{6.3}
$$

矩阵$[D]$完整地表示了信道 $\boldsymbol{X}-P(\boldsymbol{Y}|\boldsymbol{X})-\boldsymbol{Y}$ 的各种可能的失真函数，称为信道 $\boldsymbol{X}-P(\boldsymbol{Y}|\boldsymbol{X})-\boldsymbol{Y}$ 的失真矩阵。失真矩阵$[\boldsymbol{D}]$是人们规定的失真函数 $d(a_i,b_j)(i=1,2,\cdots,r;j=1,2,\cdots,s)$ 的另一种比较直观的表达形式，给定失真矩阵$[\boldsymbol{D}]$，也就是规定了失真函数。

下面通过几个例子来说明失真函数的定义并求失真函数。

例 6.1　已知 $\boldsymbol{X}$：$\{a_1,a_2,\cdots,a_r\}$，$\boldsymbol{Y}$：$\{b_1,b_2,\cdots,b_s\}$，若它们的交叉传输概率相等，求其失真矩阵。

解　根据题意可得图 6.2 所示的香农线图。本题特点是：信源、信宿的符号集合相同，每个符号的交叉传输概率相等，故可规定失真函数为

$$
d(a_i,a_j) = \begin{cases} 0, & i=j, \quad \text{无失真} \\ 1, & i\neq j, \quad \text{有失真} \end{cases} \tag{6.4}
$$

由此得其失真矩阵为

$$
[\boldsymbol{D}] = \begin{bmatrix} 0 & & & 1 \\ & 0 & & \\ & & \ddots & \\ 1 & & & 0 \end{bmatrix} \tag{6.5}
$$

通常称式(6.5)的失真矩阵为汉明失真矩阵。当 $r=2$ 时,有

$$\boldsymbol{D}=\begin{bmatrix}0 & 1\\1 & 0\end{bmatrix} \tag{6.6}$$

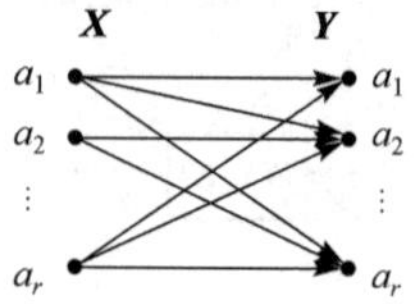

图 6.2　例 6.1 的香农线图

例 6.2　已知 $\boldsymbol{X}:\{a_1,a_2,\cdots,a_r\}$,$\boldsymbol{Y}:\{a_1,a_2,\cdots,a_r,a_{r+1}\}$。如果信宿端接收到的消息与发送端的相同,则为无失真;如果不同但不是 a_{r+1},则为有失真;如果信宿端译码为 a_{r+1},则虽为有失真,但其影响只是其他失真情况的一半。请给出该种信道的失真函数和失真矩阵。

解　这是多进制删除信道的情况,其中输出符号 a_{r+1} 为删除符号。根据题意,可规定失真函数为

$$d(a_i,b_j)=\begin{cases}0, & i=j, \quad \text{无失真}\\1, & i\neq j, j\neq r+1, \quad \text{有失真,影响相同}\\1/2, & i\neq j, j=r+1, \quad \text{有失真,但影响较小}\end{cases} \tag{6.7}$$

故该种信道的失真矩阵为

$$\boldsymbol{D}=\begin{bmatrix}0 & 1 & \cdots & 1 & \frac{1}{2}\\1 & 0 & \cdots & 1 & \frac{1}{2}\\1 & 1 & \cdots & 0 & \frac{1}{2}\end{bmatrix} \tag{6.8}$$

若 $r=2$,则为二进制删除信道,其失真矩阵为

$$\boldsymbol{D}=\begin{bmatrix}0 & 1 & 1/2\\1 & 0 & 1/2\end{bmatrix} \tag{6.9}$$

例 6.3　已知 $\boldsymbol{X}:\{a_1,a_2,\cdots,a_r\}$,$\boldsymbol{Y}:\{b_1,b_2,\cdots,b_r\}$。如果信宿端接收到的消息有失真,则失真所产生的影响程度需要用收发符号之差的平方来表示,试给出该种信道的失真函数和失真矩阵。

解　根据题意,可规定失真函数为

$$d(a_i,b_j)=(a_i-b_j)^2 \tag{6.10}$$

式中,i、$j=1,2,\cdots,r$。由此可得失真矩阵为

$$\boldsymbol{D}=\begin{Bmatrix}(a_1-b_1)^2 & (a_1-b_2)^2 & \cdots & (a_1-b_r)^2\\(a_2-b_1)^2 & (a_2-b_2)^2 & \cdots & (a_2-b_r)^2\\\vdots & \vdots & & \vdots\\(a_r-b_1)^2 & (a_r-b_2)^2 & \cdots & (a_r-b_r)^2\end{Bmatrix} \tag{6.11}$$

它说明失真的数值越大，后果越严重。

若 $\boldsymbol{X}$：{0,1,2,3}，$\boldsymbol{Y}$：{0,1,2,3}，则有

$$\boldsymbol{D}=\begin{bmatrix}0 & 1 & 4 & 9\\1 & 0 & 1 & 4\\4 & 1 & 0 & 1\\9 & 4 & 1 & 0\end{bmatrix} \tag{6.12}$$

这相当于四进制的情况。对于二进制情况则和式(6.6)相同。

根据以上分析并总结上述几个例子可得如下结论：

(1)失真函数 $d(a_i,b_j)$是人为地规定的，给出其规定时应该考虑解决问题的需要以及失真可能引起的损失、风险和主观上感觉的差别等因素。

(2)$d(a_i,b_j)$是一个随机变量，它应该与 $P(a_ib_j)$有关，因此有必要找出在平均意义上信道每传送一个符号所引起失真的大小。

6.1.2　平均失真度

1. 平均失真度的定义

为了寻求通信系统总体的失真测度，给出如下平均失真度的定义。

定义 6.2　若信源和信宿的消息集合分别为 $\boldsymbol{X}:\{a_1,a_2,\cdots,a_r\}$和 $\boldsymbol{Y}:\{b_1,b_2,\cdots,b_s\}$，其概率分别为 $P(a_i)$和 $P(b_j)$($i=1,2,\cdots,r;j=1,2,\cdots,s$)，信道的转移概率为 $P(b_j|a_i)$，失真函数为 $d(a_i,b_j)$，则称随机变量 X 和 Y 的联合概率 $P(a_i,b_j)$对失真函数 $d(a_i,b_j)$的统计平均值为该通信系统的平均失真度 $\overline{D}$。

可将定义 6.2 用公式表示为

$$\begin{aligned}\overline{D}&=\sum_{i=1}^{r}\sum_{j=1}^{s}P(a_ib_j)d(a_i,b_j)\\&=\sum_{i=1}^{r}\sum_{j=1}^{s}P(a_i)P(b_j\mid a_i)d(a_i,b_j)\end{aligned} \tag{6.13}$$

显然，式(6.13)的物理含义是平均意义上信道每传送一个符号所引起的失真。

2. N 次扩展信源的情况

若图 6.1 中的信源 $\boldsymbol{X}$ 有 r 个不同的符号，则其 N 次扩展信源 $\boldsymbol{X}=X_1X_2\cdots X_N$ 有 r^N 个不同的符号。N 次扩展信源的一个符号 α_i 可以表示为

$$\alpha_i=(a_{i_1}a_{i_2}\cdots a_{i_N}) \tag{6.14}$$

式中，$a_{i_1},a_{i_2},\cdots,a_{i_N}\in\{a_1,a_2,\cdots,a_r\};i_1,i_2,\cdots,i_N=1,2,\cdots,r;i=1,2,\cdots,r^N$。

相应地，接收符号集 $\boldsymbol{Y}=Y_1Y_2\cdots Y_N$ 有 s^N 个不同的符号，其中的一个符号 β_j 可表示为

$$\beta_j=(b_{j_1}b_{j_2}\cdots b_{j_N}) \tag{6.15}$$

式中，$b_{j_1},b_{j_2},\cdots,b_{j_N}\in\{b_1,b_2,\cdots,b_r\};j_1,j_2,\cdots,j_N=1,2,\cdots,s;j=1,2,\cdots,s^N$。

将定义 6.1 进行扩展，可得 N 次扩展的信源和信宿符号序列 α_i 与 β_j 之间的失真函数为

$$\begin{aligned}d(\alpha_i,\beta_j)&=d(a_{i_1}a_{i_2}\cdots a_{i_N},b_{j_1}b_{j_2}\cdots b_{j_N})\\&=d(a_{i_1},b_{j_1})+d(a_{i_2},b_{j_2})+\cdots+d(a_{i_N},b_{j_N})\\&=\sum_{k=1}^{N}d(a_{i_k},b_{j_k})\end{aligned} \tag{6.16}$$

对应的失真矩阵为

$$[\boldsymbol{D}]=\begin{bmatrix}d(\alpha_1\beta_1) & d(\alpha_1\beta_2) & \cdots & d(\alpha_1\beta_{s^N})\\ d(\alpha_2\beta_1) & d(\alpha_2\beta_2) & \cdots & d(\alpha_2\beta_{s^N})\\ \vdots & \vdots & & \vdots\\ d(\alpha_{r^N}\beta_1) & d(\alpha_{r^N}\beta_2) & \cdots & d(\alpha_{r^N}\beta_{s^N})\end{bmatrix} \tag{6.17}$$

平均失真度 $\overline{D}(N)$ 为

$$\begin{aligned}\overline{D}(N)&=\sum_{i=1}^{r^N}\sum_{j=1}^{s^N}P(\alpha_i\beta_j)d(\alpha_i,\beta_j)\\&=\sum_{i=1}^{r^N}\sum_{j=1}^{s^N}P(\alpha_i)P(\beta_j\mid\alpha_i)d(\alpha_i,\beta_j)\end{aligned} \tag{6.18}$$

对于无记忆信源，有

$$\begin{aligned}\overline{D}(N)=&\sum_{i_1=1}^{r}\cdots\sum_{i_N=1}^{r}\sum_{j_1=1}^{s}\cdots\sum_{j_N=1}^{s}P(a_{i_1})P(a_{i_2})\cdots P(a_{i_N})\\&\cdot P(b_{j_1}\mid a_{i_1})P(b_{j_2}\mid a_{i_2})\cdots P(b_{j_N}\mid a_{i_N})\sum_{k=1}^{N}d(a_{i_k},d_{j_k})\\=&\sum_{k=1}^{N}\overline{D}_k\end{aligned} \tag{6.19}$$

式中

$$\overline{D}_k=\sum_{ik=1}^{r}\sum_{jk=1}^{s}P(a_{ik})P(b_{jk}\mid a_{ik})d(a_{ik},b_{jk}),k=1,2,\cdots,N \tag{6.20}$$

$\overline{D}_1,\overline{D}_2,\cdots,\overline{D}_N$ 是同一信源 X 在 N 个单位时刻通过同一信道所造成的平均失真度，都为

$$\overline{D}=\sum_{i=1}^{r}\sum_{j=1}^{s}P(a_i)P(b_j\mid a_i)d(a_i,b_j) \tag{6.21}$$

所以

$$\overline{D}(N) = N\overline{D} \tag{6.22}$$

即离散无记忆信源 X 的 N 次扩展信源 $X^N = X_1X_2\cdots X_N$ 通过信道传输后的平均失真度 $\overline{D}(N)$，是未扩展情况的 N 倍。

6.2　信息率失真函数

有了失真函数和平均失真度的概念，可以进一步讨论失真与信息传输速率之间的关系，为此先讨论保真度的概念。

6.2.1　保真度准则

本章开头已经指出，许多应用允许一定的失真，以人的感知为例，由于传输和处理而造成的小的误差人们往往感觉不到，不必要和原始消息一模一样，但也不能“走样”太多以至于到了不能接受的程度，因此实际上总是寻找某种程度的折中。对于通信系统的收、发而言，接收消息逼近于发送消息的程度越高，失真就越小。将这一概念一般化，有如下保真度准则的定义。

定义 6.3　从平均的意义上来说，信道每传送一个符号所引起的平均失真，不能超过某一给定的限定值 D，即要求 $\overline{D} \leqslant D$，称这种对于失真的限制条件为保真度准则。

保真度准则指出，给定的失真限定值 D 是平均失真度 $\overline{D}$ 的上限值。在实际中，D 是通信系统的重要指标之一，实质上它就是针对具体应用而给出的保真度要求，为了达到这个要求，就应该使所设计系统的平均失真度 $\overline{D}$ 不大于 D。为此，对平均失真度 $\overline{D}$ 作进一步的分析。

由式(6.13)可知，平均失真度 $\overline{D}$ 取决于如下几个因素：

(1)信源的统计特性，即式中的 $P(a_i)$，$i = 1,2,\cdots,r$。

(2)信道统计特性，即式中的 $P(b_j \mid a_i)$，$i = 1,2,\cdots,r;j = 1,2,\cdots,s$。

(3)失真函数，即式中的 $d(a_i,b_j)$ $(i = 1,2,\cdots,r;j = 1,2,\cdots,s)$。

通常信源的统计特性要通过对信源消息大量统计后得到，失真函数在具体问题中人为选定，而信道特性可用条件概率来表示。这 3 个参量对平均失真度 $\overline{D}$ 都可产生影响。在具体的分析中，可以侧重于看某个参量的影响，这时可以暂时将其他参量固定不变。例如，为了分析信道特性对 $\overline{D}$ 的影响，可以假设信源的统计特性为已知，失真函数已经做了规定，这样，就可以将 $\overline{D}$ 仅仅看作是 $P(b_j \mid a_i)$ 的函数，即

$$\overline{D} = \overline{D}[P(b_j \mid a_i)] \tag{6.23}$$

这说明在给定了信源 $\boldsymbol{X}$ 的概率分布、规定了失真函数 $d(a_i,b_j)$ 的条件下，可以通过选择适当的信道，使平均失真度 $\overline{D}$ 满足保真度准则 $\overline{D} \leqslant D$。

6.2.2 失真许可的试验信道

式(6.23)说明,在一定的条件下平均失真度 $\overline{D}$ 可以仅是信道传输概率的函数。这样处理的目的主要是能够分析什么样的信道特性能够满足保真度准则,为此给出下面关于试验信道的定义。

定义 6.4 凡是能满足保真度准则 $\overline{D} \leqslant D$ 的信道,称之为 D 失真许可的试验信道。

一般情况下,符合定义 6.4 的 D 失真许可的试验信道可以有若干个,它们能够组成一个集合,表示为

$$B_D = \{P(b_j \mid a_i); \overline{D} \leqslant D\} \tag{6.24}$$

在 B_D 中,人们最感兴趣的是能否找到这样一个试验信道,在同样的保真度准则下它能使信道的信息传输率尽可能小。也就是说,在满足给定的保真度条件下,能使用小的信息传输速率就不要用大的信息传输速率,而试验信道把信息传输速率与失真函数联系起来了。

6.2.3 信息率失真函数及其性质

可以用信息率失真函数来描述信息传输速率与失真函数的关系,它是信息率失真理论中的一个重要参量。

1. 信息率失真函数的定义

定义 6.5 用给定的失真 D 为自变量来描述的信息传输速率,称为信息率失真函数,用 $R(D)$ 表示。

下面推导 $R(D)$ 的具体表示式。

信息传输速率 R 本质上是描述信源输出的信息速率。在信源给定的条件下,一方面,$R=R(D)$,将它看成是 D 的函数;另一方面,将信源消息送到信道上传输,可以用平均互信息量来表示,即信道上的信息传输速率 $R=I(\boldsymbol{X};\boldsymbol{Y})$,因此,$R(D)$ 又可以用平均互信息量 $I(\boldsymbol{X};\boldsymbol{Y})$ 来表示。

由平均互信息量的定义可知,$I(\boldsymbol{X};\boldsymbol{Y})$ 是 $P(b_j|a_i)(i=1,2,\cdots,r;j=1,2,\cdots,s)$ 的 U 型凹函数,故总可以在 B_D 集合中找到某一个试验信道,使信道的信息传输率 $R=I(X;\boldsymbol{Y})$ 达到最小值,亦即找到某一个 $I(\boldsymbol{X};\boldsymbol{Y})$ 而使 R 达到最小,这个最小值就是 $R(D)$,故有

$$R(D) = \min_{P(b_j|a_i) \in B_D} \{I(\boldsymbol{X};\boldsymbol{Y})\} = \min_{\overline{D} \leqslant D} I(\boldsymbol{X};\boldsymbol{Y}) \tag{6.25}$$

上式也可以看作信息率失真函数 $R(D)$ 的定义,其示意图如图 6.3 所示。

2. 信息率失真函数的物理意义

由式(6.25)可见,信息率失真函数是在 $\overline{D} \leqslant D$ 的前提下,信宿必须获得的平均

信息量的最小值，它当然也是信源必须输出的最小信息速率。换句话说，如果信源输出的信息传输速率 R 小于 $R(D)$，则无论用什么样的信道传输，信宿端收到的消息都不可能达到要求的保真度。

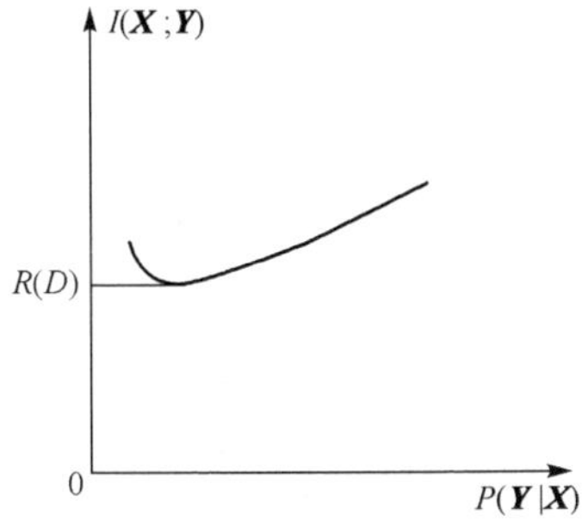

图 6.3　信息率失真函数的示意图

如前所述，信息传输速率本质上是描述信源特性的，因此 $R(D)$ 也应该是仅仅用于描述信源。尽管在定义 $R(D)$ 时用到了试验信道，但从图 6.3 可见，对于所有可能的信道，只有那个能使平均互信息量 $I(\boldsymbol{X};\boldsymbol{Y})$ 达到最小的信道才对应着 $R(D)$。这就是说，对于信道而言，只有一种信道与 $R(D)$ 有关，这就排除了信道对 $R(D)$ 的影响，而让 $R(D)$ 仍然用于描述信源特性。

$R(D)$ 最主要描述了信源的什么特性呢？如果信源消息经过无失真编码后的信息传输速率为 R，那么在保真度准则条件下信源编码输出的信息率就是 $R(D)$，而且一定有

$$R(D) < R \tag{6.26}$$

这正说明在保真度准则条件下的信源编码比无失真情况得到了压缩，同时 $R(D)$ 是保真度条件下对信源进行压缩的极限值，亦即信源信息速率可压缩的最低限度，它仅取决于信源特性和保真度要求，与信道特性无关。

3. $R(D)$ 和 C 的比较

信道容量定义为 $C=\max\limits_{P\{\boldsymbol{X}\}}\{I(\boldsymbol{X};\boldsymbol{Y})\}$，它表示信道的最大传输能力，反映的是信道本身的特性，应该与信源无关。但由于平均互信息量与信源的特性有关，为了排除信源特性对信道容量的影响，采用的做法是在所有的信源中以那个能使平均互信息量达到最大的信源为参考，从而使信道容量仅仅与信道特性有关，信道不同，C 亦不同。

信息率失真函数定义为 $R(D)=\min\limits_{P(b_j|a_i)\in B_D}\{I(\boldsymbol{X};\boldsymbol{Y})\}$，它表示保真度条件下信源信息速率可被压缩的最低限度，反映的是信源本身的特性，应该与信道无关。同样地，由于平均互信息量与信道的特性有关，为了排除信道特性对信息率失真函数

的影响，采用的做法是在所有的信道中以那个能够使平均互信息量达到最小的信道为参考，从而使信息率失真函数仅仅与信源特性有关，信源不同，$R(D)$亦不同。

对信道容量和信息率失真函数作这样处理是为引入它们的目的服务的。

引入 C，是为了解决在所用信道中传送的最大信息量到底有多大的问题，它给出了信道可能传输的最大信息量，是无差错传输的上限。从第 4 章和第 5 章的分析可知，为了得到错误概率任意小的传输，应该采用信道编码，引入 C 的概念后，说明其信息传输速率无限接近于 C 而又能具有任意小错误传输概率的信道编码是存在的，可见引入 C 能够为信道编码服务，或者说为提高通信的可靠性服务。

引入 $R(D)$，是为了解决在允许失真度 D 条件下，信源编码到底能压缩到什么程度的问题，它给出了保真度条件下信源信息率可被压缩的最低限度，可见引入它能够为信源的压缩编码服务，或者说是为提高通信的有效性服务。

4. $R(D)$的定义域

如前所述，$R(D)$是人们允许的平均失真度 D 的函数，而这个允许的平均失真度 D 必须在给定信源 $\boldsymbol{X}$ 的概率分布 $P(\boldsymbol{X}):\{P(a_i),i=1,2,\cdots,r\}$、信宿 $\boldsymbol{Y}$ 的概率分布 $P(\boldsymbol{Y}):\{P(b_j),j=1,2,\cdots,s\}$ 和给定的失真函数 $d(a_i,b_j)(i=1,2,\cdots,r;j=1,2,\cdots,s)$ 条件下所得的平均失真度 $\overline{D}$ 的最小值 $\overline{D}_{\min}$ 和最大值 $\overline{D}_{\max}$ 之间适当选择，这就是 $R(D)$ 函数的定义域。

1) $D_{\min}$ 和 $R(D_{\min})$

可以直观地理解最小的失真是没有失真，而这时的试验信道应该是无噪信道，信源信息无损地传输到信宿端，因此在 $D=D_{\min}=0$ 时必然有 $R(D_{\min})=H(\boldsymbol{X})$。

2) $D_{\max}$ 和 $R(D_{\max})$

可以直观地理解最大的失真是完全失真，而这时试验信道的噪声熵等于信宿熵，即无论信源输出什么，信宿端都得到最大失真而没有收到任何信息，因此在 $D=D_{\max}$ 时必然有 $R(D_{\max})=0$，亦即对应的平均互信息量 $I(\boldsymbol{X};\boldsymbol{Y})=0$。

由此可以把能使平均互信息量 $I(\boldsymbol{X};\boldsymbol{Y})=0$ 的最小平均失真度 $\overline{D}_{\min}$ 定义为最大允许的失真度 $D_{\max}$。略去中间推导，可得

$$D_{\max} = \overline{D}_{\min} = \min_{j}\left\{\sum_{i=1}^{r} p(a_i)d(a_i,b_j)\right\} \tag{6.27}$$

由信源的概率分布和规定的失真函数所确定。

5. $R(D)$的若干特点

可以证明，$R(D)$具有如下特点：

①$R(D)$是非负的实数，即 $R(D)\geqslant 0$，其定义域为 $0\sim D_{\max}$，其值为 $0\sim H(\boldsymbol{X})$。当 $D>D_{\max}$ 时，$R(D)\equiv 0$。

②$R(D)$是关于 D 的下凸函数，因而也是关于 D 的连续函数。

③$R(D)$是关于 D 的严格递减函数。

由以上 3 点,可以绘出一般的 $R(D)$曲线,如图 6.4 所示。

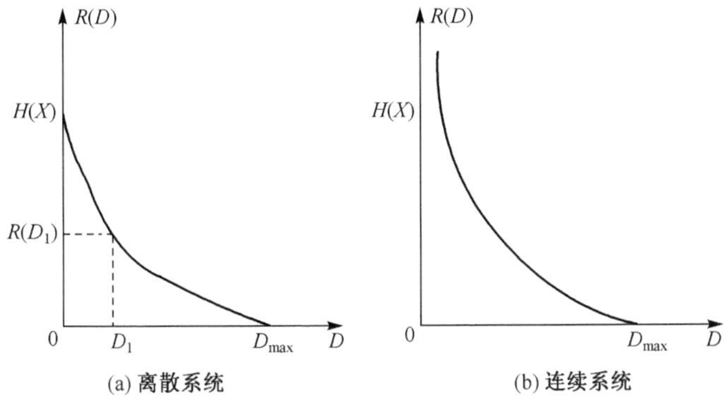

图 6.4　信息率失真函数的曲线

由以上分析可见,当规定了允许的失真 D,又找到了适当的失真函数 d_{ij},就可以找到该失真条件下的最小信息率 $R(D)$。在满足保真度准则的前提下,用不同方法进行数据压缩时,$R(D)$就可被用来衡量压缩的程度,由此可知是否还有压缩的潜力以及潜力尚有多大,因为它是保真度准则下信源压缩编码的极限值。

6.2.4　几种典型信源的信息率失真函数

前面只给出了 $R(D)$的定义域及有关性质,这对理解它的物理意义和定性分析很有好处,但要定量地计算还需更深入地分析。由 $R(D)$的定义可知,它的计算一般比较复杂,通常采用参量表示式并用收敛的迭代算法进行数值计算。下面先讨论几种简单的情况。

例 6.4　试计算二元离散信源的信息率失真函数 $R(D)$。

解　设二元离散信源的信源空间为

$$\begin{array}{ccc} \boldsymbol{X}: & 0 & 1 \\ P(\boldsymbol{X}): & p & 1-p \end{array}$$

式中,$p\leqslant 1/2$。其失真矩阵为式(6.6),即

$$[D]=\begin{bmatrix} 0 & 1 \\ 1 & 0 \end{bmatrix}$$

也就是

$$P(a_1)=p,\quad P(a_2)=1-p$$
$$d(a_1,b_1)=0,\quad d(a_1,b_2)=1$$
$$d(a_2,b_1)=1,\quad d(a_2,b_2)=0$$

根据前面分析,有 $D_{\min}=0$,$R(0)=H(\boldsymbol{X})=H(p)$。

由式(6.27),有

$$\begin{aligned}D_{\max} &= \min_{j}\left\{\sum_{i=1}^{2}P(a_i)d(a_i,b_j)\right\}\\&= \min\{P(a_1)d(a_1,b_1)+P(a_2)d(a_2,b_1);P(a_1)d(a_1,b_2)+P(a_2)d(a_2,b_2)\}\\&= \min\{1-p;p\}\end{aligned} \tag{6.28}$$

因为已知 $p\leqslant 1/2$,所以 $p\leqslant 1-p$,故有

$$D_{\max}=p,R(D_{\max})=0$$

下面考虑 D 在 $0\sim p$ 的情况。

由定义可知 $R(D)=\min\limits_{P(b_j|a_i)\in B_D}\{I(\boldsymbol{X};\boldsymbol{Y})\}$,而 $I(\boldsymbol{X};\boldsymbol{Y})=H(\boldsymbol{X})-H(\boldsymbol{X}|\boldsymbol{Y})$,所以需要寻找 $H(\boldsymbol{X}|\boldsymbol{Y})$与 D 的关系。事实上,平均失真度在数值上应该等于信道传输的平均错误概率 P_e,即

$$\begin{aligned}\overline{D} &= \sum_{i=1}^{r}\sum_{j=1}^{s}P(a_i)P(b_j\mid a_i)d(a_i,b_j)\\&= \sum_{i\neq j}^{s}P(a_i)P(b_j\mid a_i)=P_e\end{aligned} \tag{6.29}$$

根据保真度准则,应有

$$P_e\leqslant D \tag{6.30}$$

借用已被证明了的 Fano 不等式

$$H(\boldsymbol{X}\mid\boldsymbol{Y})\leqslant H(P_e)+P_e\text{lb}(r-1) \tag{6.31}$$

式(6.31)中 r 是输入符号的种数,对于本题 $r=2$,则上式最右端的项等于零。考虑到式(6.30),有

$$H(\boldsymbol{X}\mid\boldsymbol{Y})\leqslant H(D)$$

而

$$H(D)=-[D\text{lb}D+(1-D)\text{lb}(1-D)]$$

则有

$$R(D)=H(\boldsymbol{X})-H(D)=H(p)-H(D) \tag{6.32}$$

由式(6.32)可作出 $R(D)$随 D 变化的曲线,其中 p 为参变量,如图 6.5 所示。

从以上分析和图 6.5 可得如下结论:

(1)对于二元离散信源情况,$R(D)$是 D 的显函数。对于给定的概率分布,$R(D)$仅随 D 的变化而变化。

(2)p 越接近 1/2,$R(D)$越大;反之,$R(D)$越小。

由此可见,对于同样的允许失真度 D,若 p 越接近 1/2,即信源分布越均匀,$R(D)$就越大,信源被压缩的可能性就越小;反之,若信源分布越不均匀,$R(D)$就越小,信源被压缩的可能性就越大。

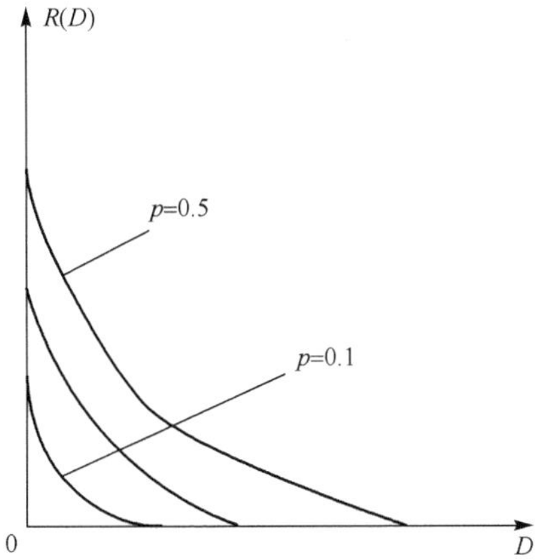

图 6.5　例 6.4 的信息率失真函数曲线

这一结论对二进制的数据压缩和二进制的数字通信等实际应用都具有指导意义。例如，信源数据越是偏离等概率分布其压缩比会越高；对于有类似扰码器单元的二进制数字通信系统，由于扰码器的作用将会使其输出消息变为近似等概率分布和各态历经，故压缩编码必须放在扰码之前进行。

例 6.5　试计算等概率离散信源的信息率失真函数 $R(D)$。

解　设信源和信宿的符号消息为

$$\begin{aligned} \boldsymbol{X}:&\quad a_1, \quad a_2, \quad \cdots, \quad a_r \\ \boldsymbol{Y}:&\quad b_1, \quad b_2, \quad \cdots, \quad b_r \end{aligned} \tag{6.33}$$

由于信源是等概率分布，故可设每一符号消息的概率均为 $1/r$。规定失真函数为

$$d(a_i, b_j) = \begin{cases} 0, & i = j \\ 1, & i \neq j \end{cases} \qquad i, j = 1, 2, \cdots, r \tag{6.34}$$

类似于例 6.4 的分析，有

$$R(D) = \min_{P(b_j \mid a_i) \in B_D} \{I(\boldsymbol{X};\boldsymbol{Y})\} = \mathrm{lb}r - H(D) - D\mathrm{lb}(r-1) \tag{6.35}$$

$$D_{\min} = 0, \quad R(0) = H(\boldsymbol{X}) = \mathrm{lb}r \tag{6.36}$$

$$D_{\max} = 1 - 1/r, \quad R(D_{\max}) = 0 \tag{6.37}$$

由式(6.35)～式(6.37)可作出 $R(D)$ 随 D 变化的曲线，其中 r 为参变量，如图 6.6 所示。

从以上分析和图 6.6 可得如下结论：

(1)对于多元等概率离散信源情况，$R(D)$ 仍是 D 的显函数。对于给定的 r 值，$R(D)$ 仅随 D 的变化而变化。

(2)对于同样的失真要求，r 越大，$R(D)$ 也越大，信源压缩的可能性就越小。这一结论在对实际信源进行量化分层、数据压缩时是很有用的。

对于一般的离散信源和连续信源，要得到 $R(D)$ 的解析表达式通常比较困难，这里就不再讨论了。

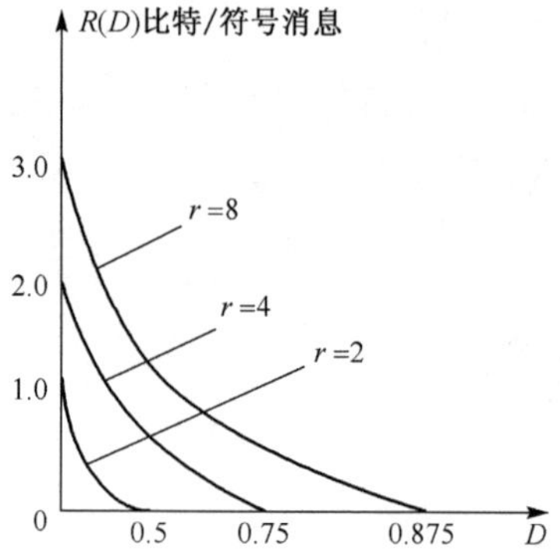

图 6.6　例 6.5 信息率失真曲线

6.3　保真度准则下的信源编码定理

前面已经阐明，引入 $R(D)$ 的目的主要是为信源编码服务的，本节将利用 $R(D)$ 的概念来讨论保真度准则下的信源编码定理。

定理 6.1　设 $R(D)$ 是某离散无记忆信源的信息率失真函数，并且选定有限的失真函数 D。对于任意允许平均失真度 $\overline{D} \geqslant 0$ 和任意小的正数 $\varepsilon(\varepsilon>0)$，以及任意足够长的码字长度 N，则一定存在一种信源编码 W，其码字个数为

$$M \leqslant \exp\{N[R(D)+\varepsilon]\} \tag{6.38}$$

而编码后码的平均失真度

$$\overline{D}(W) \leqslant D+\varepsilon \tag{6.39}$$

若码字数为

$$M < \exp[NR(D)]$$

则一定有

$$\overline{D}(W) > D$$

定理 6.1 称为保真度准则下的信源编码定理，亦称为限失真信源编码定理或香农第三定理。

也可以将定理 6.1 作如下的叙述：

若 $R(D)$ 为离散无记忆信源的信息率失真函数，D 为允许的失真度，则只要实际的信息率 R 满足 $R \geqslant R(D)$，就存在一种编码方法，使其译码的平均失真度 $\overline{D} \leqslant D+\varepsilon$，其中 ε 为任意小的正数；反之，若 $R<R(D)$，则无论怎样的编码方法，都不能使 $\overline{D} \leqslant D+\varepsilon$。

由于香农第三定理的证明需要较多的数学知识，这里就不进行了。

从香农第三定理可以看出：

(1)$R(D)$确实是保真度准则条件下，信源信息率压缩的下限值。

由香农第一定理知，无失真信源编码信息率压缩的下限值是信源熵 $H(\boldsymbol{X})$，而由前面的分析知：

$$0 < R(D) < H(X) \tag{6.40}$$

所以香农第三定理是限失真信源信息率压缩的理论基础。

(2)把香农第三定理和第二定理结合起来，有可能实现有效性和可靠性的优化。

假如对信源编码不涉及信道的具体性质，只考虑其有效性问题，即尽可能从长的信源符号序列中除掉冗余度及仅保留由保真度准则确定的最必要的信息，实现最大限度的压缩；而对信道编码则不考虑信源的具体性质，只考虑其可靠性问题，以增强信道的抗干扰能力为目的，重新加入特殊形式的冗余度以更有效地实现纠错或检错。也就是说，通过各自独立进行的信源编码和信道编码，有可能达到通信系统的有效性和可靠性的最佳搭配。

具体地说，若给定信源 $\boldsymbol{X}$，其信息熵为 $H(\boldsymbol{X})$，规定了失真函数，选定了允许的失真度 D，即可求得信息率失真函数 $R(D)$，根据香农第三定理，必然存在一种压缩编码方法，使其平均失真度 $\overline{D}$ 不大于 D，且其输出信息率由 $H(\boldsymbol{X})$下降到 R'，只要 $R' \geqslant R(D)$；而根据香农第二定理，只要信道容量 C 大于压缩编码后的信源输出信息率 R'，就总能找到一种信道编码，使其平均错误译码概率无限地接近于零，从而在接收端再现信源消息时，总的失真不会超过允许的失真度 D。这样，在 $C > R' \geqslant R(D)$ 的情况下，可以通过合理运用信源编码和信道编码充分提高通信系统的有效性和可靠性，实现通信系统的最优化。

(3)香农第三定理也是一个存在性定理，仅指出在 $R' \geqslant R(D)$ 条件下必然存在一种压缩编码方法使其平均失真度 $\overline{D}$ 不大于 D，但并没有给出具体的方法。

本 章 小 结

本章讨论了离散消息的失真函数和信息率失真函数，同时对连续消息也做了相应的讨论。香农第三定理是本章的重点，但该定理只是一个存在性定理。在实际应用中，该理论主要存在着两大类问题。第一类问题是符合实际信源的 $R(D)$函数的计算相当困难。首先，需要对实际信源的统计特性有确切的数学描述；其次，需要对符合主、客观实际的失真给予正确的度量，否则不能求得符合主、客观实际的 $R(D)$ 函数。第二类问题是即便求得了符合实际的信息率失真函数，还需要研究采取何种最佳编码方法才能达到极限值。尽管如此，该定理仍为信源的压缩编码指明了方向，是各种信源压缩编码的理论基础。

思 考 题

6.1 请说出失真函数、平均失真度、信息率失真函数的定义、性质及含义。

6.2 请给出保真度准则的定义并说明其应用。

6.3 请简述香农第三定理及其含义，举例说明其应用。

习 题

6-1 设输入和输出符号表分别为 $\boldsymbol{X}=\{0,1\}$ 和 $\boldsymbol{Y}=\{0,1\}$，定义失真函数为 $d(0,0)=d(1,1)=0$ 和 $d(0,1)=d(1,0)=1$，试求失真矩阵 $[\boldsymbol{D}]$。

6-2 设输入符号表与输出符号表为 $\boldsymbol{X}=\boldsymbol{Y}=\{0,1,2,3\}$，且输入信号的分布为 $p(\boldsymbol{X}=i)=1/4, i=0,1,2,3$；设失真矩阵为

$$\boldsymbol{D}=\begin{pmatrix}0&1&1&1\\1&0&1&1\\1&1&0&1\\1&1&1&0\end{pmatrix}$$

求 $D_{\max}$、$D_{\min}$ 及 $R(D_{\max})$。

6-3 设无记忆信源 $\begin{pmatrix}\boldsymbol{X}\\p(\boldsymbol{X})\end{pmatrix}=\begin{pmatrix}-1&0&1\\1/3&1/3&1/3\end{pmatrix}$，接收符号 $\boldsymbol{A}_Y=\{1/2,1/2\}$，失真矩阵 $\boldsymbol{D}=\begin{pmatrix}1&2\\1&1\\2&1\end{pmatrix}$，试求：$D_{\max}$ 和 $D_{\min}$ 及达到 $D_{\max}$ 和 $D_{\min}$ 时的转移概率矩阵。

6-4 三元信源的概率分别为 $p(0)=0.4, p(1)=0.4, p(2)=0.2$，失真函数 d_{ij} 为：当 $i=j$ 时，$d_{ij}=0$；当 $i\neq j$ 时，$d_{ij}=1(i,j=0,1,2)$，求信息率失真函数 $R(D)$。

6-5 一个四元对称信源 $\begin{pmatrix}\boldsymbol{X}\\P(\boldsymbol{X})\end{pmatrix}=\begin{Bmatrix}0&1&2&3\\1/4&1/4&1/4&1/4\end{Bmatrix}$，接收符号 $Y=\{0,1,2,3\}$，其失真矩阵为 $\boldsymbol{D}=\begin{bmatrix}0&1&1&1\\1&0&1&1\\1&1&0&1\\1&1&1&0\end{bmatrix}$ 求 $D_{\max}$、$D_{\min}$ 及信源的 $R(D)$ 函数和 $R(D_{\max})$。

6-6 随机变量 X 服从对称指数分布 $p(x)=\frac{1}{2}\mathrm{e}^{-|x|}$，定义失真函数为 $d(x,y)=|x-y|$，求信源的 $R(D)$。

6-7　设有平稳高斯信源 $X(t)$，其功率谱为 $G(f)=\begin{cases}A, & |f|\leqslant F_1\\ 0, & |f|>F_1\end{cases}$，失真函数定义为 $d(x,y)=(x-y)^2$，容许的样值失真为 $\boldsymbol{D}$。试求：

(1)信息率失真函数 $R(\boldsymbol{D})$；

(2)用一独立加性高斯信道(带宽为 F_2，限功率为 P，噪声的双边功率谱密度为 $N_0/2$)来传送上述信源时，最小可能方差与 F_2 的关系。

6-8　某二元信源 $\boldsymbol{X}$ 的信源空间为

$$[\boldsymbol{X}\cdot P]=\begin{cases}\boldsymbol{X}: & a_1,\ a_2\\ P(\boldsymbol{X}): & w,\ 1-w\end{cases}$$

式中，$w<1/2$，其失真矩阵为

$$[\boldsymbol{D}]=\begin{bmatrix}0 & d\\ d & 0\end{bmatrix}$$

试求：(1) $D_{\max}$ 和 $R(D_{\max})$；$D_{\min}$ 和 $R(D_{\min})$；$R(D)$。

第 7 章　差错控制的基本概念

香农第二定理指出，只要码长足够长，就可以用任意接近信道容量的信息传输速率传送消息，并且出错的概率可以任意小。这就引发了人们对差错控制的研究。差错控制的中心任务就是针对不同干扰特性的信道，设计出编码效率高、抗干扰性能好、编译码设备相对简单的纠错码或检错码，它们都是香农第二定理的具体应用。

差错控制的目的是为了提高通信的可靠性，其主要手段是信道编码。在实际的通信系统中，信道编码究竟采用什么方法将要进行多种权衡，例如考虑误差性能与带宽、功率与带宽、设备的成本等。因此，根据具体情况选择合适的信道编码方法，对于提高信息传输的可靠性有十分重要的意义。

7.1　差错控制系统的分类

差错控制系统根据它们的纠、检错能力，对信道的要求及适应性，编、译码器的复杂性和编、译码的实时性等性能指标可以分为自动请求重传(automatic repeat request，ARQ)、前向纠错(feed-forward error correction，FEC)、信息重复查询(information repeat query，IRQ)和混合纠错(hybrid error correction，HEC)等 4 类。

7.1.1　自动请求重传系统

当通信系统要求差错控制仅具有错误检测功能时，通常的方法是在接收端检测到传输错误并自动告知发送方，请求发送方重发。这样的差错控制过程称为自动请求重发，也简称为反馈重传，其系统构成框图如图 7.1 所示。

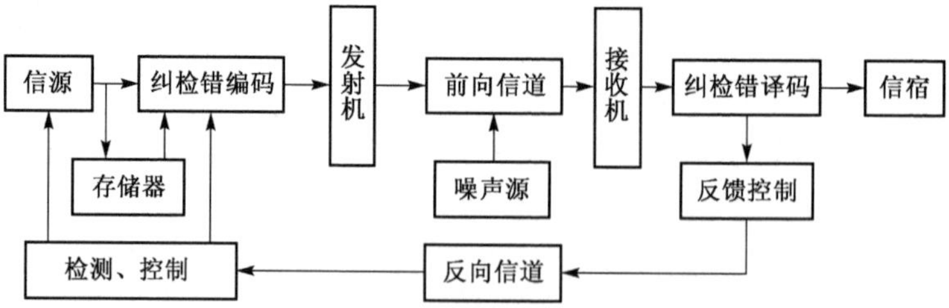

图 7.1　ARQ 系统的构成框图

该系统接收端在收到的消息序列中检测出错误时，即通知发送端重发，直到正确收到为止。所谓检测出错误，是指在若干接收码元中知道有一个或一些是错的，但不能确定错误的准确位置。

称仅仅具有检测错误功能的编码为检错编码。在 ARQ 系统中只要进行检错编码即可。

图 7.2 列举了 3 种最流行的 ARQ 方式，它们分别是：停止-等待式 ARQ；具有回拉功能的连续 ARQ；具有选择性重发功能的连续 ARQ，如图 7.2(a)、(b)和(c)所示，图中的 ACK 和 NAK 分别为确认信号和非确认信号。注意图中的时间是从左向右递进的。停止-等待式 ARQ 只需要半双工连接，因为发射机在接到确认信号后才进行下一个传送；具有回拉功能的连续 ARQ 需要全双工连接，通信双方的终端设备同时传输，发送方传送信息数据，接收方传送确认信号和非确认信号，在 ARQ 过程中，发送方被“拉回”到错误传送的消息处，从错误消息开始处重发所有的信息数据；具有选择性重发功能的连续 ARQ 也需要全双工连接，但它只要求错误的消息重发，然后发射机从先前停止的地方继续发送原序列而不重发已经正确接收的消息。

ARQ 系统的优点是纠错能力强；检错能力与信道干扰变化无关，适应性也较强；由于只要检测错误就可以了，通常编、译码器比较简单。但它也有如下缺点：必须有反向信道，否则只能检错；收、发两端必须互相配合；信源能够被控制；实时性较差。因此，在以下几种情况下通常不能采用 ARQ：①没有可用的反向信道；②重发策略无法简便地实现；③实时性要求较高，不能忍受 ARQ 过长的时延，例如语音或图像的实时通信；④出现重传次数过多的概率较大等。

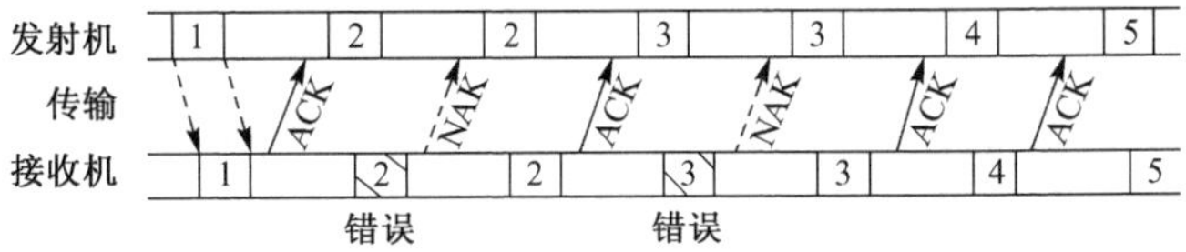

(a)停止-等待ARQ(半双工)

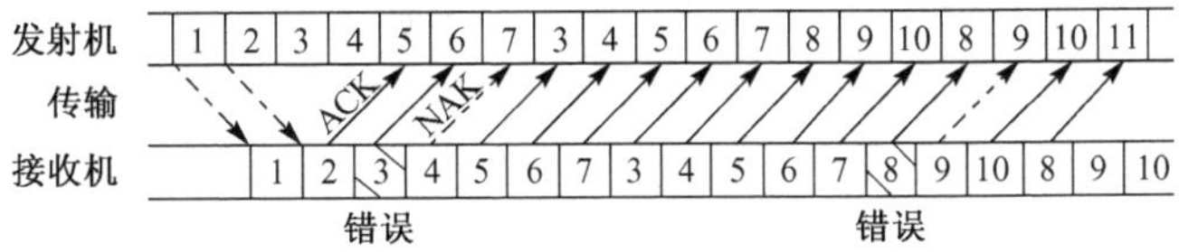

(b)具有回拉功能的连续ARQ(全双工)

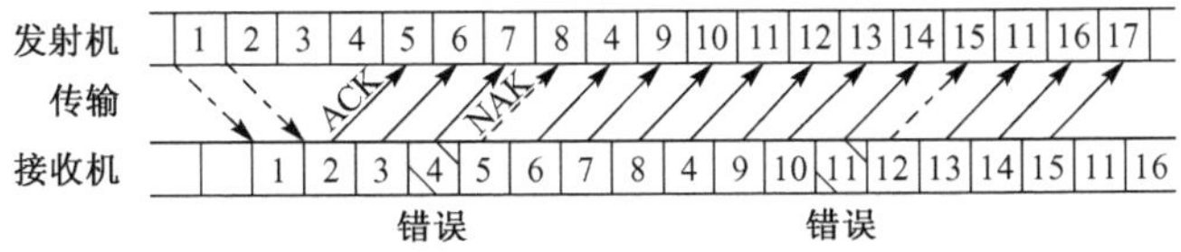

(c)具有选择性重发功能的连续ARQ(全双工)

图 7.2 自动请求重发(ARQ)

由于 ARQ 具备上述特点，它既单独获得了广泛的应用，又经常与 FEC 结合使用。

7.1.2 前向纠错系统

所谓前向纠错，就是系统的接收端不仅能在收到的消息序列中发现错误，还能够将其纠正。称既具有检测错误功能又有纠正错误功能的编码为纠错编码。FEC系统中的编码是纠错编码。

FEC系统的基本组成如图7.3所示，图中$\{m\}$、$\{C\}$和$\{R\}$分别为信源输出消息序列、信道编码序列和经信道传输后接收机接收序列，$\{\hat{C}\}$和$\{\hat{m}\}$分别为译码后的信道编码序列估值和消息序列估值。

对于二进制系统，确定了错误的位置就意味着能够纠正。

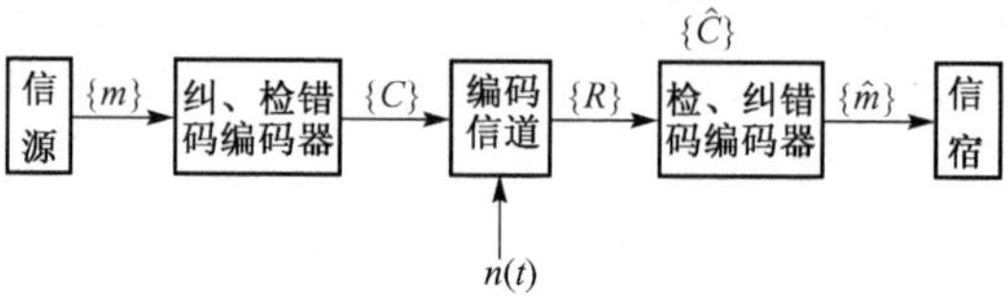

图7.3 FEC系统的基本组成

纠错编码主要应用在数字通信中，其根本目的在于提高通信的可靠性。但根据香农第二定理，只要信道的信息传输速率小于信道容量，接近无差错传输的编码就是一定存在的，而且信道容量C、信号带宽B和到达接收端的信噪比S/N满足香农公式。因此，可以把纠错编码看成这3个参量相互影响彼此权衡的结果。在数字通信中，信噪比通常用E_b/N_0来表示，其中E_b和N_0分别为信号的比特能量和噪声的功率谱密度，对于二进制序列来说，存在$S=RE_b$和$N=RN_0$的关系，由此在数值上E_b/N_0和S/N相等。为了说明信道编码的作用，图7.4给出了两条描述通信系统误比特率与E_b/N_0关系的曲线，其中一条代表了一种典型的未编码的情况而另一条代表了编码的情况，两者采用相同的调制方法和同样的信道，可见信道编码使得在同样信噪比情况下降低了误比特率，或者在更低的信噪比情况下也能达到误比特率的要求。

这种由编码而带来的通信系统性能的提高常用编码增益来表征，其定义如下。

定义7.1 对于给定的误比特率，编码增益G(dB)是指通过编码所能实现的E_b/N_0(dB)的减少量，即

$$G(\mathrm{dB}) = \left(\frac{E_b}{N_0}\right)_u(\mathrm{dB}) - \left(\frac{E_b}{N_0}\right)_c(\mathrm{dB}) \tag{7.1}$$

其中$(E_b/N_0)_u$和$(E_b/N_0)_c$分别表示未编码及编码后所需要的E_b/N_0。

例如，为了获得低于10^{-4}的误比特率，对于未编码情况必须使E_b/N_0至少保持在12dB以上，而采用编码后仅需保持在8dB以上，在这种情况下获得了4dB的编码增益。

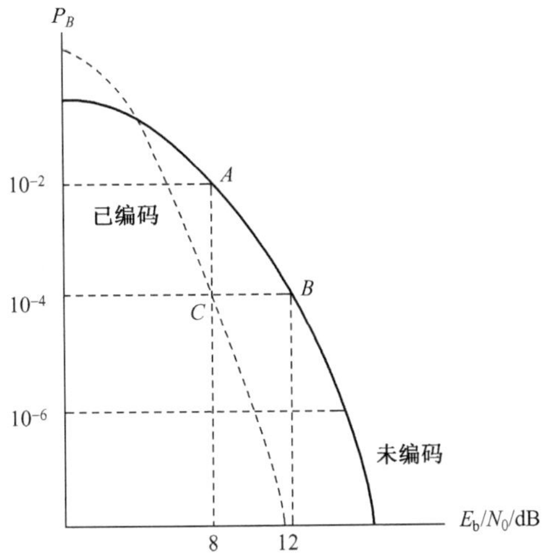

图 7.4　典型编码与未编码的差错性能比较

FEC 系统的优点是：收端可自动发现错误、纠正错误；不需反向信道；能进行一点对多点的同播，可以是双向通信，也可以是单向通信；与 ARQ 相比，译码实时性好；控制电路比 ARQ 简单。它的缺点主要有：译码比较复杂；所选用的纠错码要和信道的干扰情况相匹配，对信道的适应性较差，一般应以最坏的信道条件来设计纠错码；通常是以注入冗余度为代价来换取编码增益的，往往是注入的冗余度越大编码增益越高；为了既有好的编码增益又有高的编码效率，通常需要增大码长，但这往往又以提高复杂性为代价。

由于 FEC 的上述特点，利用其优点而克服其缺点，是信道编码研究的重要课题。

7.1.3　信息重复查询系统和混合纠错系统

信息重复查询系统是指接收端将收到的消息原封不动地转发回发送端，在发送端与原发送消息相比较的系统。如果发现错误，则发送端再进行重发，直至正确为止。这种方法的原理和设备都较简单，特别是接收端，总是把接收到的序列再回传给发送端而让发送端进行必要的处理，因而接收端的设备将更为简单；需要有双向信道，因为相当于每一消息都至少传送了两次，传输效率较低。

IRQ 系统比较适合于应用在接收端要求特别简单的场合。

混合纠错系统将反馈重传技术与前向纠错技术相结合。当出现少量错码并在接收端能够纠正时，就用 FEC 方法纠正之；当错码较多超过 FEC 的纠正能力但尚能检测其出错时，就进行 ARQ。由于 HEC 结合了 FEC 和 ARQ 两者的优点，因此在实际的双向通信中应用最多。

7.2 纠错编码的分类及其性能评价

7.2.1 纠错编码的分类

对于上一节讨论的4种差错控制系统，从信道编码的角度可以分为检错码和纠错码两类。由于纠错码的应用最为广泛，下面再对纠错码作进一步讨论。

图7.5给出了纠错码分类的示意图。由图可见，对纠错码有多种分类方法。例如：根据对信息元的处理方法，根据校验元与信息元之间的关系，根据纠正错误的类型，根据每个码元的取值，根据码的结构特点等。下面对这些分类方法逐一加以简要解释，其中的一些编码将会在后面章节详细讨论。

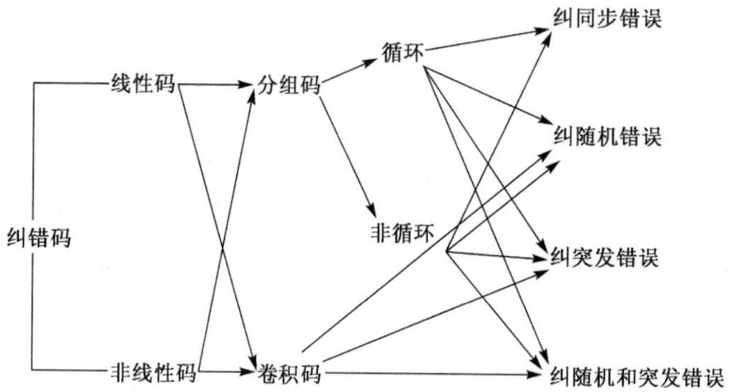

图7.5 纠错码分类示意图

1)根据对信息元的处理方法分类

按照对信息元处理方法的不同，可以将纠错码分为分组码和卷积码。

分组码的构成如图7.6所示，其码长为$n=k+r$，其中k是信息元个数，r是监督元个数。监督元又称校验元，在分组码中它只与本组的信息元有关。通常将分组码写成码(n,k)，或称为(n,k)码。

k个信息码元序列	r个监督码元

或

r个监督码元	k个信息码元序列

图7.6 分组码构成

卷积码的构成如图7.7所示，其中$n_0 \geqslant k_0$。它的最主要特点是(n_0-k_0)个监督元不仅与本组的信息元有关，还与前m段的信息元有关。类似于分组码，称n_0为卷积码的码长，k_0为信息元个数，m为存储级数。通常将卷积码写成码(n_0,k_0,m)，或称为(n_0,k_0,m)码。

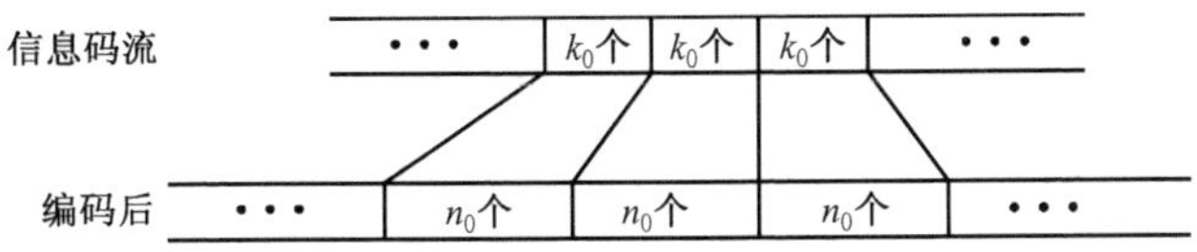

图 7.7 卷积码构成

2)根据校验元与信息元之间的关系分类

根据校验元与信息元之间关系的不同,可以将纠错码分为线性码和非线性码。如果校验元与信息元之间的关系满足线性叠加原理,则此类纠错码称为线性码;否则称为非线性码。

3)根据纠正错误的类型分类

根据纠正错误的类型不同,可以将纠错码分为纠随机错误码、纠突发错误码、纠同步错误码、既纠随机错误又纠突发错误码。

4)根据每个码元的取值分类

根据每个码元取值的不同,可以将纠错码分为二进制码和 q 进制码,一般来说 $q=p^m$,p 为素数,m 为正整数。

5)根据码的结构特点分类

根据码的结构特点不同,可以将纠错码分为循环码、非循环码;系统码、非系统码;完备码、非完备码等。

7.2.2 纠错码的基本概念

为了对纠错码的性能进行评估,先给出与其有关的基本概念。

1. 几个基本定义

定义 7.2 设码字 $\boldsymbol{v}=(v_0,v_1,\cdots,v_{n-1})\in \boldsymbol{C}$,令 $w(\boldsymbol{v})$ 为码字 $\boldsymbol{v}$ 中那些不为 0 的码元的个数,即

$$w(\boldsymbol{v}) = \sum_{v_i \neq 0} 1 \tag{7.2}$$

则 $w(\boldsymbol{v})$ 是码字 $\boldsymbol{v}$ 的汉明重量,简称重量。

定义 7.3 码 $\boldsymbol{C}$ 中所有那些不等于 0 的码字的重量的最小值称为码 $\boldsymbol{C}$ 的最小重量,即

$$w_{\min}(\boldsymbol{C}) = \min\{w(\boldsymbol{v}),\boldsymbol{v} \in \boldsymbol{C},\boldsymbol{v} \neq \boldsymbol{0}\} \tag{7.3}$$

根据式(5.47)中最小汉明距离的定义可知,(n,k)码的最小汉明距离 d 为该种编码中任两个码字间距离的最小值,即

$$d = \min_{x,y\in\{n,k\}} \{d(x,y)\} \tag{7.4}$$

通常将 d 简称为 (n,k) 码的距离。在编码中，希望构造出编码效率一定、距离尽可能大的码或构造出距离一定、编码效率尽可能高的码。

定义 7.4 设发码 $\boldsymbol{C}:(c_{n-1},\cdots,c_1,c_0)$ 或 $(c_0,c_1,\cdots,c_{n-1})$，收码 $\boldsymbol{R}:(r_{n-1},\cdots,r_1,r_0)$ 或 $(r_0,r_1,\cdots,r_{n-1})$，定义收码的错误图样为 $\boldsymbol{E}:(e_{n-1},\cdots,e_1,e_0)$ 或 $(e_0,e_1,\cdots,e_{n-1})$，其中

$$e_i=\begin{cases}1, & \text{译码错误}\\0, & \text{译码正确}\end{cases} \tag{7.5}$$

由该定义可知

$$\boldsymbol{R}=\boldsymbol{C}+\boldsymbol{E} \tag{7.6}$$

$$\boldsymbol{E}=\boldsymbol{C}-\boldsymbol{R} \tag{7.7}$$

对于二进制系统，上两式中的加、减运算均为模 2 加运算，因此加运算和减运算是等效的。对于长为 n 的码字，收码的错误图样 $\boldsymbol{E}$ 也称为干扰矢量，共有 2^n 种，实用中只需讨论那些可以检测或可能纠正的部分。

收码的错误图样 $\boldsymbol{E}$ 是由信道产生的，有时也称之为信道的错误图样，但通常都简称错误图样。

定义 7.5 在错误图样中，若“1”集中于某个长度 b 内，则称该种错误为长度为 b 的突发错误，其中 b 称为突发错误长度，该图样称为突发错误图样。

典型的突发错误图样为：0…011…110…0，中间含有 b 个连续的 1。对于一些编码(例如循环码)，突发错误图样也包括首尾相接的错误，其错误图样为：1…100…001…1，其中两段分别连续的 1 的个数总共为 b。

在纠错编码中，分组码和卷积码是最常使用的两种，下面给出它们的定义。

定义 7.6 分组码是对每段 k 位长的信息组，以一定规则增加 $r=n-k$ 个监督(校验)元，组成长为 n 的序列 $(c_{n-1},c_{n-2},\cdots,c_1,c_0)$，称这个序列为码字或码组、码矢。在二进制的情况下，k 位长的信息组共 2^k 个，通过编码器后，码字还是 2^k 个，称这 2^k 个码字的集合为 (n,k) 分组码。

n 长序列的可能排列共有 2^n 种，其中只有 2^k 个 n 重构成了 (n,k) 分组码，称它们为许用码组，其余的 2^n-2^k 个 n 重为禁用码组。

定义 7.7 (n_0,k_0,m) 卷积码是对每段 k_0 长的信息组以一定的规则增加 $r_0=n_0-k_0$ 个监督(校验)元，组成长为 n_0 的码段；n_0-k_0 个校验元不仅与本段的信息元有关，而且与前 m 段的信息元有关；编码约束长度 $n_c=n_0(m+1)$，它表示 k_0 个信息元从输入编码器到离开时，在码序列中影响的码元数目。

定义 7.8 将信息位在码字中所占的比例称为信道编码的编码效率，简称编码效率或码字效率，通常也用 R 表示。

对于分组码，有

$$R=k/n \tag{7.8}$$

对于卷积码，有

$$R = k_0/n_0 \tag{7.9}$$

编码效率是衡量编码有效性的基本参数。

2. 纠错码举例

下面通过两个最简单的例子来进一步说明纠错编码的有关概念。

1)重复码

重复码是 $k=1$ 的分组码$(n,1)$，它的$(n-1)$个校验元是信息元的重复。对二进制系统，只有两个码字：00…0，11…1，其中 1 和 0 的个数均为 n。

重复码的译码采用大数判决方法，也称为大数准则，或最大似然准则、最小距离准则，即译码时以大于 $n/2$ 的最小整数作为判决门限。若 n 是奇数，则必然出现 1 或 0 的个数大于 $n/2$ 的结果，因此可以实现完全的译码，称为完备译码；若 n 是偶数，则会出现 1、0 个数相等的情况，此时无法对发码作出判断，将导致译码失败，而其他情况都可对发码作出判断，这称为不完备译码，但由于检出了错误，可作删除处理或结合 ARQ 进行译码。

重复码有如下特点：①$d=n$，随着 n 的增大，抗干扰能力越来越强，但 $R=1/n$ 随之下降，编码效率越来越低；②检错能力大于或等于纠错能力，距离 d 越大，纠错能力越强。若未编码时接收的错误概率为 P_e，经过 n 次重复编码后，如果结合 ARQ 技术，其接收的错误概率可降低到 P_e^n。

2)奇偶校验码

奇偶校检码是只有一个校验元的分组码$(n,n-1)$，即 $k=n-1$，其组成如图 7.8 所示，其中$(c_{n-1},c_{n-2},\cdots,c_2,c_1)=(m_{k-1},m_{k-2},\cdots,m_1,m_0)$，$n=k+1$；若每个码字中 1 的个数为偶数，则为偶校验，有 $c_0=m_{k-1}\oplus m_{k-2}\oplus\cdots\oplus m_1\oplus m_0$；若每个码字中 1 的个数为奇数，则为奇校验，先计算 $c_0=m_{k-1}\oplus m_{k-2}\oplus\cdots\oplus m_1\oplus m_0$ 然后取反即可。

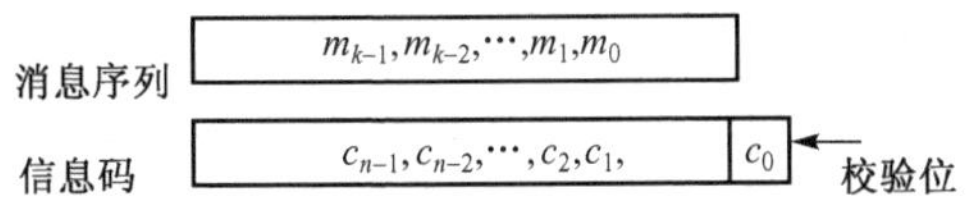

图 7.8　奇偶校检码的组成和编码方法

由于每个码字均按同一规则构成，所以奇偶校验码是一种一致校验码。下面以偶校验为例说明这种码的性能。

在接收端，译码时将检验码字的各比特的模 2 和是否为 0，如果结果是 1 而不是 0，则代表码字中存在错误。当然它只能给出是否存在奇数个错误的信息而不能知道错误的位置，因此它是一种检错码且只能检测奇数个错误。假设所有比特发生错误的可能性是相同的且相互独立，则一个 n 比特长的符号发生 j 位错误的可能性为

$$P(j,n)=\binom{n}{j}p^{j}(1-p)^{n-j} \tag{7.10}$$

其中 p 是错误接收一个码元的概率，而

$$\binom{n}{j}=\frac{n!}{j!(n-j)!} \tag{7.11}$$

是在 n 个码元中发生 j 个错误的不同情况数。设无法检测的错误概率为 P_{nd}，则有

$$P_{\mathrm{nd}}=\sum_{j=1}^{n/2}\binom{n}{2j}p^{2j}(1-p)^{n-2j} \tag{7.12}$$

如果是奇校验，则求和的上限值为$(n-1)/2$。

奇偶校验码有如下特点：①$d=2$，能检 1 个错，也能检奇数个错；②$R=(n-1)/n$，编码效率很高。随着 n 的增大，编码效率趋近于 1，但 d/n 趋近于 0，即抗干扰能力随之下降。

7.2.3 纠错编码方法的性能评价

1. 纠错编码的本质

由上述纠错编码的基本概念和所举之例可以看出，纠错编码的本质是通过在发端的码字中引入可控的冗余度来换取传输可靠性的提高。以分组码为例，它获得纠、检错能力的本质，是由于加入了 $n-k$ 个监督码元。k 个码元的消息集合最多具有 2^k 个可能的序列，但 n 个码元的集合最多将具有 2^n 个可能的序列，即许用码组的个数为 2^k 而禁用码组的个数为 2^n-2^k。若由于错误使接收到的码字落到了禁用码组里，就必然可以检测出来，同时也给纠正提供了可能，这取决于编码的结构。当然，如果由于错误而使接收到的码字落到了许用码组里，则无法判别是无错还是有错，从而造成不可检测的错误。

这种以注入冗余度来获取可靠性提高的方法，必然带来信息传输速率的降低。但根据香农第二定理，信息传输速率接近于信道容量且具有任意小错误概率的编码是存在的，这就给编码工作者提出了严峻的课题。在后面几章将会看到，人们发现的所谓“好码”，主要是在同样的编码效率下具有更高的纠错或检错功能。

2. 码距与编码性能的关系

一种编码的性能优劣，可以用最小码距 d 的大小来表征。下面通过一个定理来具体讨论这个问题。

定理 7.1 任一(n,k)分组码，其码距为 d，若要在码字内：

(1)检测 a 个随机错误，则要求 $d\geqslant a+1$；

(2)纠正 t 个随机错误，则要求 $d\geqslant 2t+1$；

(3)检测 a 个并纠正 $t(t<a)$个随机错误，则要求 $d\geqslant a+t+1$。

证明

分别用图 7.9(a)～(c)来证明。

(1)可以由图 7.9(a)为例证明如下：

设一码组 **A** 位于 0 点。若码组 **A** 中发生 1 位错码，则可以认为 **A** 的位置将移动至以 0 点为圆心、以 1 为半径的圆上某点，但其位置不会超出此圆；若码组 **A** 中发生两位错码，则其位置不会超出以 0 点为圆心、以 2 为半径的圆，因此只要最小码距不小于 3(如图中码组 **B** 所在的点)，在此半径为 2 的圆上及圆内就不会有其他码组。这就是说，码组 **A** 发生两位以下错码时，不可能变成另一任何许用码组，因而能检测错码的位数等于 2。同理，如果一种编码的最小距离为 d，则将能检测 $d-1$ 个错码；反之，若要求检测 a 个错码，则最小码距 d 至少应不小于 $a+1$。

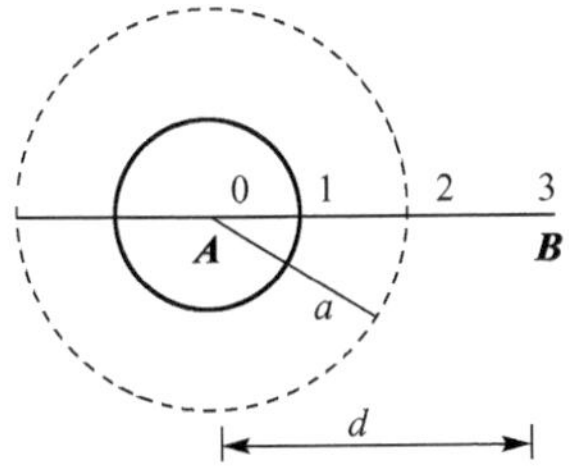

(a)检测a个随机错误对d的要求图例

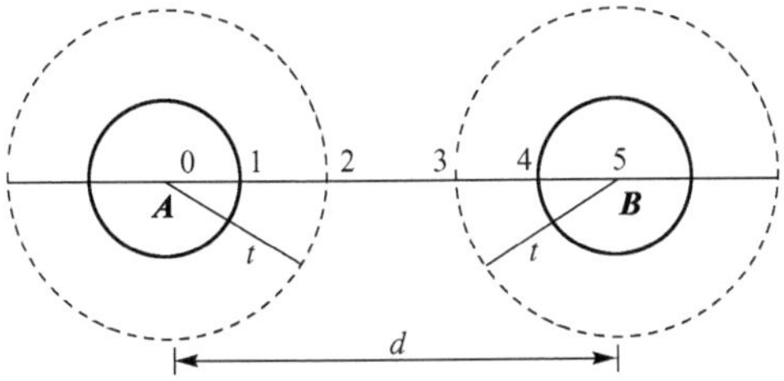

(b)纠正t个随机错误对d的要求图例

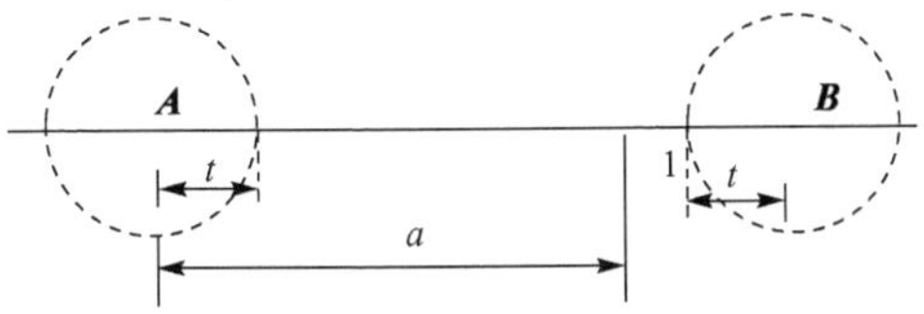

(c)检测a个并纠正t个随机错误对d的要求图例

图 7.9　码距与检错和纠错能力的关系

(2)可以图 7.9(b)为例证明如下：

图中画出码组 **A** 和 **B** 的距离为 5。码组 **A** 和 **B** 若发生不多于两位错码，则其位置均不会超出以原位置为圆心，以 2 为半径的圆。由于这两个圆的面积是不重叠的，故可以这样判决：若接收码组落于以 **A** 为圆心的圆上或圆内，就判决收到的是码组 **A**；若落于以 **B** 为圆心的圆上或圆内，就判决为码组 **B**。这样，就能够纠正两位错码。

若这种编码中除码组 **A** 和 **B** 外，还有许多种不同码组，但任两码组之间的码距均不小于 5，则以各码组的位置为中心、以 2 为半径画出的圆都不会互相重叠。这样，每种码组如果发生不超过两位错码都将能被纠正。因此，当最小码距 $d=5$ 时，能够纠正且最多能纠正两个错码。若错码达到 3 个，就将落于另一圆上，从而发生错判。推广之，为纠正 t 个错码，最小码距 d 应不小于 $2t+1$。

(3)在证明之前，先来说明什么是“检测 a 个并纠正 $t(t<a)$ 个错误”(简称“纠检结合”)。

在某些情况下，要求对于出现较频繁但错码数很少的码组，按前向纠错方式工作，以节省反馈重发时间；同时又希望对一些错码数较多的码组，在超过该码的纠错能力后，能自动按检错重发方式工作，以降低系统的总误码率。这种工作方式就是“纠检结合”，它对应于前面讨论的 HEC 编码。

在上述“纠检结合”系统中，差错控制设备按照接收码组与许用码组的距离自动改变工作方式。若接收码组与某一许用码组间的距离在纠错能力 t 范围内，则按纠错方式工作；若与任何许用码组间的距离都超过 t，则按检错方式工作。现以图 7.9(c)来加以说明。设码的检错能力为 a，则当码组 **A** 中存在 a 个错码时，该码组与任一许用码组(如图中码组 **B**)的距离应至少为 $t+1$，否则将进入许用码组 **B** 的纠错能力范围内，而被错纠为 **B**。这样就要求最小码距 d 至少为 $a+t+1$。

本章小结

本章从差错控制的理论概念出发，介绍了常见的差错控制系统及其采用的不同纠错编码方法。分组码的检、纠错能力是本章讨论的一个重要概念，其本质是在编码过程中注入了冗余度，从而产生了许用码组和禁用码组，增大了码字集合的汉明距离，汉明距离越大，码的检、纠错能力越强。

思考题

7.1　请简述常用的差错控制方法及其主要特点。

7.2　请给出信道编码的编码增益定义并举例说明它的应用。

7.3　请给出信道编码的编码效率定义并举例说明它的应用。

7.4　请给出错误图样、随机错误和突发错误的定义。

7.5　请给出分组码和卷积码的一种定义并简述其主要区别。

7.6　请给出汉明距离和汉明重量的定义。

7.7　请给出你对纠错编码的本质的理解。

习　题

7-1　对(2,1),(3,1),(4,1),(5,1)码,讨论其纠检错能力,对采用完备译码、不完备译码以及具有 ARQ 的不完备译码等方法译码,求译码错误概率。

7-2　为什么 $d=2$ 的$(n,n-1)$码能检测奇数个错误?

7-3　设 $\boldsymbol{C}=\{11100,01001,10010,00111\}$是一个二元码,求码 $\boldsymbol{C}$ 的最小距离 d。

7-4　设 $\boldsymbol{C}=\{00000000,00001111,00110011,00111100\}$是一个二元码。

(1)计算码 $\boldsymbol{C}$ 中所有码字之间的距离及最小距离;

(2)在一个二元码中,如果把某一个码字中的 0 和 1 互换,即 0 换为 1,1 换为 0,所得的码字称为原码字的补。所有码字的补构成的集合称为此码的补码。求码 $\boldsymbol{C}$ 的补码以及补码中所有码字之间的距离和最小距离,它们与(1)中的结果有什么关系?

(3)把(2)中的结果推广到一般的二元码。

7-5　证明一个线性码,若它的最小距离 $d_0 \geqslant e+t+1$,则可纠正 t 个以内的错误,且同时可检测 $e(e>t)$个以内的错误。

第8章　线性分组码

线性分组码是最有实用价值的信道编码之一。本章首先讨论线性分组码的有关概念,接着给出编码和译码的要点和典型实例,然后对最常用的线性分组码——循环码进行较为详细的讨论,最后给出纠突发错误码和级联码的有关概念。

8.1　有关概念

在定义7.6中已给出了有关分组码的概念。在(n,k)分组码中,线性分组码的应用最为广泛,本小节首先讨论有关的基本概念。

8.1.1　线性分组码的定义及其性质

1. 线性分组码的定义

定义8.1　码长为n,有2^k个码字的分组码,当且仅当其2^k个码字构成所有二进制n重矢量空间的一个k维子空间时,称该分组码为(n,k)线性分组码。

n重二进制码元组成的集合$\boldsymbol{V}_n$称为二进制的矢量空间。它包含两种运算,即模2加和乘,为了简单起见,也常用普通的"+"代替"⊕"。

矢量空间$\boldsymbol{V}_n$的一个子集$\boldsymbol{S}$如果满足以下两个条件,则称其为$\boldsymbol{V}_n$的一个子空间:①全0矢量在$\boldsymbol{S}$中;②$\boldsymbol{S}$中任意两个矢量的和也在$\boldsymbol{S}$中,即满足封闭性。

上述两个条件构成了线性分组码的基本性质。对于二进制而言,假设$\boldsymbol{c}_i$和$\boldsymbol{c}_j$是(n,k)二进制分组码中的两个码字(或码矢量),当且仅当$\boldsymbol{c}_i+\boldsymbol{c}_j$也是一个码矢量时,这个码才是线性的;特别地,当$\boldsymbol{c}_i=\boldsymbol{c}_j$时,$\boldsymbol{c}_i+\boldsymbol{c}_j=\boldsymbol{0}$。由此可见,二元分组码是线性的充要条件是两个码字的模2和也是码字;或者说,一个线性分组码,它的子集以外的矢量不能由该子集内的码字相加产生。

根据上面的定义,分组码的线性只与选用的码字有关,而与消息序列怎样映射到码字无关。例如:有一个(5,2)分组码$\boldsymbol{C}=\{00000,01011,10101,11110\}$,假设消息序列与码字的映射关系为:00→00000,01→01011,10→10101,11→11110,容易验证它是线性的;如果将映射关系改变为:00→11110,01→10101,10→01011,11→00000,容易验证它仍是线性的。但也容易验证前者满足如下的关系:如果消息序列$\boldsymbol{x}_1$(长度为k)映射为码字$\boldsymbol{c}_1$(长度为n),$\boldsymbol{x}_2$映射为$\boldsymbol{c}_2$,则$\boldsymbol{x}_1+\boldsymbol{x}_2$映射为码字$\boldsymbol{c}_1+\boldsymbol{c}_2$。而后者尽管是线性的,却不满足所述的映射关系。

称满足 $\boldsymbol{x}_1+\boldsymbol{x}_2$ 映射为码字 $\boldsymbol{c}_1+\boldsymbol{c}_2$ 的关系为线性分组码的特殊关系。一般来讲，在线性分组码中，只要全 0 的消息序列映射为全 0 的码字，都能满足特殊关系，因此在后面的讨论中，如果没有特别说明，均假定满足所述的特殊关系。

在第 7 章中已经指出，纠错编码的本质是通过在发端的码字中引入可控的冗余度来换取传输可靠性的提高，分组码将 2^n 个可能的组合分成 2^k 个许用码组和 2^n-2^k 个禁用码组。人们追求编码效率接近于 1 且又能使错误概率任意小的信道编码，反映到线性分组码的性能上，就是要用尽可能多的码字构造 $\boldsymbol{V}_n$ 空间，以争取高的编码效率，同时希望码字间的距离越大越好，这样即使码字在传输中受到干扰，它们仍然能以很高的概率被正确译码。

2. 生成矩阵和一致校验矩阵

根据线性分组码的定义，可以得出下述的一种构成线性分组码的方法。

在(n,k)线性分组码中，假设消息序列分别为

$$\begin{aligned}
\boldsymbol{u}_1 &= (1000 \quad \cdots \quad 00)\\
\boldsymbol{u}_2 &= (0100 \quad \cdots \quad 00)\\
\boldsymbol{u}_3 &= (0010 \quad \cdots \quad 00)\\
&\vdots\\
\boldsymbol{u}_{k-1} &= (0000 \quad \cdots \quad 10)\\
\boldsymbol{u}_k &= (0000 \quad \cdots \quad 01)
\end{aligned}$$

这 k 个消息序列的长度都是 k bit，对应于的码字分别为 $\boldsymbol{g}_1,\boldsymbol{g}_2,\boldsymbol{g}_3,\cdots,\boldsymbol{g}_{k-1},\boldsymbol{g}_k$，均是长度为 n 的二进制序列。这样，对于任意的消息序列 $\boldsymbol{x}=(x_1,x_2,x_3,\cdots,x_{k-1},x_k)$，都可以用行矩阵表示为

$$\boldsymbol{x}=\sum_{i=1}^{k} x_i\boldsymbol{u}_i \tag{8.1}$$

对应的码字为

$$\boldsymbol{c}=\sum_{i=1}^{n} x_i\boldsymbol{g}_i=(c_1,c_2,\cdots,c_n) \tag{8.2}$$

定义

$$\boldsymbol{G}=\begin{bmatrix}\boldsymbol{g}_1\\ \boldsymbol{g}_2\\ \vdots\\ \boldsymbol{g}_k\end{bmatrix}=\begin{pmatrix} g_{11} & \cdots & g_{1n}\\ \vdots & & \vdots\\ g_{k,1} & \cdots & g_{k,n}\end{pmatrix} \tag{8.3}$$

为该分组码的生成矩阵，则有

$$\boldsymbol{c}=\boldsymbol{x}\boldsymbol{G} \tag{8.4}$$

式(8.4)说明生成矩阵行向量的任意线性组合都是一个码字。生成矩阵 $\boldsymbol{G}$ 是秩为 k 的 $k\times n$ 矩阵，它完整地描述了编码的过程。有了生成矩阵 $\boldsymbol{G}$，编码器的结构就很容易确定，即式(8.4)事实上给出了编码的一种实现方法。

为了在接收端进行正确译码，可以定义一个对应于生成矩阵 $\boldsymbol{G}$ 的矩阵 $\boldsymbol{H}$，称为一致校验矩阵或监督矩阵，满足

$$\boldsymbol{G}\boldsymbol{H}^{\mathrm{T}} = \boldsymbol{0} \tag{8.5}$$

即生成矩阵 $\boldsymbol{G}$ 的行与一致校验矩阵 $\boldsymbol{H}$ 的行相互正交。由于 $\boldsymbol{G}$ 是 $k\times n$ 阶矩阵，故 $\boldsymbol{H}$ 是 $(n-k)\times n$ 阶矩阵，$\boldsymbol{0}$ 是一个 $k\times(n-k)$ 阶的全 $\boldsymbol{0}$ 矩阵。

由式(8.4)和式(8.5)，有

$$\boldsymbol{c}\boldsymbol{H}^{\mathrm{T}} = \boldsymbol{0} \tag{8.6}$$

由于 $\boldsymbol{c}$ 是 $1\times n$ 阶的行矩阵，故式中 $\boldsymbol{0}$ 亦为 $1\times(n-k)$ 阶的行矩阵。式(8.6)事实上给出了译码的一种实现方法，因为一致校验矩阵 $\boldsymbol{H}$ 是已知的，如果接收到的码矢与它转置的乘积为 $\boldsymbol{0}$，则说明接收无误，否则说明存在错误。

3. 系统线性分组码

在第 7 章介绍分组码的概念时，曾经把分组码的构成用图 7.6 表示，将其分成 k 个信息元和 r 个监督元。线性分组码是分组码的一种，其构成应该和分组码一样，但由式(8.4)得到的码字是否是图 7.6 所示的结构，将取决于生成矩阵 $\boldsymbol{G}$ 的结构。通常称具有图 7.6 所示结构的分组码为系统线性分组码。为了叙述的方便，在图 8.1 中重新给出了系统线性分组码的结构，其中图 8.1(a)将消息部分放在左半边而图 8.1(b)将消息部分放在右半边，两者的纠错或检错能力是一样的，在后面的分析中将视叙述的方便而任选其一。

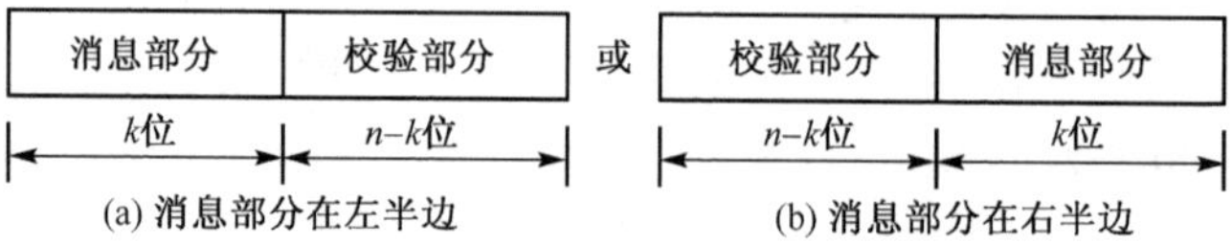

图 8.1 系统线性分组码的构造

对应于任意的消息序列 $\boldsymbol{u}=(u_1,u_2,u_3,\cdots,u_k)$，为了得到系统线性分组码，可令生成矩阵 $\boldsymbol{G}$ 为

$$\boldsymbol{G}=\begin{bmatrix}\boldsymbol{g}_1\\ \boldsymbol{g}_2\\ \vdots\\ \boldsymbol{g}_k\end{bmatrix}=\begin{bmatrix}P_{11} & P_{12} & \cdots & P_{1,n-k} & 1 & 0 & \cdots & 0\\ P_{21} & P_{22} & \cdots & P_{2,n-k} & 0 & 1 & \cdots & 0\\ \vdots & \vdots & & \vdots & \vdots & \vdots & & \vdots\\ P_{k,1} & P_{k,2} & \cdots & P_{k,n-k} & 0 & 0 & \cdots & 1\end{bmatrix} = [\boldsymbol{P}\boldsymbol{I}_k] \tag{8.7}$$

式中，$\boldsymbol{P}$ 是生成矩阵的监督阵列，$p_{ij}=0$ 或 1，$\boldsymbol{I}_k$ 是 $k\times k$ 的单位矩阵。这样，得到的系统线性分组码的矩阵表示为

$$\boldsymbol{v}=\boldsymbol{u}\cdot\boldsymbol{G} \tag{8.8}$$

任意码字可以表示为

$$
[v_1, v_2, \cdots, v_n] = [u_1, u_2, \cdots, u_k]\begin{bmatrix} P_{11} & P_{12} & \cdots & P_{1,n-k} & 1 & 0 & \cdots & 0 \\ P_{21} & P_{22} & \cdots & P_{2,n-k} & 0 & 1 & \cdots & 0 \\ \vdots & \vdots & & \vdots & \vdots & \vdots & & \vdots \\ P_{k,1} & P_{k,2} & \cdots & P_{k,n-k} & 0 & 0 & \cdots & 1 \end{bmatrix} \tag{8.9}
$$

式中

$$
v_i = \begin{cases} u_1 P_{1i} + u_2 P_{2i} + \cdots + u_k P_{ki}, & i = 1, 2, \cdots, n-k \\ u_{i-n+k}, & i = n-k+1, \cdots, n \end{cases} \tag{8.10}
$$

显然，由式(8.9)得到的码具有图 8.1(b)的结构。

由式(8.7)可以得出系统线性分组码的一致校验矩阵，为

$$
\begin{aligned}
\boldsymbol{H} &= \begin{bmatrix} 1 & 0 & \cdots & 0 & P_{11} & P_{21} & \cdots & P_{k,1} \\ 0 & 1 & \cdots & 0 & P_{12} & P_{22} & \cdots & P_{k,2} \\ \vdots & \vdots & & \vdots & \vdots & \vdots & & \vdots \\ 0 & 0 & \cdots & 1 & P_{1,n-k} & P_{2,n-k} & \cdots & P_{k,n-k} \end{bmatrix} \\
&= [\boldsymbol{I}_{n-k}\ \boldsymbol{P}^{\mathrm{T}}]
\end{aligned} \tag{8.11}
$$

4. 线性分组码的距离与重量的关系

线性分组码的性能与其距离密切相关，但直接求一个线性分组码的距离，将要对其进行两两遍历求出全部距离，才能确定最小距离。下面线性分组码的最小距离与重量关系的定理，可以简化其运算。

定理 8.1　线性分组码的最小距离等于非零码字的最小重量。

证明　设线性分组码 $\boldsymbol{C}$ 的最小距离为 $d_{\min}$，最小重量为 $w_{\min}$，根据定义，有

$$
\begin{aligned}
d_{\min} &= \min_{\substack{v_i, v_j \in \boldsymbol{C} \\ i \neq j}} d(v_i, v_j) \\
&= \min_{\substack{v_i, v_j \in \boldsymbol{C} \\ i \neq j}} d(0, v_i + v_j) \\
&= \min_{\substack{v \in \boldsymbol{C} \\ v \neq 0}} d(v) \\
&= w_{\min}
\end{aligned} \tag{8.12}
$$

证毕。

显然，求一个线性分组码的最小重量比起直接求其最小距离要简便得多。

8.2　线性分组码的编码和译码

8.2.1　线性分组码的编码

有了前述概念，线性分组码的编码就非常容易设计了。事实上，式(8.4)已经给出了一般线性分组码的编码实现方法，如果采用硬件实现，只要使用移位寄存器、乘

法器和模 2 加法器等器件就可以了。特别地，对于系统线性分组码的编码，式(8.8)～式(8.10)给出了更为明确的描述，无论是采用硬件还是采用软件都比较容易实现的。当然，分组码的消息部分越长，编码的实现也会越复杂，但随着集成电路和微处理器技术的成熟，设计中受编码复杂性制约的成分越来越小，注重的是其具体应用中的性能，这必须和译码特性统筹考虑。

8.2.2 线性分组码译码

1. 译码的基本原理

和编码情况相类似，式(8.6)也已给出了一般线性分组码的译码实现方法。但该式直接给出的仅仅是接收码矢有无错误的信息，至于能否纠正，还需具体情况具体分析。

设发端发送的码字为 $\boldsymbol{c}=(c_1,c_2,\cdots,c_n)$，它是 2^k 个 n 重二进制许用码组中的一个，由于在传输过程中可能受到干扰或噪声的影响，接收矢量为 $\boldsymbol{r}=(r_1,r_2,\cdots,r_n)$，它是 2^n 个 n 重二进制码元组成的集合 $\boldsymbol{V}_n$ 中的一个，可以将它写成

$$\boldsymbol{r}=\boldsymbol{c}+\boldsymbol{e} \tag{8.13}$$

其中 $\boldsymbol{e}=(e_1,e_2,\cdots,e_n)$ 是错误矢量，亦即错误图样。显然，在集合 $\boldsymbol{V}_n$ 中存在着 2^n-1 个不为 0 的潜在错误图样，纠错译码的任务就是确定错误图样。

由式(8.6)可知，如果 $\boldsymbol{e}=\boldsymbol{0}$，则 $\boldsymbol{r}\boldsymbol{H}^{\mathrm{T}}=\boldsymbol{0}$；如果 $\boldsymbol{e}\neq\boldsymbol{0}$ 且不是码字，则 $\boldsymbol{r}\boldsymbol{H}^{\mathrm{T}}\neq\boldsymbol{0}$。也就是说，$\boldsymbol{r}\boldsymbol{H}^{\mathrm{T}}$ 中含有接收矢量中的全部错误信息，为此给出如下定义。

定义 8.2 称矢量 $\boldsymbol{r}\boldsymbol{H}^{\mathrm{T}}$ 为接收码矢 $\boldsymbol{r}$ 的伴随式或校正子，表示为

$$\boldsymbol{s}=\boldsymbol{r}\boldsymbol{H}^{\mathrm{T}} \tag{8.14}$$

如果 $\boldsymbol{r}$ 是码字，则 $\boldsymbol{s}$ 的值为 $\boldsymbol{0}$，否则将不为 $\boldsymbol{0}$；如果 $\boldsymbol{r}$ 包含着可纠正的错误，$\boldsymbol{s}$ 将有可能具有特殊的非零值并和特定的错误图样相对应。这就是伴随式译码的基本原理，下面对它进行详细讨论。

2. 伴随式译码

由式(8.13)和式(8.14)，有

$$\boldsymbol{s}=(\boldsymbol{c}+\boldsymbol{e})\boldsymbol{H}^{\mathrm{T}}=\boldsymbol{c}\boldsymbol{H}^{\mathrm{T}}+\boldsymbol{e}\boldsymbol{H}^{\mathrm{T}}=\boldsymbol{e}\boldsymbol{H}^{\mathrm{T}} \tag{8.15}$$

由式(8.15)可见，错误图样将和伴随式相对应，这样，译码器就可根据要求实现 FEC 或 ARQ，从而实现了译码。

归纳起来，伴随式 $\boldsymbol{s}$ 有如下性质：

(1)当且仅当 $\boldsymbol{r}$ 是码字时 $\boldsymbol{s}=\boldsymbol{0}$，当且仅当 $\boldsymbol{r}$ 不是码字时 $\boldsymbol{s}\neq\boldsymbol{0}$。

(2)存在着 2^k-1 个不可检测的错误图样。

这是错误图样落到许用码组中的情形，即

$$\boldsymbol{v} + \boldsymbol{e} = \boldsymbol{w} \tag{8.16}$$

式中，$\boldsymbol{v}$ 是发送的码字，$\boldsymbol{w}$ 是许用码组中的一个码字但不是发送的码字，$\boldsymbol{e}$ 为错误图样。这时虽然 $\boldsymbol{s}=\boldsymbol{0}$，但 $\boldsymbol{r}=\boldsymbol{v}+\boldsymbol{e}=\boldsymbol{w}\neq\boldsymbol{v}$，从而造成无法检测的错误。

这一性质可等效为发端发的是一全 0 码矢而收端收的是非全 0 码矢，一共有 2^k-1 个，由此可得下面的性质。

(3)令 A_i 是线性分组码 $\boldsymbol{C}(n,k)$ 中重量为 i 的码矢数目，p 是二进制对称信道(BSC)的转移概率，若在 BSC 上 $\boldsymbol{C}$ 只用来检错，用 $P_{\mathrm{u}}(E)$ 表示未检出错误的概率，则有

$$P_{\mathrm{u}}(E) = \sum_{i=1}^{n} A_i p^i (1-p)^{n-i} \tag{8.17}$$

根据上述性质 2，只有当错误图样是一个非全零码的码字时，该错误图样才是不可检测的，即一种编码的不可检测错误概率，就是错误图样恰好为码字的概率，这等效于发端发全 0 码而收端收到的是非全 0 码字的情况。换句话说，如果错误图样导致了接收码为全 0 码，则该错误图样是不可检测的。对于重量为 i 的码矢，其 0 的个数为 $n-i$，出现不可检测错误概率的情况是 1 变成了 0 而 0 没有变成 1 的情况，对于任意的 i，这种情况的概率为 $p^i(1-p)^{n-i}$，而重量为 i 的码矢数目为 A_i，考虑到全部的 i，故有式(8.17)。

例 8.1　假设某(7,4)码的重量分布为 $A_0=1$，$A_1=A_2=0$，$A_3=A_4=7$，$A_5=A_6=0$，$A_7=1$，求其不可检测错误概率。

解　由式(8.17)，有

$$P_{\mathrm{u}}(E) = 7p^3(1-p)^4 + 7p^4(1-p)^3 + p^7$$

若 $p=10^{-2}$，则 $P_{\mathrm{u}}(E)\approx 7\times 10^{-6}$；若 $p=10^{-4}$，则 $P_{\mathrm{u}}(E)\approx 7\times 10^{-12}$。

由具体的数值计算清楚可见，不可检测错误概率最主要决定于最小的 i，也就是码字的最小重量或码字的距离。码字的距离越大，不可检测错误概率就越小。

(4)$\boldsymbol{s}$ 是一个 $n-k$ 阶的矢量(行矩阵)。

因为 $\boldsymbol{r}$ 和 $\boldsymbol{e}$ 都是 n 阶的矢量而 $\boldsymbol{H}$ 是 $(n-k)\times n$ 阶的矩阵，由式(8.14)或式(8.15)可得上述结论。

3. 标准阵

上面讨论的伴随式是译码的重要参量。下面介绍一种更为直观的译码方法，它利用陪集和陪集展开的概念。为此，先介绍一些基础知识。

1)群的定义

定义 8.3　设 $\boldsymbol{G}$ 是非空集合，并在 $\boldsymbol{G}$ 内定义了一种代数运算 O，若满足如下 4 个条件，则称 $\boldsymbol{G}$ 为一个群：

(1)封闭性。即对任意 $a\in\boldsymbol{G}$，$b\in\boldsymbol{G}$，恒有 $aOb\in\boldsymbol{G}$。

(2)结合率成立。对任意 $a\in\boldsymbol{G}$，$b\in\boldsymbol{G}$，$c\in\boldsymbol{G}$，恒有 $(aOb)Oc=aO(bOc)$。

(3)若 $\boldsymbol{G}$ 中有一元素 e,对任意的 $a \in \boldsymbol{G}$,满足 $aOe = eOa = a$,则 e 称为单位元或恒元。

(4)若对于任意 $a \in \boldsymbol{G}$,$\boldsymbol{G}$ 中存在有另一元素 a^{-1},使 $aOa^{-1} = a^{-1}Oa = e$,则 a^{-1} 称为 a 的逆元。

2)群的基本性质

定理 8.2 群具有如下性质:①群 $\boldsymbol{G}$ 中恒元是唯一的;②任一个群元素的逆元是唯一的。

证明 ①假设 $\boldsymbol{G}$ 中有两个恒元 e 和 e',则有 $e' = e'Oe = e$,所以群 $\boldsymbol{G}$ 中恒元是唯一的;

②假设 $a \in \boldsymbol{G}$,a 有两个逆元 a_1^{-1} 和 a_2^{-1} 均 $\in \boldsymbol{G}$,则有

$$a_1^{-1} = eOa_1^{-1} = (a_2^{-1}Oa)Oa_1^{-1} = a_2^{-1}O(aOa_1^{-1}) = a_2^{-1}Oe = a_2^{-1}$$

所以群 $\boldsymbol{G}$ 中逆元是唯一的。证毕。

3)子群和陪集

定义 8.4 若群 $\boldsymbol{G}$ 的非空子集 $\boldsymbol{S}$ 对于 $\boldsymbol{G}$ 中定义的代数运算也构成群,则称 $\boldsymbol{S}$ 是 $\boldsymbol{G}$ 的子群。

定义 8.5 设 $\boldsymbol{G}$ 的子群 $\boldsymbol{S} = \{s_1 = e, s_2, \cdots, s_r\}$,$a \notin \boldsymbol{G}$,但 $a \notin \boldsymbol{S}$,将它与 $\boldsymbol{S}$ 中的元依次相加,得 $a + \boldsymbol{S} = \{a + s_i, i = 1, 2, \cdots, r\}$,称 $a + \boldsymbol{S}$ 为 $\boldsymbol{S}$ 的一个陪集,a 称为该陪集的陪集首。

$\boldsymbol{S}$ 的陪集可能有许多个,因此可以将 $\boldsymbol{S}$ 进行陪集展开。$\boldsymbol{G}$ 的每一元仅在子群 $\boldsymbol{S}$ 的一个陪集中。

例 8.2 试构造出全体二进制 4-重矢量组成的模 2 加法群的任意一个子群,并求其陪集展开。

解 二进制 4-重矢量集合 $\boldsymbol{V}_4$ 的全部元素为

0000	0100	1000	1100
0001	0101	1001	1101
0010	0110	1010	1110
0011	0111	1011	1111

要构造的子群 $\boldsymbol{S}$ 对模 2 加要是群。选其恒元为 0000;根据模 2 加规则,各元素的逆元为其本身;为满足封闭性,可在 $\boldsymbol{V}_4$ 中任取两个元素,模 2 加后得到第 4 个元素,这样得到的 4 个元素必然构成群,故应是 $\boldsymbol{V}_4$ 的一个子群。例如,任取两元素 0110 和 1101,将它们模 2 加后得 1011,由 0000,0110,1101 和 1011 这 4 个元素组成的子群 $\boldsymbol{S}$ 对模 2 加构成群。

按照定义 8.5,得 $\boldsymbol{V}_4$ 的陪集展开如图 8.2 所示,其中陪集首分别为 0001,0010 和 1110。

$\boldsymbol{S}$:	0000	0110	1101	1011	（1011=0110　1101）
0001+$\boldsymbol{S}$:	0001	0111	1100	1010	（任取a_1=0001∈$\boldsymbol{G}$，$\notin\boldsymbol{S}$）
0010+$\boldsymbol{S}$:	0010	0100	1111	1001	（任取a_2=0010∈$\boldsymbol{G}$，$\notin\boldsymbol{S}$、$a_1+\boldsymbol{S}$）
1110+$\boldsymbol{S}$:	1110	1000	0011	0101	（任取a_3=1110∈$\boldsymbol{G}$，$\notin\boldsymbol{S}$、$a_1+\boldsymbol{S}$、$a_2+\boldsymbol{S}$）

↑ 陪集首　　↑ 陪集展开

图 8.2　$\boldsymbol{V}_4$的陪集展开

4)标准阵的定义

根据上述理论,可以给出标准阵的定义如下。

定义 8.6　把 2^n个可能的接收矢量划分成 2^k个不相交的子集,使每个子集只含有一个码矢,这个阵列称为标准阵。

定义 8.6 实质上就是将 $\boldsymbol{V}_n$集合中的所有 n 重二进制序列进行陪集展开,它的第一行以全 0 码字开始,包括了所有的码字;而第一列即陪集首,包括了所有可纠正的错误图样,如图 8.3 所示。

$$
\begin{array}{ccccccc}
\boldsymbol{c}_1 & \boldsymbol{c}_2 & \cdots & \boldsymbol{c}_i & \cdots & \boldsymbol{c}_{2^k} \\
\boldsymbol{e}_2 & \boldsymbol{c}_2+\boldsymbol{e}_2 & \cdots & \boldsymbol{c}_i+\boldsymbol{e}_2 & \cdots & \boldsymbol{c}_{2^k}+\boldsymbol{e}_2 \\
\boldsymbol{e}_3 & \boldsymbol{c}_2+\boldsymbol{e}_3 & \cdots & \boldsymbol{c}_i+\boldsymbol{e}_3 & \cdots & \boldsymbol{c}_{2^k}+\boldsymbol{e}_3 \\
\vdots & \vdots & & \vdots & & \vdots \\
\boldsymbol{e}_j & \boldsymbol{c}_2+\boldsymbol{e}_j & \cdots & \boldsymbol{c}_i+\boldsymbol{e}_j & \cdots & \boldsymbol{c}_{2^k}+\boldsymbol{e}_j \\
\vdots & \vdots & & \vdots & & \vdots \\
\boldsymbol{e}_{2^{n-k}} & \boldsymbol{c}_2+\boldsymbol{e}_{2^{n-k}} & \cdots & \boldsymbol{c}_i+\boldsymbol{e}_{2^{n-k}} & \cdots & \boldsymbol{c}_{2^k}+\boldsymbol{e}_{2^{n-k}}
\end{array}
$$

↑ 陪集首　　↑ 陪集展开

图 8.3　(n,k)线性分组码的标准阵

在图 8.3 中,$\boldsymbol{c}_1$为全 0 矢量,它既是许用码组中的一个码字,也是错误图样 $\boldsymbol{e}_1$,代表没有错误的情况。

由图 8.3 可见,标准阵是一个 $2^k\times2^{n-k}$阶的矩阵,它具有如下的性质。

(1)在标准阵的同一行中,没有两个 n 重是相同的,每个 n 重在且仅在一行中出现。

(2)每个(n,k)线性分组码都能纠正 2^{n-k}种错误图样,它们就是标准阵的陪集首。根据最大似然准则,重量较小的错误图样比重量较大的错误图样更可能出现,因此应当选择重量最小的那些矢量作为陪集首。

(3)令 α_i表示重量为 i 的陪集首的数目,$\alpha_1,\alpha_2,\cdots,\alpha_n$称为陪集首的重量分布,当且仅当错误图样不是陪集首时才出现译码错误,故对于转移概率为 p 的二进制对称信道而言,采用标准阵译码方法所产生的不可检测错误概率为

$$P(E)=1-\sum_{i=0}^{n}\alpha_i p^i(1-p)^{n-i}\tag{8.18}$$

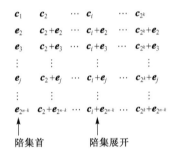

由性质(2)可知，在陪集首中小重量的错误图样占的比例较大，因此由上式计算可知其不可检测错误概率是很小的。

(4)一个陪集的所有 2^k 个 n 重有同样的伴随式，不同陪集的伴随式互不相同。

这实际上给出了标准阵和伴随式之间的关系，可以证明如下。

证明 设陪集首为 $\boldsymbol{e}_l$ 的陪集中任一矢量 $\boldsymbol{e}_l+\boldsymbol{v}_i$，其伴随式为

$$\boldsymbol{s}=(\boldsymbol{e}_l+\boldsymbol{v}_i)\boldsymbol{H}^{\mathrm{T}}=\boldsymbol{e}_l\boldsymbol{H}^{\mathrm{T}}+\boldsymbol{v}_i\boldsymbol{H}^{\mathrm{T}}=\boldsymbol{e}_l\boldsymbol{H}^{\mathrm{T}} \tag{8.19}$$

即同一陪集首所在的行中任一矢量的伴随式等于陪集首的伴随式。

再令 $\boldsymbol{e}_j$ 和 $\boldsymbol{e}_l$ 分别为第 j 个和第 l 个陪集的陪集首，其中 $j\neq l$。假定这两个陪集的伴随式相等，则

$$\boldsymbol{e}_j\boldsymbol{H}^{\mathrm{T}}=\boldsymbol{e}_l\boldsymbol{H}^{\mathrm{T}}$$

$$(\boldsymbol{e}_j+\boldsymbol{e}_l)\boldsymbol{H}^{\mathrm{T}}=\boldsymbol{0}$$

表明 $\boldsymbol{e}_j+\boldsymbol{e}_l$ 是码字，可令 $\boldsymbol{e}_j+\boldsymbol{e}_l=\boldsymbol{v}_i$，则 $\boldsymbol{e}_l=\boldsymbol{v}_i+\boldsymbol{e}_j$，和标准阵的构成规则相矛盾，所以没有两个陪集有相同的伴随式。证毕。

性质(4)说明陪集首和伴随式之间有着一一对应的关系，由此可以构成一张译码表，对于所有可能接收到的码序列事先计算其伴随式并列表存储，译码时先计算接收码序列的伴随式，然后通过查表找到对应的陪集首从而得到错误图样，这就是查表法译码的基本原理。

4. 伴随式译码的一般步骤及其性能

根据前面的分析，可以将伴随式译码的一般步骤归纳如下：

(1)计算接收矢量 $\boldsymbol{r}$ 的伴随式：$\boldsymbol{s}=\boldsymbol{r}\boldsymbol{H}^{\mathrm{T}}$；

(2)由伴随式 $\boldsymbol{s}$，找到对应于它的陪集首 $\boldsymbol{e}_l$；

(3)纠正错误：$\boldsymbol{v}=\boldsymbol{r}+\boldsymbol{e}_l$，$\boldsymbol{v}$ 即为译码输出的码字。

这种译码算法的关键在于第 2 步。由图 8.3 的标准阵可以看出，当 $n-k$ 的数值不是很大时，用前面所述的查表法比较容易由伴随式得到所对应的陪集首，但对于大的 $n-k$ 数值，查表法需要大量的存储器或复杂的电路，因此寻找更为有效的方法将变得很有意义，这在后面将会进一步讨论。

下面讨论伴随式译码的性能。按伴随式译码法译码时，所有的陪集首都是可纠正的错误图样，但这种译码法的性能如何呢？为此先看下面的定理。

定理 8.3 按照标准阵将接收码字译为它与它所在陪集的陪集首的模 2 和的译码算法是最小距离译码算法。

证明 按照标准阵的构成，陪集首在其所在陪集中具有最小重量，因而它和全 0 码的距离相对于它和其他码字的距离是最小的。另外根据最大似然的考虑，接收码矢与标准阵中它所在列的码字的距离将小于或等于它与其他码字的距离，所以把它译为它的列首码字的译码算法是最小距离译码算法。

8.2.3　线性分组码举例

前面几节集中地讨论了线性分组码的有关理论问题，本节将以汉明码为例来说明其应用。

定义 8.7　距离为 3 的线性分组码($2^m-1,2^m-1-m$)为汉明码，其中 m 为任何不小于 2 的整数。

汉明码能够纠正 1 个错误，它的码长 $n=2^m-1$，消息序列的长度 $k=2^m-1-m$，一致校验部分的位数 $n-k=m$，故其编码效率为

$$R=(2^m-1-m)/(2^m-1) \tag{8.20}$$

对应于 $m=2\sim8$ 的汉明码为(3,1)；(7,4)；(15,11)；(31,26)；(63,57)；(127,120)；(255,247)。

容易看出，汉明码的编码效率随着 m 的增大而提高，当 m 很大时，R 将接近于 1，但由于它只能纠 1 个错，故实际应用中只选用适当的 m 值。

因为汉明码只纠正 1 个错误，所以它的陪集首是重量为 0 和 1 的所有矢量。但并不是所有线性分组码都有这一特性。由标准阵的性质(2)可知，每个(n,k)线性分组码都能纠正 2^{n-k} 种错误图样，它们是标准阵的陪集首。可是，能纠正 2^{n-k} 种错误图样并没有说明能纠正几个比特的错误。举例来说，(8,2)线性分组码的陪集首的个数为 $2^6=64$，表示可以纠正 63 种错误图样的错误，但具有 1、2、3 比特错误的错误图样的个数分别为 $C_8^1=8$、$C_8^2=28$、$C_8^3=56$。这说明用标准阵译码(8,2)线性分组码，除了能够纠正全部 1 比特和 2 比特错误外，还能纠正部分 3 比特的错误。由于它不能纠正全部的 3 比特错误，故其最大纠错能力只能说是 2 比特。反映到陪集首的个数，它包含全部 1、2 比特错误的图样还有余，包含全部 3 比特错误的图样尚不足。对于这一特性，可用下面完备码的概念来表征。

定义 8.8　设 $\boldsymbol{C}$ 是(n,k)线性分组码，其纠错能力为 t。如果用且只用不大于 t 个错误的全部错误图样作陪集首就能构成标准阵，那么称这个码为完备码。

根据完备码的定义可知，汉明码是一种完备码。

汉明码是一种性能良好的码，它是在纠错编码的实践中较早发现的一类具有纠单个错误能力的纠错码，在通信和计算机工程中都有应用。如果对汉明码作进一步推广，就得出了能纠正多个错误的纠错码，其中最典型的是 BCH 码，通过后面的分析将会看到，汉明码是只纠 1 比特错误的 BCH 码，它们都是循环码。

8.3　循环码的描述

循环码是一种重要的线性分组码。在性能上，这种码具有明确的纠、检错能力，对于给定的码长 n 和信息位数 k，已提出的各类循环码都有确定的纠、检错能力的理论计算值；在实现上，编码和译码都可以通过简单的反馈移位寄存器来完

成;在结构上,它的循环性使得更容易用数学语言来描述。本节讨论如何对循环码进行描述。

8.3.1 循环码的定义

定义 8.9 一个(n,k)线性分组码 $\boldsymbol{C}$,若它一个码矢的每一循环移位都是 $\boldsymbol{C}$ 的一个码字,则 $\boldsymbol{C}$ 是一个循环码。

定义 8.9 说明,循环码是一种线性码,因此线性码的一切特性均适合于循环码;它的特殊性是其循环性,码字集合或者说码组中任意一个码字的循环移位得到的序列仍是该码字集合中的码字,即它对循环操作满足封闭性。

下面通过一个例子来理解循环码的定义。

例 8.3 分析二进制码组{000,110,101,011},{00000,01111,10100,11011},{0000,1101,0111,1011,1110}是不是循环码。

解 看一个码组是不是循环码,就是看它符不符合线性和循环的条件。

对于码组{000,110,101,011},它的任意两个码字模 2 加运算后均是码组中的码字,对模 2 加运算满足封闭性,因此是线性码;它的任意码字通过循环移位后均仍是码组中的码字,对循环操作满足封闭性,因此它是循环码。事实上,它是对 00,01,10,11 进行偶校验得到的码,是(3,2)循环码。

对于码组{00000,01111,10100,11011},它的任意两个码字模 2 加运算后均是码组中的码字,对模 2 加运算满足封闭性,因此是线性码;但它的 3 个非全 0 码不能满足任意次循环移位后均仍是码组中的码字的要求,例如 01111 的一次循环右移得到 10111,不是码组中的码字,故对循环操作不满足封闭性,因此它是线性码但不是循环码。事实上,它是对消息序列 00,01,10,11 进行编码得到的线性分组码(5,2)码。

对于码组{0000,1101,0111,1011,1110},它的任意码字通过循环移位后均仍是码组中的码字,对循环操作满足封闭性,但它的任意两个码字模 2 加运算后得到的序列却不都是码组中的码字,即它对模 2 加运算不满足封闭性,不是线性码,因此它尽管满足循环性但由于不是线性码,故也不是循环码。

为了分析方便,可以将二进制码序列用系数为 1、0 的多项式来表示,由此可以建立码序列和码多项式的一一对应关系。

设码序列为

$$\boldsymbol{v} = (v_{n-1}, v_{n-2}, \cdots, v_1, v_0) \tag{8.21}$$

则它用多项式表示为

$$v(x) = v_{n-1}x^{n-1} + v_{n-2}x^{n-2} + \cdots + v_1 x + v_0 \tag{8.22}$$

将它进行 i 次循环左移,得

$$v^{(i)}(x)=v_{n-i-1}x^{n-1}+v_{n-i-2}x^{n-2}+\cdots+v_1x^{i+1}+v_0x^i$$
$$+v_{n-1}x^{i-1}+\cdots+v_{n-i+1}x+v_{n-i} \quad (8.23)$$

称 $v^{(i)}(x)$ 为码序列循环移位 i 次后的码多项式，它可以由下面方法获得。

定理 8.4　设循环码的码多项式为 $v(x)=v_{n-1}x^{n-1}+v_{n-2}x^{n-2}+\cdots+v_1x+v_0$，循环移位 i 次后的码多项式为 $v^{(i)}(x)$，则 $v^{(i)}(x)$ 是 x^n+1 除多项式 $x^iv(x)$所得之余式。

证明　可以将要证明的命题表示为

$$v^{(i)}(x)=x^iv(x)\mid_{\bmod (x^n+1)} \quad (8.24)$$

由式(8.22)，有

$$x^iv(x)=v_{n-i-1}x^{n-1}+v_{n-i-2}x^{n-2}+\cdots+v_1x^{i+1}+v_0x^i$$
$$+v_{n-1}x^{n+i-1}+\cdots+v_{n-i+1}x^{n+1}+v_{n-i}x^n \quad (8.25)$$

将式(8.25)与 x^n+1 相联系，有

$$\begin{aligned}x^iv(x)=&v_{n-i-1}x^{n-1}+v_{n-i-2}x^{n-2}+\cdots+v_1x^{i+1}+v_0x^i\\&+v_{n-1}x^{i-1}(x^n+1)+v_{n-1}x^{i-1}+\cdots+v_{n-i+1}x(x^n+1)+v_{n-i+1}x\\&+v_{n-i}(x^n+1)+v_{n-i}\\=&v_{n-i-1}x^{n-1}+v_{n-i-2}x^{n-2}+\cdots+v_1x^{i+1}+v_0x^i\\&+v_{n-1}x^{i-1}+\cdots+v_{n-i+1}x+v_{n-i}\\&+v_{n-1}x^{i-1}(x^n+1)+\cdots+v_{n-i+1}x(x^n+1)+v_{n-i}(x^n+1)\end{aligned} \quad (8.26)$$

对比式(8.23)，有

$$x^iv(x)=v^{(i)}(x)+q(x)(x^n+1) \quad (8.27)$$

故式(8.24)成立。证毕。

8.3.2　循环码的性质

下面以定理的形式给出有关循环码的几个重要性质，利用它们将可以简化循环码的编码和伴随式计算。

定理 8.5　循环码 $\boldsymbol{C}$ 中，次数最低的非零码多项式是唯一的。

证明　令

$$g(x)=x^r+g_{r-1}x^{r-1}+\cdots+g_1x+g_0 \quad (8.28)$$

是 $\boldsymbol{C}$ 中次数最低的非零码多项式。若 $g(x)$不是唯一的，则必存在有另一个次数为 r 的码多项式 $g'(x)=x^r+g_{r-1}'x^{r-1}+\cdots+g_1'x+g_0'$；因为 $\boldsymbol{C}$ 是线性的，故 $g(x)+g'(x)$ 是一个次数小于 r 的码多项式，必有 $g(x)+g'(x)=0$，否则与假设相矛盾，故 $g(x)$是唯一的。证毕。

定理 8.6　令 $g(x)=x^r+g_{r-1}x^{r-1}+\cdots+g_1x+g_0$ 是(n,k)循环码 $\boldsymbol{C}$ 中最低次数的非零码多项式，则常数项 g_0必为 1。

证明 设 $g_0=0$,则

$$g(x)=x^r+g_{r-1}x^{r-1}+\cdots+g_1x+g_0$$
$$=x(x^{r-1}+g_{r-1}x^{r-2}+\cdots+g_1)$$

将 $g(x)$循环右移 1 位或循环左移 $n-1$ 位,记为 $g^{(1)}(x)$,有

$$g^{(1)}(x)=x^{r-1}+g_{r-1}x^{r-2}+\cdots+g_1$$

它是一个次数小于 r 的非零码多项式,与 $g(x)$是最低次数的非零码多项式的假设相矛盾,故 g_0必为 1。因此

$$g(x)=x^r+g_{r-1}x^{r-1}+\cdots+g_1x+1 \tag{8.29}$$

证毕。

定理 8.7 令 $g(x)=x^r+g_{r-1}x^{r-1}+\cdots+g_1x+1$ 是一个(n,k)循环码 $\boldsymbol{C}$ 中次数最低的非零码多项式,一个次数等于或小于 $n-1$ 次的二元多项式,当且仅当它是$g(x)$的倍式时,才是码多项式。

证明 令 $v(x)$ 是一个次数小于或等于 $n-1$ 次的二元多项式,设 $v(x)$是 $g(x)$的倍式,则

$$v(x)=(u_{n-r-1}x^{n-r-1}+\cdots+u_1x+u_0)g(x)$$
$$=u_{n-r-1}x^{n-r-1}g(x)+\cdots+u_1xg(x)+u_0g(x) \tag{8.30}$$

由循环码的线性叠加特性,知 $v(x)$必是 $\boldsymbol{C}$ 中的一个码多项式。

再用 $g(x)$去除 $v(x)$,得

$$v(x)=u(x)g(x)+b(x) \tag{8.31}$$

式中,$b(x)$的次数小于 $g(x)$次数。将上式变换为

$$b(x)=v(x)+u(x)g(x)$$

上式右端的两项均为码多项式,因此$b(x)$要么是码多项式,要么是 0。由于$b(x)$的次数小于 $g(x)$的次数,而定理假设 $g(x)$是循环码 $\boldsymbol{C}$ 中次数最低的非零码多项式,故 $b(x)$只能是 0。因此

$$v(x)=u(x)g(x) \tag{8.32}$$

证毕。

定理 8.7 说明,一个次数等于或小于 $n-1$ 次的二元多项式是码多项式的充要条件,就是它是 $g(x)$的倍式。这实际上给出了循环码的一种编码方法。因为,假如 $u(x)$是消息多项式,则它和 $g(x)$相乘就得到码多项式。由此可见,码字集合的全部码字都可以由 $g(x)$来生成,因此称 $g(x)$为(n,k)循环码的生成多项式,其次数 $r=n-k$。

定理 8.8 (n,k)循环码的生成多项式 $g(x)$是 x^n+1 的因式。

证明 将生成多项式 $g(x)$乘以 x^k,由式(8.5),得

$$x^kg(x)=g^{(k)}(x)+q(x)(x^n+1)$$

由于 $x^kg(x)$ 次数为 n,故上式中 $q(x)=1$,而 $g^{(k)}(x)$ 是 $g(x)$循环左移 k 次所得,由前面分析知它是 $g(x)$的倍式,设 $g^{(k)}(x)=u(x)g(x)$,故有

$$x^n+1=[x^k+u(x)]g(x)=f(x)g(x) \tag{8.33}$$

证毕。

式(8.33)隐含着这样一个事实，x^n+1 不但有 $g(x)$ 这一因子，还可能有其他因子，这一特点在后面会进一步讨论。

定理 8.9　若 $\boldsymbol{g}(\boldsymbol{x})$是一个 $n-k$ 次多项式且是 $\boldsymbol{x}^n+1$ 的因式，则 $\boldsymbol{g}(\boldsymbol{x})$生成一个$(n,k)$循环码。

证明　考虑 k 个次数小于或等于$n-1$ 的多项式 $g(x),xg(x),\cdots,x^{k-1}g(x)$，令码多项式为

$$\begin{aligned}v(x)&=u_{k-1}x^{k-1}g(x)+\cdots+u_1xg(x)+u_0g(x)\\&=(u_{k-1}x^{k-1}+\cdots+u_1x+u_0)g(x)\end{aligned} \tag{8.34}$$

式中，第一个等式将码多项式表示为生成多项式的线性组合，第二个等式将其表示为 $g(x)$的倍式，一共可构成 2^k 个码字，因此它可构成(n,k)线性分组码。

再考虑其循环性，令

$$v(x)=v_{n-1}x^{n-1}+\cdots+v_1x+v_0 \tag{8.35}$$

是(n,k)线性分组码的 2^k 个码字中的一个，有

$$\begin{aligned}xv(x)&=v_{n-1}(x^n+1)+(v_{n-2}x^{n-1}+\cdots+v_0x+v_{n-1})\\&=v_{n-1}(x^n+1)+v^{(1)}(x)\end{aligned} \tag{8.36}$$

式中 $v_{n-1}(x^n+1)$ 能被 $g(x)$整除，而 $v^{(1)}(x)$ 是 $v(x)$的一次循环移位，必能被 $g(x)$整除，因为 $v(x)$是 $g(x),xg(x),\cdots,x^{k-1}g(x)$ 的一个线性组合，$v^{(1)}(x)$ 是码多项式，所以该线性码是循环码。

类似地，也可以证明 $x^iv(x)$ 是码多项式，因此由 $g(x)$生成的码是(n,k)循环码。证毕。

(n,k)循环码的生成多项式 $g(x)$在代数结构上是 x^n+1 的一个$(n-k)$次因式。但由式(8.33)可见，x^n+1 可能有不止一个$(n-k)$次因式。其含义是，对于一个(n,k)循环码可能会有多个生成多项式，例如，$x^7+1=(x+1)(x^3+x+1)(x^3+x^2+1)$就有 3 个生成多项式，$n$ 越大其生成多项式可能越多，因此分析这些生成多项式所生成的码的性能，从而选择好的生成多项式，是研究循环码的主要工作之一，尤其当 n 较大时，需用计算机搜索的方法来寻找好的生成多项式，通常称为搜索好码。

例 8.4　试构造 $n=10$ 和 $n=15$ 时可能的二进制循环码。

解　构造可能的二进制循环码，也就是在给定的 n 条件下，对各种可能的 k 值求出其对应的生成多项式。对于 $n=10$ 的情况，求 $k=1,2,\cdots,8,9$ 时对应的生成多项式，就是求 $x^{10}+1$ 的各$(10-k)$次因式；对于 $n=15$ 的情况，求 $k=1,2,\cdots,13,14$ 时对应的生成多项式，就是求 $x^{15}+1$ 的各 $15-k$ 次因式。两种情况的计算结果如表 8.1 所示，表中给出了 $g(x)$以及对应的汉明距离，其中 $g(x)$用其系数表示，例如，110101 代表 $x^5+x^4+x^2+1$。

表 8.1 $n=10$ 和 $n=15$ 时循环码的生成多项式及其汉明距离

$x^{10}+1$			$x^{15}+1$		
k	$g(x)$	d_{min}	k	$g(x)$	d_{min}
1	1111111111	10	1	111111111111111	15
2	101010101	5	2	11011011011011	10
3			3	1001001001001	5
4	1100011	4	4	111101011001 110001100011	8 6
5	100001	2	5	10100110111 10000100001	7 3
6	111111	2	6	1011001101 1100111001	6 6
7			7	111010001 110111011	5 3
8	101	2	8	11010001 11100111	4 4
9	11	2	9	1011101 1111001	4 3
			10	110101 100001	4 2
			11	10011 11111	3 2
			12	1001	2
			13	111	2
			14	11	2

由表 8.1 可见，$x^{10}+1$ 不含有(10,3)、(10,7)循环码，因为它没有 7 次和 3 次因式；而对于 $k=5$、6、8、9，其距离都是 2，故它们的纠、检错能力是一样的，但编码效率显然大不一样，这说明同是循环码，性能却有所不同，这就提出了所谓搜索好码的问题。这个问题在 $n=15$ 情况看得更清楚。$x^{15}+1$ 有[1,14]区间的各次因式，但有超过一半的 k 值有 2 个同次因式，对应的情况就可以构造出 2 个循环码，但注意到对应的 d_{min} 值就会发现，有的情况却不相等，这说明注入同样的冗余度得到的效果不一样，同样说明寻找性能好的循环码的重要性。通过实例可以发现，随着 n 的增大，同次生成多项式的个数将会增加，因此搜索好码具有重要的意义。

给定 n，对于不同的 k，寻找 $g(x)$，计算 d_{min} 及重量分布，可以构造出符合需要的循环码。定理 8.9 在后面的实例中还要用到，事实上，循环码中的许多好码都是这么发现的。直到 $n=99$ 的循环码，许多文献已列表给出。

8.3.3　生成矩阵和一致校验矩阵

一旦找到了码的生成多项式，用消息多项式去乘生成多项式就得到了码多项式。与 8.2 节讨论线性分组码的情形一样，循环码的编码和译码同样也可以用生成矩阵和一致校验矩阵来描述，同样也分为系统码和非系统码。

1. 非系统形式的生成矩阵和一致校验矩阵

根据循环码的生成多项式是最低次的码多项式和其线性、循环的特性，很容易得到它的非系统形式的生成矩阵，为

$$\boldsymbol{G}=\begin{bmatrix} g_{n-k} & \cdots & g_2 & g_1 & 1 & 0 & 0 & \cdots & 0 \\ 0 & g_{n-k} & \cdots & g_2 & g_1 & 1 & 0 & \cdots & 0 \\ 0 & 0 & g_{n-k} & \cdots & g_2 & g_1 & 1 & \cdots & 0 \\ \vdots & \vdots & \vdots & \vdots & \vdots & \vdots & \vdots & \vdots & \vdots \\ 0 & 0 & \cdots & 0 & g_{n-k} & \cdots & g_2 & g_1 & 1 \end{bmatrix} \tag{8.37}$$

式中，$g_{n-k}=1$。若待编码的消息用行矩阵表示为

$$\boldsymbol{U}=[u_{k-1},u_{k-2},\cdots,u_1,u_0]$$

则非系统循环码的编码输出为

$$\boldsymbol{C}=\boldsymbol{UG} \tag{8.38}$$

由 $\boldsymbol{G}\cdot\boldsymbol{H}^{\mathrm{T}}=\boldsymbol{0}$ 可得非系统形式的一致校验矩阵 $\boldsymbol{H}$。

2. 系统形式的生成矩阵和一致校验矩阵

系统形式的循环码生成矩阵可由非系统形式的生成矩阵通过行变换而获得。对所有的 $i=0,1,\cdots,k-1$，用生成多项式 $g(x)$ 除 x^{n-k+i}，有

$$x^{n-k+i}=a_i(x)g(x)+b_i(x) \tag{8.39}$$

式中，$b_i(x)$ 是余式，表示为

$$b_i(x)=b_{i,n-k-1}x^{n-k-1}+\cdots+b_{i,1}x+b_{i,0} \tag{8.40}$$

因此 $x^{n-k+i}+b_i(x)$ 是 $g(x)$ 的倍式，即 $x^{n-k+i}+b_i(x)$ 是码多项式。由此得到系统形式的生成多项式为

$$\boldsymbol{G}=\begin{bmatrix} 1 & 0 & \cdots & 0 & b_{k-1,n-k-1} & \cdots & b_{k-1,1} & b_{k-1,0} \\ 0 & 1 & \cdots & 0 & b_{k-2,n-k-1} & \cdots & b_{k-2,1} & b_{k-2,0} \\ \vdots & \vdots & & \vdots & \vdots & & \vdots & \vdots \\ 0 & 0 & \cdots & 1 & b_{0,n-k-1} & \cdots & b_{0,1} & b_{0,0} \end{bmatrix} \tag{8.41}$$

它是一个 $k\times n$ 阶的矩阵，编码输出同样用式(8.38)求得。

由 $\boldsymbol{G}\cdot\boldsymbol{H}^{\mathrm{T}}=\boldsymbol{0}$ 可得系统形式的一致校验矩阵，为

$$\boldsymbol{H}=\begin{bmatrix} b_{k-1,n-k-1} & b_{k-2,n-k-1} & \cdots & b_{0,n-k-1} & 1 & \cdots & 0 & 0 \\ \vdots & \vdots & & \vdots & \vdots & & \vdots & \vdots \\ b_{k-1,1} & b_{k-2,1} & \cdots & b_{0,1} & 0 & 0 & 1 & 0 \\ b_{k-1,0} & b_{k-2,0} & \cdots & b_{0,0} & 0 & \cdots & 0 & 1 \end{bmatrix} \tag{8.42}$$

它是一个$(n-k)\times n$ 阶的矩阵。

例 8.5 对于 $g(x)=x^3+x+1$ 生成的(7,4)循环码,求其系统形式的生成矩阵和一致校验矩阵。

解 由生成多项式,有

$$
\begin{aligned}
x^3 &= g(x)+(x+1)\\
x^4 &= xg(x)+(x^2+x)\\
x^5 &= (x^2+1)g(x)+(x^2+x+1)\\
x^6 &= (x^3+x+1)g(x)+(x^2+1)
\end{aligned}
$$

由式(8.39),有

$$
\begin{aligned}
b_0(x) &= x+1\\
b_1(x) &= x^2+x\\
b_2(x) &= x^2+x+1\\
b_3(x) &= x^2+1
\end{aligned}
$$

故其系统形式的生成矩阵和一致校验矩阵分别为

$$
\boldsymbol{G}=\begin{bmatrix}1&0&0&0&1&0&1\\0&1&0&0&1&1&1\\0&0&1&0&1&1&0\\0&0&0&1&0&1&1\end{bmatrix},\quad \boldsymbol{H}=\begin{bmatrix}1&1&1&0&1&0&0\\0&1&1&1&0&1&0\\1&1&0&1&0&0&1\end{bmatrix}
$$

8.4 循环码的编码和译码

8.4.1 循环码的编码

1. 非系统循环码的编码电路

定理 8.7 和式(8.32)已经给出了循环码的一种编码方法,即消息多项式与生成多项式相乘即得到码多项式。但这种方法得到的码序列不能直接看出它的分组码结构,因为它并不明显呈现消息部分和校验部分,即消息多项式与生成多项式直接相乘得到的码多项式是非系统形式的循环码。

例 8.6 已知码多项式 $u(x)=x^2+1$,生成多项式 $g(x)=x^3+x+1$,求非系统形式的编码输出。

解 根据式(8.32),有

$$
C(x)=g(x)\,u(x)=(x^3+x+1)\,(x^2+1)
$$

将其用二进制乘法表示并计算如下:

$$
(1\,0\,1\,1)\times(1\,0\,1\,1)=1\,0\,0\,1\,1\,1
$$

$$
\begin{array}{r}
1\,0\,1\,1\\
\underline{1\,0\,1\,1}\\
1\,0\,0\,1\,1\,1
\end{array}
$$

因此,$C(x)=x^5+x^2+x+1$,显然它不是系统形式。

也可以用式(8.38)来求得。对于本例，有

$$C = UG = [0\ 1\ 0\ 1]\begin{bmatrix}1&0&1&1&0&0&0\\0&1&0&1&1&0&0\\0&0&1&0&1&1&0\\0&0&0&1&0&1&1\end{bmatrix} = [0\quad 1\quad 0\quad 0\quad 1\quad 1\quad 1]$$

写成码多项式，即 $C(x)=x^5+x^2+x+1$。

图 8.4 给出了非系统循环码的通用编码电路。

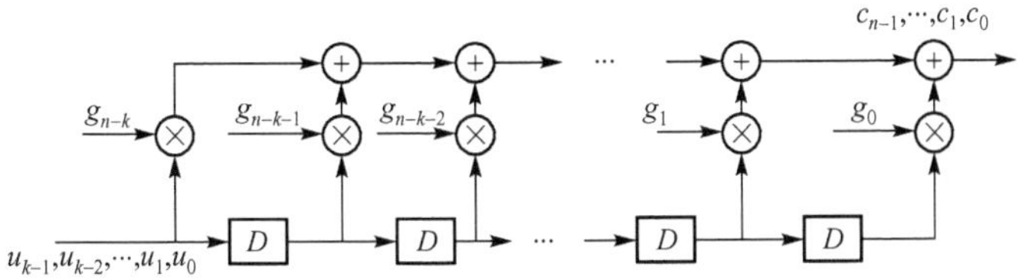

图 8.4　非系统循环码的通用编码电路

2. 系统循环码的编码电路

对于系统循环码的编码，有下面的定理。

定理 8.10　设循环码的生成多项式为 $g(x)$，待编码的消息多项式为 $u(x)$，$g(x)$ 和 $u(x)$ 的次数分别是 r 和 $k-1$，则

$$C(x) = u(x)\cdot x^{n-k} + u(x)\cdot x^{n-k}\ |_{\bmod g(x)} \tag{8.43}$$

为码多项式，用此方法编得的码字为系统循环码。

证明　考虑的系统循环码是消息部分在左、一致校验部分在右的结构，即码多项式的第 $n-1$ 次至 $n-k$ 次的系数是信息位，而其余为校验位。因为码多项式一定是生成多项式的倍式，故有

$$C(x) = u(x)x^{n-k} + r(x) \equiv 0\ |_{\bmod g(x)} \tag{8.44}$$

式中

$$g(x) = x^r + g_{r-1}x^{r-1} + \cdots + g_1x + 1$$

是生成多项式，而

$$u(x) = u_{k-1}x^{k-1} + u_{k-2}x^{k-2} + \cdots + u_1x + u_0$$

是信息多项式，其中 $(u_{k-1},u_{k-2},\cdots,u_1,u_0)$ 是信息位，且

$$r(x) = r_{n-k-1}x^{n-k-1} + r_{n-k-2}x^{n-k-2} + \cdots + r_1x + r_0$$

是校验位多项式，相应的系数是消息码元的校验位。由式(8.44)，得

$$r(x) = C(x) + u(x)x^{n-k} \equiv u(x)x^{n-k}\ |_{\bmod g(x)} \tag{8.45}$$

故式(8.43)构造的码为系统循环码。证毕。

由定理 8.10 可知，系统循环码的编码主要是求校验位的问题，而求校验位主要是以 $g(x)$ 为模做除法。除法电路主要用反馈移位寄存器等数字电路来实现，图 8.5 给出了用 $n-k$ 级移位寄存器来实现系统循环码编码的一般结构。

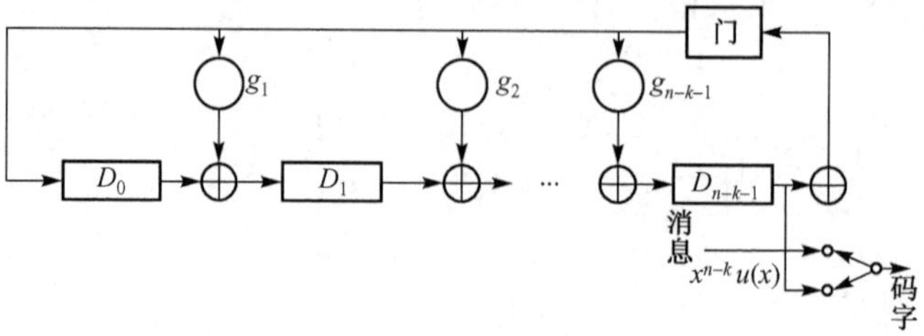

图 8.5　系统循环码编码电路的一般结构

例 8.7　在 X.25 协议中采用的循环冗余校验码(cyclic redundancy check code, CRC)生成多项式为

$$g(x)=x^{16}+x^{12}+x^{5}+1 \tag{8.46}$$

可用来构造任意满足 $n=k+16$ 的(n,k)系统码的编码电路,但只有 $x^{k+16}+1$ 含有因式 $g(x)$ 的那些 k,才产生循环码。假设对于选定的(n,k)满足了产生循环码的要求,试求对应 $u(x)=x^{3}+x+1$ 的码多项式 $C(x)$。

解　根据题意知 $n-k=16$。将 $g(x)$ 和 $u(x)$代入式(8.23),将它们均用二进制序列表示,作求模运算,即

```
10110000000000000000
10001000000100001
   1110000010000100
   10001000000100001
     110100000101001010
     10001000000100001
      1011000101101011
```

得到的校验多项式为

$$r(x)=x^{15}+x^{13}+x^{12}+x^{8}+x^{6}+x^{5}+x^{3}+x+1$$

故所求的码多项式为

$$C(x)=x^{19}+x^{17}+x^{16}+x^{15}+x^{13}+x^{12}+x^{8}+x^{6}+x^{5}+x^{3}+x+1$$

8.4.2　循环码的译码

循环码是线性分组码的一种,故线性分组码的译码也完全适用于循环码。但循环码具有循环特性,各种译码算法、电路等有可能利用循环码的循环特性来简化译码。

1. 循环码的伴随式及其性质

伴随式的概念在前面已进行了较为详细的讨论,这里主要从循环特性来看伴随式的某些性质。

设发送的码字为

$$C=(c_{n-1},c_{n-2},\cdots,c_1,c_0)$$

接收端的错误图样为

$$E=(e_{n-1},e_{n-2},\cdots,e_1,e_0)$$

则译码器收到的 n 重码字为

$$\begin{aligned}R&=C+E\\&=(c_{n-1}+e_{n-1},c_{n-2}+e_{n-2},\cdots,c_1+e_1,c_0+e_0)\\&=(r_{n-1},r_{n-2},\cdots,r_1,r_0)\end{aligned}\tag{8.47}$$

式中

$$r_i=c_i+e_i\tag{8.48}$$

由伴随式定义可知,相应的伴随式为

$$S=RH^{\mathrm{T}}=(C+E)H^{\mathrm{T}}=EH^{\mathrm{T}}\tag{8.49}$$

即伴随式 S 仅与错误图样有关。由于伴随式与错误图样有一一对应的关系,故求得了伴随式就获得了接收序列的错误信息。

也可以将伴随式用多项式表示。用生成多项式 $g(x)$去除接收多项式 $r(x)$,有

$$r(x)=a(x)g(x)+s(x)\tag{8.50}$$

式中 $s(x)$为 $g(x)$除 $r(x)$所得的余式,次数最高为 $n-k-1$,当且仅当 $r(x)$是码多项式时,$s(x)$才为零。不难理解,对于给定的接收多项式,$s(x)$的 $n-k$ 个系数同样构成了伴随式矢量 S,因此 $s(x)$是伴随多项式。

接收矢量的伴随多项式中同样包含有接收矢量中错误图样的信息,因此可以用它来译码。而且可以用一个和发送端编码器相类似的除法电路来实现伴随式的计算,不同的仅是接收多项式 $r(x)$是从电路的左端移入寄存器,如图 8.6 所示。移位寄存器的初始状态为 0,当 $r(x)$全部移入后,移位寄存器中的内容便是伴随多项式 $s(x)$。

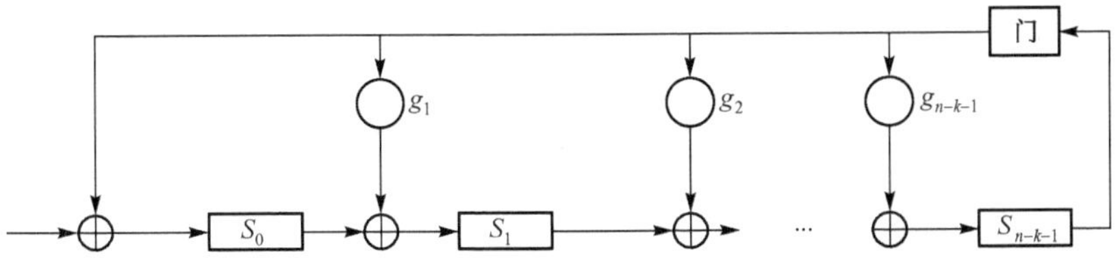

图 8.6 由左端输入的$(n-k)$级伴随式计算电路

以上对伴随式的描述对所有的线性分组码都是适用的,而下面的定理给出了循环码伴随式的循环特性。

定理 8.11 令 $s(x)$是接收多项式 $r(x)=r_{n-1}x^{n-1}+r_{n-2}x^{n-2}+\cdots+r_0$的伴随多项式,则用生成多项式 $g(x)$除 $xs(x)$所得之余式 $s^{(1)}(x)$,就是 $r(x)$循环移位一次 $r^{(1)}(x)$的伴随式。

证明 因为

$$\begin{aligned} xr(x) &= r_{n-1}x^n + r_{n-2}x^{n-1} + \cdots + r_1x^2 + r_0x \\ &= (r_{n-1}x^n + r_{n-1}) + (r_{n-2}x^{n-1} + \cdots + r_1x^2 + r_0x + r_{n-1}) \\ &= r_{n-1}(x^n + 1) + r^{(1)}(x) \end{aligned}$$

所以

$$r^{(1)}(x) = r_{n-1}(x^n + 1) + xr(x) \tag{8.51}$$

用 $g(x)$去除 $r^{(1)}(x)$，得

$$r^{(1)}(x) = c(x)g(x) + \rho(x) \tag{8.52}$$

式中，$\rho(x)$为 $r^{(1)}(x)$的伴随式。又因为(x^n+1)是 $g(x)$的倍式，再利用式(8.50)，故式(8.51)的右端可写为

$$r_{n-1}(x^n + 1) + xr(x) = r_{n-1}g(x)h(x) + x[a(x)g(x) + s(x)] \tag{8.53}$$

将式(8.52)和式(8.53)代入式(8.51)，有

$$xs(x) = [c(x) + r_{n-1}h(x) + xa(x)]g(x) + \rho(x) \tag{8.54}$$

即

$$\rho(x) = s^{(1)}(x) \tag{8.55}$$

证毕。

由定理 8.11 可得如下推论。

推论 用生成多项式 $g(x)$除 $x^is(x)$所得的余式 $s^{(i)}(x)$，是 $r(x)$的第 i 次循环移位 $r^{(i)}(x)$的伴随式。

2. 循环码的伴随式译码步骤

根据定理 8.11，可将伴随式译码步骤总结如下：

(1)由 $r(x)$做除法求余数得 $s(x)$，$s(x)$移位 i 次得 $s^{(i)}(x)$；

(2)利用伴随式和标准阵中的陪集首之间的对应关系，由伴随式决定 $e(x)$；

(3)将 $e(x)$和 $r(x)$模 2 相加，即得译码输出 $v(x)$。

上述译码步骤可以用软件实现，也可以用硬件电路来实现。

8.4.3 循环码的检错能力

这里主要讨论 (n,k) 循环码对突发错误的检测能力，可以看作循环码在检测突发错误方面的性质。

定理 8.12 (n,k) 循环码能检测长为 $n-k$ 或更短的任何突发错误，包括首尾相接突发错误。

证明 设错误图样可表示为 $e(x)=x^jB(x)$，其中 $B(x)$的次数小于或等于 $n-k-1$，$0\leqslant j\leqslant n-1$。

由于 $B(x)$的次数小于 $g(x)$的次数，所以 $g(x)$除不尽 $B(x)$。

又由于 $g(x)$ 是 x^n+1 的因子,所以 $g(x)$ 和 x^j 必为互素。因此,$e(x)=x^jB(x)$ 不能被 $g(x)$ 除尽,也即 $S\neq0$。

可以把如图 8.7 所示的错误局限于前 i 位及后 $l-i$ 位的错误图样,看成是一个长度为 l 的首尾相接的突发,事实上这种情况可以通过循环移位而将其变换成非首尾相接形式的突发,即这种情况也有 $S\neq0$。

综上所述,(n,k) 循环码能检测长为 $n-k$ 或更短的任何突发错误,包括首尾相接突发错误。证毕。

$$e=(1\cdots1\quad0\quad\cdots\quad000000\quad1\cdots11)$$

图 8.7　首尾相接的突发错误图样

定理 8.13　$n-k+1$ 位长的突发错误不能被检出所占的概率最大是 $2^{-(n-k+1)}$。

证明　考虑一个长为 $n-k+1$ 的突发错误,它从第 i 位开始,在第 $i+n-k$ 位结束,即

$$e(x)=x^{n-k+i}+x^{n-k-1+i}+\cdots+x^{1+i}+x^i$$

总共有 2^{n-k+1} 个这种可能的突发。由于 $g(x)=x^{n-k}+g_{r-1}x^{n-k-1}+\cdots+g_1x+1$,在这些突发形式中有可能被 $g(x)$ 整除的最多只有一种:$e(x)=x^ig(x)$,故这时不能被检出的错误图样所占的概率最大为 $2^{-(n-k+1)}$,包括首尾相接的情况。证毕。

将定理 8.13 推广,有如下定理。

定理 8.14　如果 $l>n-k+1$,则不能检测长为 l 的突发错误所占据的比值为 $2^{-(n-k)}$。

证明方法同上,不作赘述。

由上述性质可知,循环码检测突发错误非常有效。

8.4.4　循环码的缩短与扩展

由循环码的定义及其性质可知,循环码的码长 n 和消息长度 k 之间存在着制约关系。但在数字通信等实际应用中,通常以帧、字等为单位来传送,有时会遇到帧或字的长度不等于循环码长度 n 的情况,这时采用缩短或扩展的办法往往能解决问题。

定义 8.10　对于 (n,k) 循环码 C,如果其 l 个高次信息位的数据全为 0,则有 2^{k-l} 个这种码矢组成 C 的一个线性子码;若将这些码矢中的 l 个为 0 的信息数据全部删去,则得到一组长为 $n-l$ 共有 2^{k-l} 个矢量的集合,构成一个 $(n-l,k-l)$ 线性码,称之为 (n,k) 循环码的缩短码,简称为缩短循环码,而称 (n,k) 为缩短循环码的原码。

例如,对于表 8.1 中给出的 $n=10$ 和 $n=15$ 的各种循环码,为了便于计算机处理,可以将它们缩短为 $n=8$ 和 $n=12$ 的各种码。

由于缩短循环码缩短的是消息部分，其监督部分和原码一样，故其纠错能力与原码相同，但编码效率却比原码降低了。

在编、译码的实现上，可以利用与原码基本相同的电路，因为删去前 l 个数值为 0 的信息元不影响求模和伴随式的计算。

值得注意的是，缩短循环码将失去循环特性，但这对信息传输的可靠性并没有带来任何影响。在接收端只要将删去的那些 0 补上就可以恢复其循环性。

定义 8.11 对于 (n,k) 循环码 $\boldsymbol{C}$，若对其 l 位校验位，构成一个 $(n+l,k)$ 线性码，称为 (n,k) 循环码的扩展码，简称为扩展循环码，而称 (n,k) 为扩展循环码的原码。

最常用的扩展方法是对 (n,k) 循环码增加 1 位奇偶校验。例如对 $n=15$ 的各种循环码增加奇偶校验，其码长为 16，恰好为 2 字节，既方便了计算机处理，又使码具有检所有奇数（或偶数）个错的能力。

扩展通常并不破坏码的循环性，特别是对于增加奇偶校验的情况，相当于对原码再进行一次以 $x+1$ 为生成多项式的编码，根据循环码的定义，这种编码亦是循环码。

8.5 二元 BCH 码

本节讨论循环码中应用最为广泛的二进制 BCH 码，它是以 3 个发明者 Bose、Chaudhuri 和 Hocquenghem 姓氏首字母命名的。BCH 码具有良好的通用性和较高的编码效率，解码算法简单实用，当码长较长时，BCH 码具有非常好的性能，是香农第二定理的很好体现。

对 BCH 码的描述最有效的工具有限域理论，但由于涉及较多的数学基础，这里不能做深入分析，主要从物理概念以及使用方面进行讨论。

8.5.1 BCH 码的描述

1. BCH 码的定义

定义 8.12 对任何正整数 m 和 t（$m\geqslant 3, t<2^m-1$），若存在一循环码，其码长为

$$n=2^m-1 \tag{8.56}$$

一致校验位数目为

$$n-k\leqslant mt \tag{8.57}$$

最小距离为

$$d_{\min}\geqslant 2t+1 \tag{8.58}$$

能纠 $n=2^m-1$ 中的 t 个或更少个错误的任何组合，称之为纠正 t 个错误的二元 BCH 码。

严格地说，上述定义是二元本原 BCH 码的定义。所谓本原，是源自生成这种码

所使用的有限域的本原元、本原多项式等概念，它和非本原相对应，但由于本原 BCH 码的应用最为广泛，为了说明概念，这里仅仅讨论本原 BCH 码，并将其简称为 BCH 码。

由定义 8.12 可知，BCH 码是循环码中的一类，因此它具有分组码、循环码的一切性质；但它明确地界定了码长、一致校验位数目、码的最小距离、纠错能力等参量，可以看出在同样的编码效率情况下，纠、检错的能力均较强；它特别适合于不太长的码，故在无线通信系统中获得广泛应用。另外，BCH 码也是现阶段比较容易实现的一种码。

2. BCH 码的生成多项式

构造一个 BCH 码主要是求其生成多项式，理论上它可以用先求 (x^n+1) 的因式然后再对照 BCH 码定义的方法获得，而利用循环码的特性和有限域理论可以更为方便。为了便于应用，略去具体推导过程而直接给出码长 $n\leqslant 255$ 的全部 BCH 码生成多项式，如表 8.2 所示。

表中生成多项式 $g(x)$ 用八进制表示，例如表中 BCH(31,21,2) 的生成多项式为 3551，由 3551O=011　101　101　001B，相应的 $g(x)=x^{10}+x^9+x^8+x^6+x^5+x^3+1$。

表 8.2　码长 $n\leqslant 255$ 的 BCH 码生成多项式

n	k	t	$g(x)$
7	4	1	13
15	11	1	23
15	7	2	721
15	5	3	2467
31	26	1	45
31	21	2	3551
31	16	3	107657
31	11	5	5423325
31	6	7	323365047
63	57	1	103
63	51	2	12471
63	45	3	1701317
63	39	4	166623567
63	36	5	1033500423
63	30	6	157464165547
63	24	7	17323260404441
63	18	10	1363026512351725
63	16	11	6331141367235453
63	10	13	472622305527250155
63	7	15	5231045543503271737

续表

n	k	t	$g(x)$
127	120	1	211
127	113	2	41567
127	106	3	11554743
127	99	4	3447023271
127	85	6	130704476322273
127	78	7	26230002166130115
127	71	9	6255010713253127753
127	64	10	1206534025570773100045
127	57	11	335265252505705053517721
127	50	13	54446512523314012421501421
127	43	14	17721772213651227521220574343
127	36	15	3146074666522075044764574721735
127	29	21	403114461367670603667530141176155
127	22	23	123376070404722522435445626637647043
127	15	27	22057042445604554770523013762217604353
127	8	31	7047264052751030651476224271567733130217
255	247	1	435
255	239	2	267543
255	231	3	156720665
255	223	4	75626641375
255	215	5	23157564726421
255	207	6	16176560567636227
255	199	7	7633031270420722341
255	191	8	2663470176115333714567
255	187	9	52755313540001322236351
255	179	10	22624710717340432416300455
255	171	11	15416214212342356077061630637
255	163	12	7500415510075602551574724514601
255	155	13	3757513005407665015722506464677633
255	147	14	1642130173537165525304165305441011711
255	139	15	461401732060175561570722730247453567445
255	131	18	215713331471510151261250277442142024165471
255	123	19	120614505224206600371721032651614122627250626 7
255	115	21	60526665572100247263636404600276352556313472737
255	107	22	22205772322066256312417300235347420176574750154441
255	99	23	10656667253473174222741416201574332252411076432303431
255	91	25	6750265030327444172723631724732511075550762720724344561
255	87	26	110136763414743236435231634307172046206722545273311721317

续表

n	k	t	$g(x)$
255	79	27	66700035637657500020270344207366174621015326711766541342355
255	71	29	2402471052064432151555417211233116320544425036255764322170603 5
255	63	30	1075447505516354432531521735770700366611172645526761365670254330 1
255	55	31	7315425203501100133015275306032054325414326755010557044426035473617
255	47	42	2533542017062646563033041377406233175123334145446045005066024552543173
255	45	43	15202056055234161131101346376423701563670024470762373033202157025051541
255	37	45	5136330255067007414177447245437530420735706174323432347644354737403044003
255	29	47	3025715536673071465527064012361377115342242324201174114060254757410403565037
255	21	55	1256215257060332656001773153607612103227341405653074542521153121614466513473725
255	13	59	464173200505256454442657371425006600433067744547656140317467721357026134460500547
255	9	63	157260252174724632010310432553551346141623672120440745451127661155477055616775160 57

8.5.2　BCH 码的编码和译码

1. BCH 码的编码

BCH 码是循环码，因此无论是系统码还是非系统码，其编码完全遵循循环码的编码方法。

2. BCH 码的译码

伴随式译码仍然是 BCH 码最容易理解的一种译码方法，其具体步骤同样是如下 3 步：①由接收到的接收多项式 $r(x)$ 计算出伴随式 $\boldsymbol{S}$；②由伴随式找出错误图样 $e(x)$；③由 $r(x)-e(x)$ 得到可能的发送码字 $c(x)$，完成译码。

3. BCH 码的编译码举例

可以用硬件、软件或硬件和软件相结合的方法来实现 BCH 码的编码和译码。下面以 BCH(31,21)为例子予以说明。

图 8.8 给出了 BCH(31,21)的一种编码电路，图中 $m(x)$ 为待编码的消息，$C(x)$ 为编码输出。该电路以 31bit 为一个节拍，其中前 21bit 为消息部分，对应它们的控制使门 1 关闭、门 2 打开，本组信息输出；接下来的 10bit 是 BCH 的监督部分，门 1 打开，门 2 关闭，$m(x)$ 无信号，本组监督位输出。

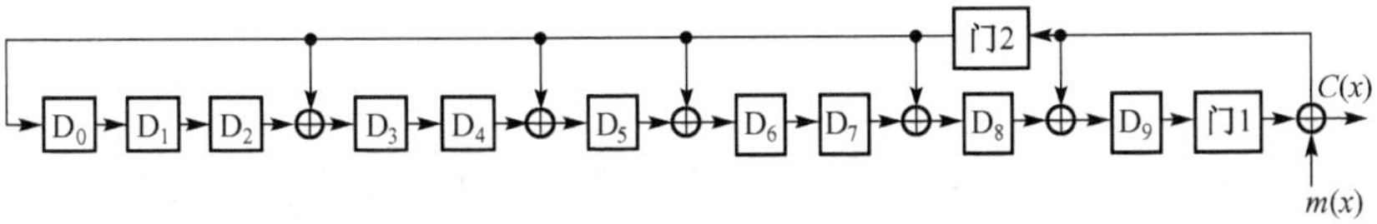

图 8.8　BCH(31,21)的一种编码器电路

上述编码也可以由软件来实现。用 SR. R0～SR. R9 表示移位寄存器 D_0～D_9 的值，BU. R9 则保留 D_9 上一次的值，初始值都为 0，更新公式为

BU. R9←SR. R9；　SR. R9←SR. R8^Q；　SR. R8←SR. R7^Q；

SR. R7←SR. R6；　SR. R6←SR. R5^Q；　SR. R5←SR. R4^Q；

SR. R4←SR. R3；　SR. R3←SR. R2^Q；　SR. R2←SR. R1；

SR. R1←SR. R0；　SR. R0←0

其中，"^"表示异或运算。

软件采用 C 语言编写。定义一种联合类型 cwtmp：

```
struct cw {
        unsigned  w31:1;
        unsigned  w30:1;
              ⋮
        unsigned  w1:1;
        unsigned  w0:1;
        };
struct cwbyt{
        unsigned  char sbyte1;
        unsigned  char sbyte2;
        unsigned  char sbyte3;
        unsigned  char sbyte4;
        };
union cetmp {
        struct  cw  cwe;
        unsigned  long  hex;
           };
```

再定义两个 cwtmp 类型的变量 IN 和 OUT，分别表示输入消息 $m(x)$ 和输出码字 $C(x)$，用 IN. W 和 OUT. W 分别表示它们的各个比特，编码的时序控制和硬件情况完全相同，软件完成的功能也和图 8.8 完全一样，但对于前 21bit，对应于每个输入比特，设反馈比特为 Q，则其计算公式为

$$Q \leftarrow \text{IN. W\^{}SR. R9} \tag{8.59}$$

每次循环时，在求出各移位寄存器及反馈比特 Q 的值后，将输出码字左移一位，然后将 IN. W 赋给 OUT. W，再将输入码字左移一位，进行下一个比特的循环；对于后 10 个监督比特，反馈比特 Q 为 0，各移位寄存器的更新公式仍为式(8.59)，但赋值给 OUT. W 的是 BU. R9 而不是 IN. W0。

软件实现只要利用计算机或微处理器本身的资源就可以了，因此获得越来越多的应用。

译码也以 BCH(31,21)为例。由前面的理论分析已知，对于纠错能力为 t 的 BCH 码，t 个或 t 个错以下的错误图样与伴随多项式存在着一一对应的关系。对于 BCH(31,21)码，由于 $t=2$，对应于 1 个错，共有 31 种错误图样；对应于 2 个错，共有 $C_{31}^2=31\times30/2=465$ 种错误图样，如果将这些错误图样所对应的伴随式先计算好并列表储存，译码时由接收码序列计算出伴随式然后查表就可以得到错误图样，从而实现了译码。

对于较小的 t 和不太大的 n，查表法或标准阵法仍然是 BCH 译码的有效方法，但随着 t 和 n 的增大，列表或标准阵将会变得很大，这时就要寻找更为有效的方法，但将涉及更多的数学基础，将会在后续课程深入讨论。

8.6　多元 BCH 码和 R-S 码

二进制在数字通信和 IT 行业获得广泛应用，但多进制有时具有更佳的性能。考虑一个二进制码分组码$(n,k)=(7,3)$，整个 n 维空间共有 $2^n=2^7=128$ 个 n 元组，其中 $2^k=2^3=8$ 是码字，许用码组占的比例为 1/16；现在考虑一个非二进制分组码$(n,k)=(7,3)$，每个码元由 $m=3$bit 组成，n 元组空间共有 $2^{mn}=2^{21}=2097152$ 个 n 元组，其中 $2^{km}=2^9=512$ 是码字，许用码组占的比例为 1/4096。由此可见，这个比例随着 m 的增大而减小，而重要的一点是，n 元组中用于码字的比例越小，获得的 $d_{\min}$ 越大。因此研究多进制的编码具有明确的实用意义。

1. 多元 BCH 码

对于二元 BCH 码，码长 $n=2^m-1$，若要纠 t 个或更少个错的任意组合，最多需要 mt 个一致校验元。扩展到 q 进制，码长 $n=q^s-1$，纠 t 个或更少个错的任意组合的多元 BCH 码，最多需要 $2st$ 个一致校验元。

2. R-S 码

当多元 BCH 码中 $s=1$ 时，就得到了 R-S 码。也就是说，R-S 码是多进制 BCH 码的一个特殊子类，下面给出它的定义。

定义 8.13　如果多元 BCH 码具有如下参数：码长为 $n=q-1$，一致校验数目为 $n-k=2t$，最小距离为 $d_{min}=2t+1$，则称它为 R-S 码。

在通信中的多进制，通常是对应于 2^m 时的情况，因此对“R-S”码也是重点讨论 $q=2^m$ 的情况。类似于二元 BCH 码，R-S 码也可分为本原 R-S 码和非 R-S 码，将会在后续课程详细讨论。

R-S 码具有广泛的应用，例如：

(1)选择 $q=M$,自然对应 M 进制的调制,这对于加性白色高斯噪声信道、衰落信道和某些扩频信道中的非相干检测,非二进制调制有些特殊的好处。

(2)$q=M$ 虽然不是二进制,但可以建立和二进制传输的关系。

由 $q=2^m$ 可得 $m=\mathrm{lb}q$ 比特,即 q 进制符号对应着 m 比特,这时的 R-S 码对应于码$(n\mathrm{lb}q,k\mathrm{lb}q)$,即二进制码$(nm,km)$,$t$ 个 q 进制的错误对应于 mt 个二进制错误,这意味着 q 进制码具有较高的抗突发错误的能力。因此,R-S 码在计算机数据存储中也获得广泛应用。

(3)可与二进制码构成链接码,如图 8.9 所示。

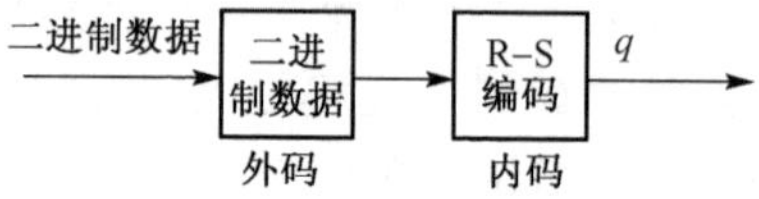

图 8.9 R-S 码与二进制码的链接

8.7 纠突发错误码

大部分实际信道都会产生突发性的错误,某些数据存储系统中所产生的错误大部分也是突发性的。这就是说这些信道中所产生的错误是突发错误,或突发错误与随机错误并存,通常称这类信道为突发信道。在讨论循环码时提到,这类码检测突发错误的能力很强,但纠错效果不大。一般来说,用纠随机错误的码来纠突发错误是没有多大效果或得不偿失的。因此,人们希望能设计出一类专门用于纠突发错误的码,这类码称为纠突发错误码。这类码在纠突发错误时的效率应比对付随机错误而设计的码要高。本节对纠突发错误码的基本概念和交织码作些讨论。

8.7.1 纠突发错误码的定义及基本性质

1. 突发错误和纠突发错误码的定义

定义 8.14 长为 b 的突发错误(简称突发)是针对错误图样来定义的:如果一个矢量的非零分量局限于 b 个连续数据位,且第一和最后一位是非零的,则称该矢量为一个长为 b 的突发。

定义 8.15 一个线性码如果能纠正长为 b 或更短的突发错误,但不能纠正长为 $b+1$ 的所有突发错误,则称此码是一个纠 b 长突发错误码,即该码的纠错能力为 b。

2. 基本性质

定理 8.15 长 n 的二元码字中,突发长度不大于 b 的码字总数 $N=2^{b-1}(n+2-b)$。

证明 在长为 n 的二元码字中,考虑 b 为各种可能值的情况(突发字个数)如下:

$$\begin{array}{lll} b=0 & 1\text{个} & (0,0,\cdots,0) \\ 1 & n\text{个} & \\ 2 & n-1\text{个} & \\ 3 & 2(n-2)\text{个} & \\ \vdots & \vdots & \end{array}$$

归纳起来，有

$$N = 1 + n + \sum_{i=2}^{b} 2^{i-2}(n+1-i) = 2^{b-1}(n+2-b) \tag{8.60}$$

定理 8.16　一个(n,k)线性分组码，能发现长度不大于 b 的错误图样的条件是 $n-k\geqslant b-1+\mathrm{lb}(n+2-b)$。

证明　对于所有的错误图样，若 $s\neq 0$ 则能被发现，(n,k)线性分组码共有$(2^n-2^k)/2^k=2^{n-k}-1$ 个陪集。由定理 8.15，长度不大于 b 的突发错误图样总数为 $2^{b-1}(n+2-b)$，因此有

$$2^{n-k}-1 \geqslant 2^{b-1}(n+2-b)$$

一般有 $2^{n-k}\gg 1$，$n\geqslant b$，故有

$$n-k \geqslant b-1+\mathrm{lb}(n+2-b) \tag{8.61}$$

式(8.61)可进一步简化为 $n-k\geqslant b$。

定理 8.17　一个(n,k)线性码能纠正所有长度不大于 b 的突发错误的充要条件是：长度不大于 $2b$ 的突发不是一个码字。

证明　假设存在一个长度不大于 $2b$ 的突发 $\boldsymbol{v}$ 是一个码字，则令 $\boldsymbol{v}=\boldsymbol{u}+\boldsymbol{w}$，其中 $\boldsymbol{u}$、$\boldsymbol{w}$ 都是长度不大于 b 的突发。

必要性：如果 $\boldsymbol{v}$ 是码字，因为任意一个陪集只有一个错误图样，则 $\boldsymbol{u}$ 和 $\boldsymbol{w}$ 必在同一陪集中。假设其中 $\boldsymbol{u}$ 为陪集首，则陪集中每一个字的错误都是这个陪集首，则 $\boldsymbol{w}$ 必为不可纠的错误，否则它不可能与 $\boldsymbol{u}$ 同在一个陪集。这样尽管 $\boldsymbol{v}$ 是一个“码字”，但它是一个错码，与假设 $\boldsymbol{v}$ 是一个码字相矛盾，因此把 $\boldsymbol{u}$ 作为陪集首来纠错也是无效，即它不能纠正所有长度不大于 b 的突发错误；

充分性：反之，如果长度不大于 $2b$ 的突发 $\boldsymbol{v}$ 不是码字，则 $\boldsymbol{u}$、$\boldsymbol{w}$ 不在同一陪集中，如果它们都是陪集首，则都是可以纠正的长度不大于 b 的突发错误。

定理 8.18　纠正 b 长突发错误码的校验位数目至少是 $2b+\mathrm{lb}(n+2-2b)$。

证明　根据定理 8.15，将其中的 b 换成 $2b$，再由定理 8.16、定理 8.17，得

$$n-k \geqslant 2b-1+\mathrm{lb}(n+2-2b) \tag{8.62}$$

证毕。

8.7.2　交织码

交织码又称为交错码，由于交织的构造方法非常简单，但却能大大提高码的纠突发错误能力，因此得到广泛使用。

1. 交织码的编译码方法

将 λ 个 (n,k) 线性分组码的码矢排成 $\lambda\times n$ 的矩形阵列，每行一个码矢，然后按列送至通信信道，在接收端，仍恢复矩形阵列的排列次序，这样就构成交织度为 λ 的交织码。如果给定一个 (n,k) 循环码，用交织方法将码长扩大 λ 倍，信息位数目也扩大了 λ 倍，就构成了一个 $(\lambda n,\lambda k)$ 循环码，如图 8.10 所示。

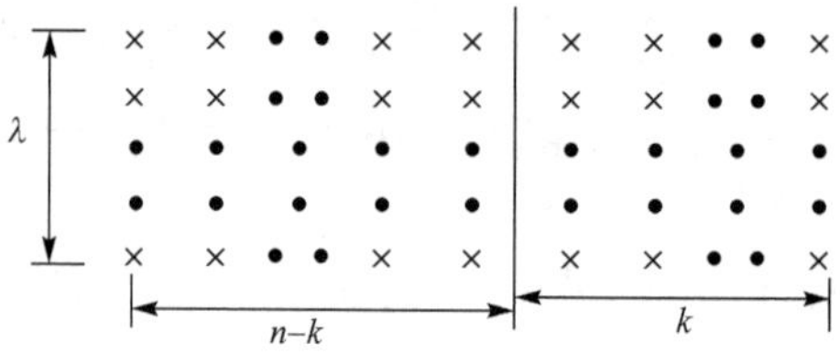

图 8.10 交织码的编码方法，其中 λ 为交织度

实现交织最容易想到的方法是排出阵列，按行编码和译码，但这还不是最简单的实现方法。最简单的实现方法是基于这样一个事：若原码是循环的，则交织码也是循环的。如果原码的生成多项式是 $g(x)$，则交织码的生成多项式是 $g(x^{\lambda})$，这一结果后面将要证明。因此，可用移位寄存器完成编码和纠错。只要简单地将原码译码器的每个移位寄存器用 λ 级置换，即可根据原码的译码器推导出交织码的译码器，而不必改变其他连接。所以，如果原码译码器较简单，则交织码也同样简单，而对于短码而言，原码译码器通常是比较简单的。

2. 交织码的性能

归纳起来，交织码具有如下性能：

(1)交织编码使错误分散，长 λ 的任何突发无论从何处开始，都至多只能影响每行中的一位。

(2)当且仅当每行中的错误图样是原 (n,k) 码中可纠正的图样时，此错误图样对整个阵列来说才是可纠正的。

(3)若原码能纠正长度不大于 b 的任何单个突发，则交织码能纠正长度不大于 λb 的任何单个突发，码长扩大 λ 倍，纠突发错误能力也扩大 λ 倍。

如果 (n,k) 码有最大可能的纠正突发错误能力，即 $n-k-2b=0$，则交织码 $(\lambda n,\lambda k)$ 也具有最大可能的纠正突发错误能力。交织具有最大纠正突发错误能力的短码，能够构成实际上任意长的、具有最大可能纠突发错误能力的码。

(4)若原码是循环的，其生成多项式为 $g(x)$，则交织码也是循环的，且生成多项式为 $g(x^{\lambda})$。

证明 设经 λ 次交织后得到的码是

$$\left.\begin{array}{cccc} v_{10} & v_{11} & \cdots & v_{1,n-1} \\ v_{20} & v_{21} & \cdots & v_{2,n-1} \\ \vdots & \vdots & & \vdots \\ v_{\lambda 0} & v_{\lambda 1} & \cdots & v_{\lambda,n-1} \end{array}\right\} \tag{8.63}$$

它的输出方式与图 8.8 相同，其中 $v_i=(v_{i0},v_{i1},\cdots,v_{i,n-1})\in(g(x))$，所以有 $v_i^{(1)}=(v_{i,n-1},v_{i0},\cdots,v_{i,n-2})\in(g(x))$，即它们都是循环码 $g(x)$ 中的码矢量。如果把上述 $(\lambda n,\lambda k)$ 线性分组码循环移位一次，得

$$\left.\begin{array}{cccc} v_{20} & v_{21} & \cdots & v_{2,n-1} \\ v_{30} & v_{31} & \cdots & v_{3,n-1} \\ \vdots & \vdots & & \vdots \\ v_{\lambda-1,0} & v_{\lambda-1,1} & \cdots & v_{\lambda-1,n-1} \\ v_{\lambda,0} & v_{\lambda,1} & \cdots & v_{\lambda,n-1} \\ v_{1,n-1} & v_{10} & \cdots & v_{1,n-2} \end{array}\right\} \tag{8.64}$$

显然，其中的每一行仍是 $g(x)$ 的码矢量。所以这个 $(\lambda n,\lambda k)$ 线性分组码是个循环码。如果把式(8.63)的循环码用多项式表示，那么其码多项式为

$$\begin{aligned} v(x)= & v_{\lambda,0}+v_{\lambda-1,0}x+\cdots+v_{1,0}x^{\lambda-1}+v_{\lambda-1,1}(x^{\lambda})x+v_{1,1}(x^{\lambda})x^{\lambda-1} \\ & +\cdots+v_{\lambda,n-1}(x^{(n-1)\lambda})+v_{\lambda-1,n-1}(x^{(n-1)\lambda})x+\cdots+v_{1,n-1}(x^{(n-1)\lambda})x^{\lambda-1} \\ = & [v_{\lambda,0}+v_{\lambda,1}(x^{\lambda})+\cdots+v_{\lambda,n-1}(x^{\lambda})^{n-1}] \\ & +[v_{\lambda-1,0}+v_{\lambda-1,1}(x^{\lambda})+\cdots+v_{\lambda-1,n-1}(x^{\lambda})^{n-1}]x+\cdots \\ & +[v_{1,0}+v_{1,1}(x^{\lambda})+\cdots+v_{1,n-1}(x^{\lambda})^{n-1}]x^{\lambda-1} \\ = & [k_{\lambda}(x^{\lambda})+k_{\lambda-1}(x^{\lambda})x+\cdots+k_1(x^{\lambda})x^{\lambda-1}]g(x^{\lambda}) \end{aligned} \tag{8.65}$$

式中，$v_{i0}+v_{i1}(x^{\lambda})+\cdots+v_{i,n-1}(x^{\lambda})^{n-1}=k_i(x^{\lambda})g(x^{\lambda})$。由式(8.65)可知，$(\lambda n,\lambda k)$ 码的确是由生成多项式 $g(x^{\lambda})$ 生成的循环码，其中 $\partial k_i(x)\leqslant k-1$，且 $1\leqslant i\leqslant\lambda$。

(5)交织技术把寻求长而有效的纠突发错误码这个问题，简化为寻求好的短码。

(6)交织码需增加存储设备，加大通信时延。

交织是一种时间扩散技术，它使信道突发错误的相关性减小。当 λ 足够大时可将突发错误离散为随机错误，从而可用纠随机错误码来纠突发错误。因此，交织技术在各类通信系统中得到了广泛的应用。

本章小结

本章首先较为详细地讨论了线性分组码的有关概念，通过生成多项式 $g(t)$ 或生成矩阵 $\boldsymbol{G}$ 来解决线性分组码的编码问题，通过线性分组码的一致校验矩阵 $\boldsymbol{H}$ 和伴随

式矢量 s 来解决线性分组码的一般译码问题。另外，由陪集展开引入了标准阵的概念，利用陪集首和伴随式一一对应的关系，可以通过查表法进行译码。

信道编码的难点是寻找编码效率高且纠错能力强的码，在分组码中通常以能够纠正几个随机错误或突发错误来表征。本章的讨论还不是以它为主线来展开的，虽然给出了构造线性分组码及其译码的一般方法，但随着 n、k 的增大其复杂性也会大大增强，这说明对于分组码仅仅附加"线性"这一条件还不能使其编、译码方法显著简化、性能显著提高，需要在线性特性之外附加其他特性，以求获得更加简单实用的编、译码方法和良好的性能，循环码正是这一构思的很好实践。循环码是一类重要的线性码，它不仅在理论上具有很好的代数结构，而且其编码和译码可以通过线性移位寄存器很容易地实现。本章对循环码的编码和译码进行了讨论，介绍了 BCH 码这一纠错能力较强、编码效率较高的循环码，也简要介绍了多元 BCH 码和 R-S 码，指出了它们的一些应用领域。

在实际的通信系统中，绝大部分信道是随机错误和突发错误兼而有之的，因此不但需要考虑纠随机错误，还要考虑纠突发错误以及能同时纠正这两种错误的码。交织技术实际上就是可以构造这种码的一种好办法，它把纠 t 个随机错误的 (n,k) 码进行 λ 度交织，得到 $(\lambda n,\lambda k)$ 码，能纠 $t\lambda$ 长或更短突发的任何组合，它显然具有纠随机错误和突发错误的能力。有些码本来就能纠这两种错误，交织后纠错能力更可提高。

为了解决通信可靠性与设备复杂性的矛盾，可以采用级联码的方法，如图 8.11 所示。假定在内信道上使用的是码 $\boldsymbol{C}_1$，在外信道上使用的是码 $\boldsymbol{C}_2$，$\boldsymbol{C}_2$ 称为外码，$\boldsymbol{C}_1$ 称为内码，一般 $\boldsymbol{C}_2$ 采用 R-S 码而 $\boldsymbol{C}_1$ 采用二元码(分组码或下章讨论的卷积码)。这里作为本章小结仅给出级联的概念，详细内容就不再讨论了。

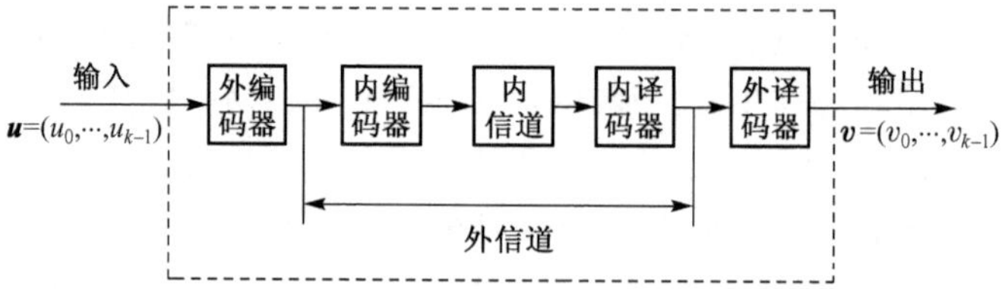

图 8.11 应用级联码的通信系统

思 考 题

8.1 请给出线性分组码的定义和基本性质。

8.2 请说明线性分组码的距离与重量的关系。

8.3 请给出线性分组码接收码矢伴随式的定义及其性质。

8.4　请给出群的定义、性质、实例；子群、陪集的定义；如何将群按陪集展开。

8.5　请给出线性分组码标准阵的定义及构成方法。

8.6　请给出线性分组码标准阵的性质。

8.7　请给出伴随式译码的一般步骤及其性质。

8.8　请给出汉明码的定义及其性质。

8.9　请给出分组码中完备码的定义。

8.10　请给出循环码的定义及其性质。

8.11　请给出循环码生成矩阵和一致校验矩阵的构造。

8.12　请给出非系统循环码和系统循环码的编码方法。

8.13　请给出循环码伴随式的性质。

8.14　请给出缩短循环码的定义及性质。

8.15　请给出扩展循环码的定义及性质。

8.16　请简要说明(n,k)循环码的检错能力。

8.17　请给出本原 BCH 码的定义。

8.18　请简要说明本原 BCH 码的译码方法。

8.19　请说出 R-S 码的定义、特点。

8.20　请给出突发错误、突发信道、纠突发错误码的定义。

8.21　请简要说明纠突发错误码的基本性质并举出几个纠突发错误码的例子。

8.22　请给出交织编码的方法和性能，试说明为什么它不增加冗余度但却有效地提高了纠突发错误的能力。

8.23　请简要说明级联码的编码规则及其性质、特点。

习　题

8-1　设 5 元线性码 $\boldsymbol{L}$ 的生成矩阵为$\boldsymbol{G}=\begin{pmatrix}1&2&4&0&3\\0&2&1&4&1\\2&0&3&1&4\end{pmatrix}$。

(1)确定码 $\boldsymbol{L}$ 的标准型生成矩阵；

(2)确定码 $\boldsymbol{L}$ 的标准型校验矩阵；

(3)求码 $\boldsymbol{L}$ 的最小距离。

8-2　已知(7,3)分组码的生成矩阵为

$$\boldsymbol{G}=\begin{bmatrix}1&0&0&1&1&1&0\\0&1&0&0&1&1&1\\1&0&1&0&0&1&1\end{bmatrix}$$

(1)写出所有许用码组，并求出监督矩阵；

(2)该码的编码效率为多少？

(3)若译码器输入的码组为 1000001，请计算其伴随式，并指出此接收码组中是否包含错误。

8-3　已知某(7,3)线性分组码的生成矩阵为

$$\boldsymbol{G}=\begin{bmatrix}1&0&0&0&1&1&1\\1&1&0&1&0&1&0\\1&1&1&1&0&0&0\end{bmatrix}$$

(1)通过初等行变换给出该码的系统码形式的生成矩阵(注意规定不允许做列交换)；

(2)给出相应的监督矩阵；

(3)写出所有可能的编码结果；

(4)给出该码的最小码距；

(5)若译码器输入为 1110000，请计算其伴随式，并指出是否存在错误。

8-4　设二元信息及其编码如下所示：

信息	编码
00	00000
01	01101
10	10111
11	11010

(1)找出生成矩阵 $\boldsymbol{G}$ 与监督矩阵 $\boldsymbol{H}$；

(2)求正确译码的概率。

8-5　试建立二元汉明码(7,4)的包含陪集首和伴随式的伴随表，并对收到的字 0000011,1111111,1100110,1010101 进行译码。

8-6　一个消息与码字有如下对应关系：(00)→(00000)，(01)→(00111)，(10)→(11110)，(11)→(11001)。

(1)证明该码是线性分组码；

(2)求该码的码长、编码效率和最小码距；

(3)求该码的生成矩阵和一致校验矩阵。

8-7　已知(7，4)码的全部码字为 0000000，0001011，0010110，0011101，0100111，0101100，0110001，0111010，1000101，1010011，1011000，1100010，1101001,1110100,1111111,1001110。

(1)该码是否为循环码？为什么？

(2)试写出该码的生成多项式 $g(x)$ 及标准型生成矩阵 $\boldsymbol{G}_0$；

(3)试写出标准型的一致校验矩阵 $\boldsymbol{H}_0$。

8-8　已知(7,4)循环码的生成多项式是 $g(x)=x^3+x+1$，请画出系统码形式的编码电路。

8-9　已知(17,9)循环码的生成多项式为 $g(x)=x^8+x^7+x^6+x^4+x^2+x+1$

(1)若输入信息为 000 000 101(左边是最高位)，请给出对应的系统码编码结果；

(2)此(17,9)码是否存在码重为 0、5、7、17 的码字？若存在，请给出具体的码字，若不存在，请说明为什么？

(3)如果发送(1)中的编码结果，信道中的错误图样恰好和这个编码结果一样，那么译码结果会是什么？

8-10　已知(15,10)循环码的生成多项式为 $g(x)=(x^4+x+1)(x+1)$，另外还知道此循环码中非 0 码的次数最低的码多项式同时就是非 0 的码多项式中码重最轻的。

(1)如果该循环码用于检错，问它不能检出的错误图样有多少种？占全部可能错误图样的比例大约是多少？

(2)证明该码可以检出 15 比特全错的错误图样

$$e(x)=x^{14}+x^{13}+x^{12}+\cdots+x+1$$

(3)请写出信息码组为(1000100000)的编码输出(要求用系统码)。

8-11　若需构造码长为 15 的循环码，试问共有多少种？列出它们的生成多项式。

8-12　请对任意一个 21bit 的数据(如使用自己的学号化成 2 进制数，高位补“0”或某些随机数)：

(1)给出 BCH(31,21)码的码多项式；

(2)假设传输过程中错了一位(可以任意设定)，请译码；

(3)假设传输过程中错了两位(可以任意设定)，请译码；

(4)假设传输过程中错了 3 位(可以任意设定)，请译码。

第9章　卷　积　码

分组码的编码和译码是在一个分组中完成的，分组与分组之间没有联系。从信息论的角度来看，这样做忽略了各信息分组之间的联系，必然会丧失一部分相关信息，且码字越短，丧失的信息就越多，而码长 n 的增大则又因会带来译码复杂度的指数上升而不可行。卷积码在约束长度内前后各组是密切相关的，一个组的监督元不仅取决于本组的信息元，而且也取决于前 m 组的信息元，其中 m 是编码记忆。正是由于卷积码充分利用了各组之间的相关性，n 和 k 可以用比较小的数，因此在与分组码同样的信息传输速率和设备复杂性的条件下，卷积码的性能一般比分组码好。但对于卷积码的分析，至今还缺乏像分组码那样有效的数学工具，一些好码的参数往往借助于计算机搜索。

9.1　卷积码的编码及其描述

9.1.1　卷积码的编码

1. 卷积码的基本概念

在图7.7和定义7.7中已经给出了卷积码的构成以及定义。为了讨论的方便，将它们在这儿再次给出，分别为定义9.1和图9.1。

定义9.1　(n_0, k_0, m)卷积码是对每段 k_0 长的信息组以一定的规则增加 $r_0 = n_0 - k_0$ 个监督(校验)元，组成长为 n_0 的码段；$n_0 - k_0$ 个校验元不仅与本段的信息元有关，而且与前 m 段的信息元有关；编码约束长度 $n_c = n_0(m+1)$，它表示 k_0 个信息元从输入编码器到离开时，在码序列中影响的码元数目。

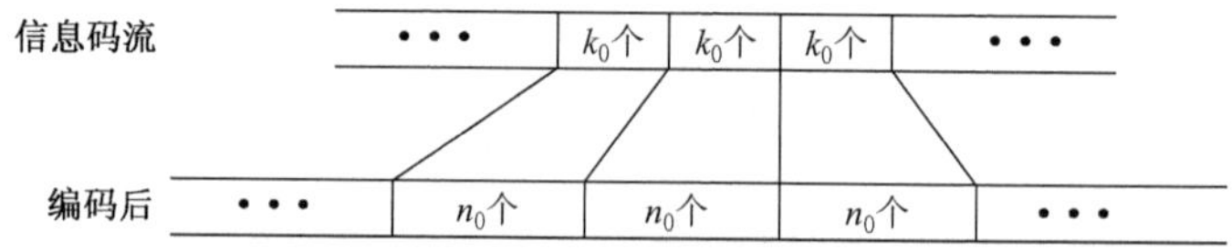

图9.1　卷积码构成

卷积码的每个(n_0, k_0)码段称为子码，通常较短，子码内的 n_0 个码元不仅与该码段内的信息位有关，而且与前面 m 段内的信息位有关。卷积码用子码长度、子码中的信息位数目以及编码存储这3个参量描述，记为(n_0, k_0, m)，为了书写简洁，通常亦写为(n, k, m)。如果卷积码的各个子码是系统码，则称该卷积码为系统卷积码，否则为非系统卷积码。

卷积码充分利用各子码之间的相关性，其性能对于许多实际情况要优于分组码。卷积码构成比较简单，它不像循环码那样有严密的数学结构，但它的解码方法一般比较复杂。

2. 卷积码编码器的一般模型及编码效率

图 9.2 是(n,k,m)卷积码编码器的一般模型。从图中可以看出，串行的消息序列经过串/并变换后形成 k 个信息元并行输入到编码器，经过编码得到 n 个码元，经过并/串变换后作为编码器的输出。

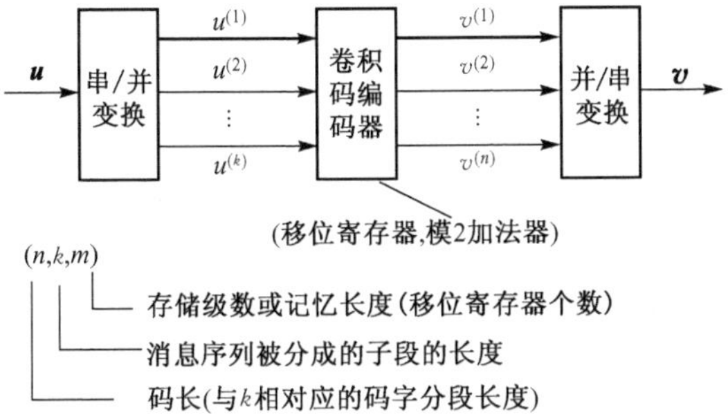

图 9.2　(n,k,m)卷积码编码器的一般模型

下面给出卷积码的几个常用参量的定义。

定义 9.2　卷积码的约束长度 n_A 定义为 1bit 的信息对编码器输出可以造成影响的最大数目，用公式表示为

$$n_A = n(m+1) \tag{9.1}$$

定义 9.3　卷积码的编码效率 R 定义为信息位数与码长之比，即

$$R = k/n \tag{9.2}$$

信息序列总长度为 kL，其中 L 是信息序列被分成的长为 k 的子段数，对应的码字长度为 $n(L+m)=nL+nm$，其中 nm 是在最后的非零信息组进入编码器之后产生的，相当于以全零组终结，以使编码器回到初始全零状态。

定义 9.4　效率损失系数定义为

$$\eta_{\text{loss}} = \frac{nm}{nL+nm} = \frac{m}{L+m} \tag{9.3}$$

它表明为使编码器回到初始全零状态而牺牲编码效率的程度。例如，若 $m=3$，当 $L=5$ 时，效率损失系数 η_{loss} 为$\frac{3}{3+5}=37.5\%$，而当 $L=1000$ 时，效率损失系数 η_{loss} 为$\frac{3}{1000+3}\approx 0.3\%$。

卷积码编码器可由移位寄存器、模 2 加法器等器件构成，实现起来比较简单，但它不像循环码那样有严密的数学结构，因此对它的描述有多种方法。

9.1.2 卷积码的描述

目前对卷积码的有生成矩阵、多项式、树图、状态图、网格图等多种描述方法，下面通过几个编码器实例来分别讨论。

1. 生成矩阵描述

1)$k=1$ 的情况

例 9.1 图 9.3 所示为一种二元(2,1,3)卷积码编码器，若信息序列 $\boldsymbol{u}=(10111)$，试求编码输出。

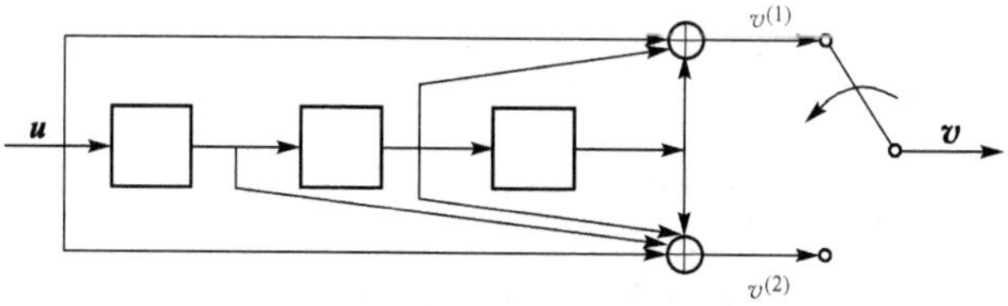

图 9.3 一种二元(2,1,3)卷积码编码器

解 由题意，将消息序列及其编码输出分别表示为

消息序列 $\boldsymbol{u}=(u_0,u_1,u_2,\cdots)$

编码输出 $\boldsymbol{v}=(v_0^{(1)}v_0^{(2)},v_1^{(1)}v_1^{(2)},v_2^{(1)}v_2^{(2)},\cdots)$

则本题有如下两种解法。

解法 1 求$\boldsymbol{v}^{(1)}$、$\boldsymbol{v}^{(2)}$与 $\boldsymbol{u}$ 之间的关系

将编码器看成一个线性网络，利用线性系统的冲击响应或传递函数进行分析。

令 $\boldsymbol{u}=(1000\cdots)$，输出$\boldsymbol{v}^{(1)}$、$\boldsymbol{v}^{(2)}$即为 $\boldsymbol{u}$ 与对应的冲击响应的卷积之和，由此也可以得知卷积码名称之由来。冲击响应至多维持 $m+1$ 个单位时间，用 $\boldsymbol{g}^{(1)}$、$\boldsymbol{g}^{(2)}$ 表示，有

$$\boldsymbol{g}^{(1)}=(g_0^{(1)},g_1^{(1)},g_2^{(1)},\cdots,g_m^{(1)})$$
$$\boldsymbol{g}^{(2)}=(g_0^{(2)},g_1^{(2)},g_2^{(2)},\cdots,g_m^{(2)})$$

称 $\boldsymbol{g}^{(1)}$、$\boldsymbol{g}^{(2)}$ 为码的生成序列。对于本题，有 $\boldsymbol{g}^{(1)}=(1011)$，$\boldsymbol{g}^{(2)}=(1111)$，编码方程为

$$\boldsymbol{v}^{(1)}=\boldsymbol{u}*\boldsymbol{g}^{(1)},\boldsymbol{v}^{(2)}=\boldsymbol{u}*\boldsymbol{g}^{(2)}$$

卷积运算对应于模 2 相加，对所有 $i\geqslant 0$，有

$$v_l^{(j)}=\sum_{i=0}^{m}u_{l-i}g_i^{(j)}$$

式中，对所有 $l<i$，有 $u_{l-i}=0$。

对于本题，$j=1,2$，有

$$\begin{cases} v_l^{(1)} = u_l + u_{l-2} + u_{l-3} \\ v_l^{(2)} = u_l + u_{l-1} + u_{l-2} + u_{l-3} \end{cases}$$

对于 $\boldsymbol{u}=(1\ 0\ 1\ 1\ 1)$，编码输出为

$$\begin{cases} \boldsymbol{v}^{(1)} = (10111) * (1011) = (10000001) \\ \boldsymbol{v}^{(2)} = (10111) * (1111) = (11011101) \end{cases}$$

交织可得

$$\boldsymbol{v} = (11,01,00,01,01,01,00,11)$$

解毕。

解法 2 若将生成序列预先进行交织，再排成矩阵

$$\boldsymbol{G} = \begin{bmatrix} g_0^{(1)} g_0^{(2)} & g_1^{(1)} g_1^{(2)} & g_2^{(1)} g_2^{(2)} & \cdots & g_m^{(1)} g_m^{(2)} & & 0 \\ & g_0^{(1)} g_0^{(2)} & g_1^{(1)} g_1^{(2)} & \cdots & g_{m-1}^{(1)} g_{m-1}^{(2)} & g_m^{(1)} g_m^{(2)} & \\ 0 & & g_0^{(1)} g_0^{(2)} & \cdots & g_{m-2}^{(1)} g_{m-2}^{(2)} & g_{m-1}^{(1)} g_{m-1}^{(2)} & \\ & & \ddots & & & \ddots & \end{bmatrix}$$

矩阵 $\boldsymbol{G}$ 有以下特点：

(1)每行都恒等于前面的行，但向右移了 $n=2$ 位。

(2)若 $\boldsymbol{u}$ 为无限长，则 $\boldsymbol{G}$ 为半无限矩阵；若 $\boldsymbol{u}$ 为有限长 L，则 $\boldsymbol{G}$ 有 L 行 $2(m+L)$列。

(3)$\boldsymbol{v}=\boldsymbol{u}\cdot\boldsymbol{G}$，长度为 $2(m+L)$。

对于本例，有

$$\boldsymbol{v} = (1\ 0\ 1\ 1\ 1)\begin{bmatrix} 11 & 01 & 11 & 11 & & & & \\ & 11 & 01 & 11 & 11 & & 0 & \\ & & 11 & 01 & 11 & 11 & & \\ & 0 & & 11 & 01 & 11 & 11 & \\ & & & & 11 & 01 & 11 & 11 \end{bmatrix}$$

$$= (11,01,00,01,01,01,00,11)$$

结果同解法 1。从两种解法的结果也可看出本例为非系统码。

2)$k>1$ 的情况

例 9.2 如图 9.4 所示的卷积码编码器电路，若 $\boldsymbol{u}=(11,01,10,\cdots)$，求编码器输出。

解 本例为(3,2,1)编码器，即 $k=2,m=1,n=3$。编码器输入、输出序列可表述为

$$\boldsymbol{u} = (u_0^{(1)} u_0^{(2)}, u_1^{(1)} u_1^{(2)}, u_2^{(1)} u_2^{(2)}, \cdots)$$

或

$$\boldsymbol{u}^{(1)} = (u_0^{(1)}, u_1^{(1)}, u_2^{(1)}, \cdots), \quad \boldsymbol{u}^{(2)} = (u_0^{(2)}, u_1^{(2)}, u_2^{(2)}, \cdots)$$
$$\boldsymbol{v} = (v_0^{(1)} v_0^{(2)} v_0^{(3)}, v_1^{(1)} v_1^{(2)} v_1^{(3)}, v_2^{(1)} v_2^{(2)} v_2^{(3)}, \cdots)$$

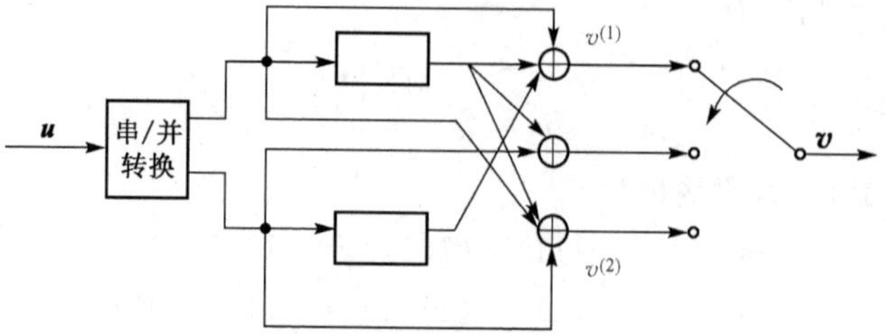

图 9.4　例 9.2 的卷积码编码器

解法 1　令 $\boldsymbol{g}_i^{(j)}=(g_{i,0}^{(j)},g_{i,1}^{(j)},\cdots,g_{i,m}^{(j)})$，其中 $i=1,2,j=1,2,3$，表示与输入 i 输出 j 相对应的生成序列，对于本例，有

$$\boldsymbol{g}_1^{(1)}=(11),\quad \boldsymbol{g}_1^{(2)}=(01),\quad \boldsymbol{g}_1^{(3)}=(11)$$
$$\boldsymbol{g}_2^{(1)}=(01),\quad \boldsymbol{g}_2^{(2)}=(10),\quad \boldsymbol{g}_2^{(3)}=(10)$$

编码方程为

$$\begin{cases}\boldsymbol{v}^{(1)}=\boldsymbol{u}^{(1)}*\boldsymbol{g}_1^{(1)}+\boldsymbol{u}^{(2)}*\boldsymbol{g}_2^{(1)}\\ \boldsymbol{v}^{(2)}=\boldsymbol{u}^{(1)}*\boldsymbol{g}_1^{(2)}+\boldsymbol{u}^{(2)}*\boldsymbol{g}_2^{(2)}\\ \boldsymbol{v}^{(3)}=\boldsymbol{u}^{(1)}*\boldsymbol{g}_1^{(3)}+\boldsymbol{u}^{(2)}*\boldsymbol{g}_2^{(3)}\end{cases}$$

结果为 $\boldsymbol{v}=(110,000,001,111)$。解毕。

解法 2　如果将生成矩阵预先交织而得到生成矩阵，则编码方程为 $\boldsymbol{v}=\boldsymbol{u}\cdot\boldsymbol{G}$。

对于$(3,2,m)$码，$\boldsymbol{G}$ 的 $k=2$ 行一组和前面的行组相同，但向右移了 $n=3$ 位：

$$\begin{array}{c} \qquad\quad \boldsymbol{G}_0 \qquad\qquad\qquad\qquad \boldsymbol{G}_1 \qquad\qquad\qquad\qquad \boldsymbol{G}_m \end{array}$$
$$\boldsymbol{G}=\begin{bmatrix} g_{1,0}^{(1)} & g_{1,0}^{(2)} & g_{1,0}^{(3)} & g_{1,1}^{(1)} & g_{1,0}^{(2)} & g_{1,1}^{(3)} & \cdots & g_{1,m}^{(1)} & g_{1,m}^{(2)} & g_{1,m}^{(3)} \\ g_{2,0}^{(1)} & g_{2,0}^{(2)} & g_{2,0}^{(3)} & g_{2,1}^{(1)} & g_{2,0}^{(2)} & g_{2,1}^{(3)} & \cdots & g_{2,m}^{(1)} & g_{2,m}^{(2)} & g_{2,m}^{(3)} \\ & & & & G_0 & & G_1 & \cdots & G_{m-1} & \\ & & & & & \ddots & & \ddots & & \ddots \end{bmatrix}$$

对于本题，有

$$\boldsymbol{v}=\boldsymbol{u}\cdot\boldsymbol{G}=(11,01,10)\begin{bmatrix} 1&0&1&1&1&1&&&&&&\\ 0&1&1&1&0&0&&&&&&\\ &&&1&0&1&1&1&1&&&\\ &&&0&1&1&1&0&0&&&\\ &&&&&&1&0&1&1&1&1\\ &&&&&&0&1&1&1&0&1 \end{bmatrix}$$
$$=(110,000,001,111)$$

本例亦为非系统码。

推广之，(n,k,m)码的生成矩阵为

$$\boldsymbol{G}=\begin{bmatrix} \boldsymbol{G}_0 & \boldsymbol{G}_1 & \boldsymbol{G}_2 & \cdots & \boldsymbol{G}_m & & 0 \\ & \boldsymbol{G}_0 & \boldsymbol{G}_1 & \cdots & \boldsymbol{G}_{m-1} & \boldsymbol{G}_m & \\ & & \boldsymbol{G}_0 & \cdots & \boldsymbol{G}_{m-2} & \boldsymbol{G}_{m-1} & \boldsymbol{G}_m \\ 0 & & & \ddots & \ddots & \ddots & \ddots \end{bmatrix} \tag{9.4}$$

其中每个 $\boldsymbol{G}_l$ 的元素为

$$\boldsymbol{G}_l=\begin{bmatrix} g_{1,l}^{(1)} & g_{1,l}^{(2)} & \cdots & g_{1,l}^{(n)} \\ g_{2,l}^{(1)} & g_{2,l}^{(2)} & \cdots & g_{2,l}^{(n)} \\ \vdots & \vdots & & \vdots \\ g_{k,l}^{(1)} & g_{k,l}^{(2)} & \cdots & g_{k,l}^{(n)} \end{bmatrix},k\times n \text{ 阶子阵} \tag{9.5}$$

2. 多项式描述

首先引入延迟算子 D,D 的幂次表示序列中的某一位相对于起始位延迟的时间单位数。利用延迟算子 D,可以将时域的卷积转换成变换域的多项式乘法。以$(2,1,m)$码为例,有

$$\boldsymbol{v}=(v_0^{(1)}v_0^{(2)},v_1^{(1)}v_1^{(2)},\cdots) \quad \rightarrow v(D)=v^{(1)}(D^2)+Dv^{(2)}(D^2)$$

式中

$$\begin{aligned}
&\boldsymbol{v}^{(1)}=\boldsymbol{u}*g^{(1)} && \rightarrow v^{(1)}(D)=u(D)\cdot g^{(1)}(D)\\
&\boldsymbol{v}^{(2)}=\boldsymbol{u}*g^{(2)} && \rightarrow v^{(2)}(D)=u(D)\cdot g^{(2)}(D)\\
&\boldsymbol{u}=(u_0,u_1,u_2,\cdots) && \rightarrow u(D)=u_0+u_1D+u_2D^2+\cdots\\
&\boldsymbol{g}^{(1)}=(g_0^{(1)},g_1^{(1)},\cdots,g_m^{(1)}) && \rightarrow g^{(1)}(D)=g_0^{(1)}+g_1^{(1)}D+\cdots+g_m^{(1)}D^m\\
&\boldsymbol{g}^{(2)}=(g_0^{(2)},g_1^{(2)},\cdots,g_m^{(2)}) && \rightarrow g^{(2)}(D)=g_0^{(2)}+g_1^{(2)}D+\cdots+g_m^{(2)}D^m\\
&\boldsymbol{v}^{(1)}=(v_0^{(1)},v_1^{(1)},\cdots) && \rightarrow v^{(1)}(D)=v_0^{(1)}+v_1^{(1)}D+v_2^{(1)}D^2+\cdots\\
&\boldsymbol{v}^{(2)}=(v_0^{(2)},v_1^{(2)},\cdots) && \rightarrow v^{(2)}(D)=v_0^{(2)}+v_1^{(2)}D+v_2^{(2)}D^2+\cdots
\end{aligned}$$

例 9.3 用多项式描述法求解例 9.1 的(2,1,3)码的编码输出。

解 由 $\boldsymbol{u}=(1\ 0\ 1\ 1\ 1)$,可得

$$\begin{aligned}
&u(D)=1+D^2+D^3+D^4\\
&g^{(1)}(D)=1+D^2+D^3\\
&g^{(2)}(D)=1+D+D^2+D^3\\
&v^{(1)}(D)=(1+D^2+D^3+D^4)(1+D^2+D^3)=1+D^7\\
&v^{(2)}(D)=(1+D^2+D^3+D^4)(1+D+D^2+D^3)=1+D+D^3+D^4+D^5+D^7\\
&v(D)=v^{(1)}(D^2)+Dv^{(2)}(D^2)=1+D+D^3+D^7+D^9+D^{11}+D^{14}+D^{15}
\end{aligned}$$

即编码输出为(11 01 00 01 01 01 00 11),与例 9.1 结果一致。

对于 k 个输入、n 个输出的系统,共有 $k\cdot n$ 个转移函数,用矩阵表示为

$$\boldsymbol{G}(D)=\begin{bmatrix} g_1^{(1)}(D) & g_1^{(2)}(D) & \cdots & g_1^{(n)}(D) \\ g_2^{(1)}(D) & g_2^{(2)}(D) & \cdots & g_2^{(n)}(D) \\ \vdots & \vdots & & \vdots \\ g_k^{(1)}(D) & g_k^{(2)}(D) & \cdots & g_k^{(n)}(D) \end{bmatrix} \tag{9.6}$$

$$\boldsymbol{v}(D)=\boldsymbol{u}(D)\cdot\boldsymbol{G}(D)=[v^{(1)}(D),v^{(2)}(D),\cdots,v^{(n)}(D)]$$
$$=v^{(1)}(D^n)+Dv^{(2)}(D^n)+\cdots+D^{n-1}v^{(n)}(D^n) \quad (9.7)$$

编码器转移函数矩阵如图 9.5 所示。

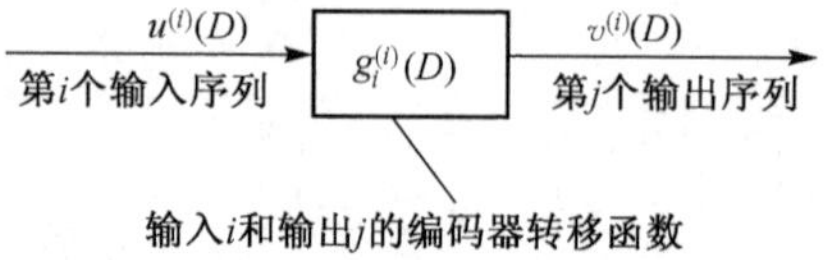

图 9.5 编码器转移函数矩阵表示

例 9.4 试用转移函授求解例 9.2。

解 对于例 9.2 的电路及输入序列，编码器为(3,2,1)，由式(9.7)和式(9.6)，有

$$\begin{aligned}\boldsymbol{v}(D)&=[v^{(1)}(D),v^{(2)}(D),v^{(3)}(D)]\\&=[u^{(1)}(D),u^{(2)}(D)]\cdot\begin{bmatrix}g_1^{(1)}(D)&g_1^{(2)}(D)&g_1^{(3)}(D)\\g_2^{(1)}(D)&g_2^{(2)}(D)&g_2^{(3)}(D)\end{bmatrix}\\&=[1+D^2,1+D]\cdot\begin{bmatrix}1+D&D&1+D\\D&1&1\end{bmatrix}\\&=[1+D^3,1+D^3,D^2+D^3]\\&=1+(D^3)^3+D[1+(D^3)^3]+D^2[(D^2)^3+(D^3)^3]\\&=1+D+D^8+D^9+D^{10}+D^{11}\end{aligned}$$

3. 树图描述

对于$(n,1,m)$卷积编码器，输入消息$\boldsymbol{u}=(u_0,u_1,\cdots,u_{L-1})$，消息集合共有 2^L种不同消息，编码输出码字个数也是 2^L。每输入 1 个消息，编码器有一组 n 比特的输出，各码元一个接一个地输出，考虑 1、0 两种情况，编码过程就形成了“树”，用它来描述编码成为树图方法。

例 9.5 已知(3,1,2)卷积编码器的转移函数矩阵为

$$\boldsymbol{G}(D)=[1+D,1+D^2,1+D+D^2]$$

试画出 $L=5$ 时的码树，并由此码树给出 $\boldsymbol{u}=(1\ 1\ 1\ 0\ 1)$时的编码输出。

解 根据本题条件，由前述多项式方法可以求出该卷积编码器的编码输出为(111,010,001,110,100,101,011)。下面考虑用树图方法来求其编码输出。

一般地，卷积码的生成矩阵是一个半无限矩阵，如果输入编码器的信息序列是半无限序列，则输出的码序列也是半无限的序列。对于(n,k,m)卷积码，在 L 组有限序列内，二进制卷积码有 2^{kL} 个不同的码序列。随着 L 的增加，码序列的数目按指数增长，像一棵树上能无限生长的树枝，分支越生长越多，故卷积码属于树码，用树图可以形象地表示卷积码的编码过程。在讨论距离特性、概率译码、误差传播时用树图也可得到形象的理解。

对于给定的卷积码编码器，其树图由输入消息序列及其对应的编码输出构成，图中的编码输出通常根据所给的编码器直接得出。本例卷积码的树图如图 9.6 所示，其码字序列的分支准则即该树图的构成规则如下：如果输入比特是 0，则向下方右移一个支路得到相应分支来标明编码输出；如果输入比特是 1，则向上方右移一个支路得到相应分支来标明编码输出。假设编码器开始处于全零状态，从图 9.6 可以得出，如果第一个输入比特是 0，其编码输出为 000；如果第一个输入比持是 1，则其编码输出为 111。现在，第一个输入比特是 1，第 2 个比特也是 1，则对应第 2 个比特的编码输出为 010；继续此树，可以看到，如果第 3 个比特是 1，编码输出是 001，而如果第 3 个比特是 0，则编码输出是 110。按照树图的构成规则，在图 9.6 中用粗线表示出了输入序列为(1 1 1 0 1)时在树图上经过的路径，此路径对应于输出序列(111,010,001,110,100,101,011)。

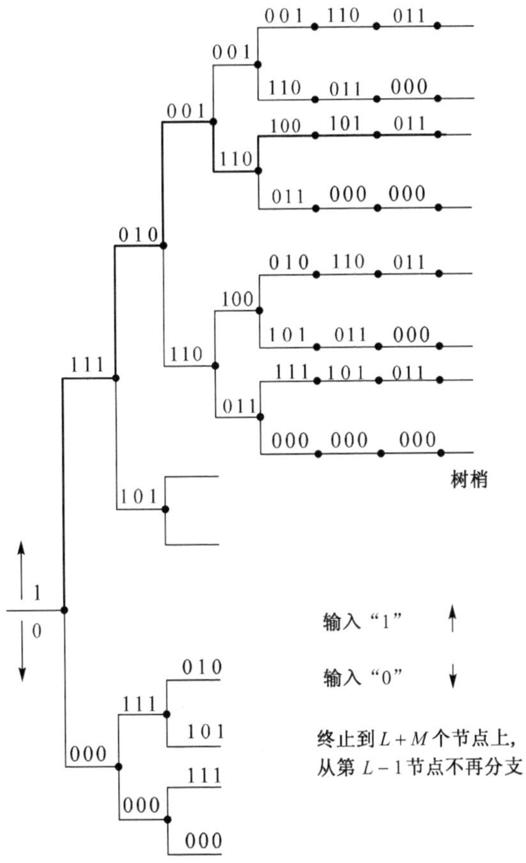

(111, 010, 001, 110, 100, 101, 011)

图 9.6　例 9.5 的树图

4. 状态图描述

所谓状态图，就是反映编码器中寄存器存储状态转移的关系图，它用编码器中寄存器的状态及其随输入序列而发生的转移关系来描述编码过程。

例 9.6　试画出例 9.2 卷积码(2,1,3)的编码器的状态图，并且用它求 $\boldsymbol{u}=(1\ 1\ 1\ 0\ 1)$时的编码输出。

解　设 3 个移位寄存器从左到右分别为 D_0、D_1、D_2，则状态 $S_i(D_2D_1D_0)$共有 8 种可能，$S_0(000)$，$S_1(001)$，…，$S_6(110)$，$S_7(111)$。

根据(2,1,3)卷积码的编码电路，可得如图 9.7 所示的状态图，它实质上与马尔可夫状态转移图相同。在状态图中，状态的转移用两个状态之间的有向连线表示，在线上标出状态转移的输入和对应的输出。每个状态引出的线数 2^k 等于此状态下编码器可能输入的总数，而进入每一状态的线数等于一次转移到达此状态的状态总数，同样也等于 2^k。

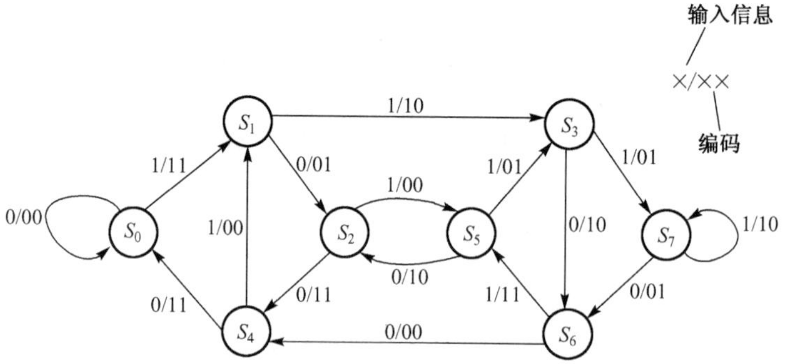

图 9.7　例 9.6 的状态图

当 $\boldsymbol{u}=(1\ 1\ 1\ 0\ 1)$时，状态转移过程如图 9.8 所示。

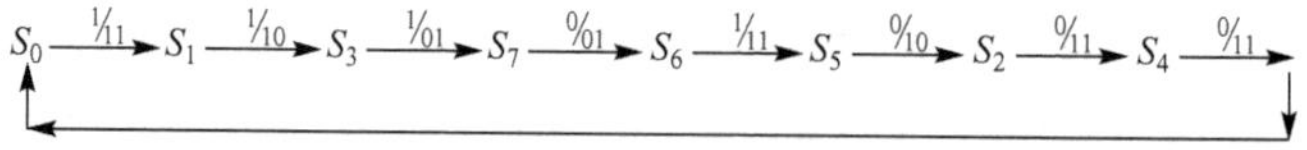

图 9.8　$\boldsymbol{u}=(11101)$时的状态转移过程

编码输出为(11 10 01 01 11 10 11 11)。

同树图中的处理方法相类似，到了最后的非零消息比特，再给消息序列加 m 个全零序列，从而回到 S_0状态。

5. 网格图

虽然状态图能表示出卷积编码器在不同输入序列下编码器各状态之间的转移关系，但并不能表示出编码器状态转移与时间的关系。对于某些输入消息，编码可能多次经过状态图的某一条边，例如对于图 9.7 所示的状态图在输入序列为 $\boldsymbol{u}=$

(10001000)、$\boldsymbol{u}$=(111111001001)等情况下都会遇到这一情况。当然在编码时应该没有太大的问题,但在译码时不容易分清楚。于是将状态图在时间上展开,每一时间单位都用一个单独的状态图来表示,就得到了网格图,其现状颇像篱笆,故也称为篱笆图。

例 9.7　设有一(2,1,2)卷积码编码器,电路及状态图如图 9.9 与图 9.10 所示,试画出对应的网格图并用它求出输入序列为(1 1 0 1 0 0…)时的编码输出。

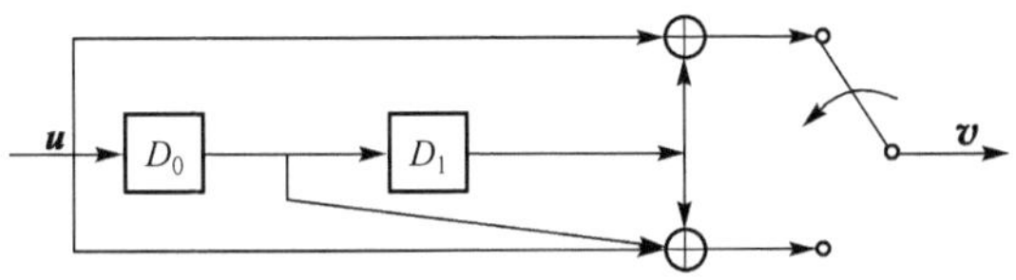

图 9.9　例 9.7 卷积码编码器

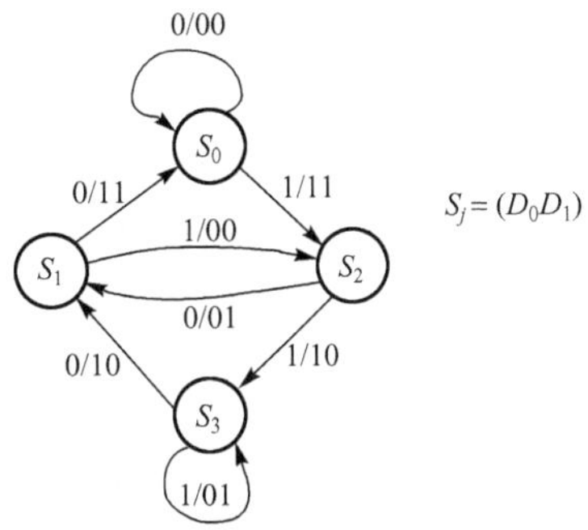

图 9.10　例 9.7 状态图

解　网格图利用了树状图在结构上的重复性,用它来描述编码器比树图更加清晰。本例中卷积编码器的网格图如图 9.11 所示。在画网格图时采用如下规定:实线表示输入比特 1 时产生的输出,虚线表示输入比特 0 时产生的输出。第一行及后继各行分别对应于状态 S_0(00),S_1(01),S_2(10),S_3(11)。利用某个时间段内的网格图就可以完全确定编码结果,图中用粗线给出了输入序列为(1 1 0 1 0 0…)时的编码输出(11 10 10 00 01 11)。

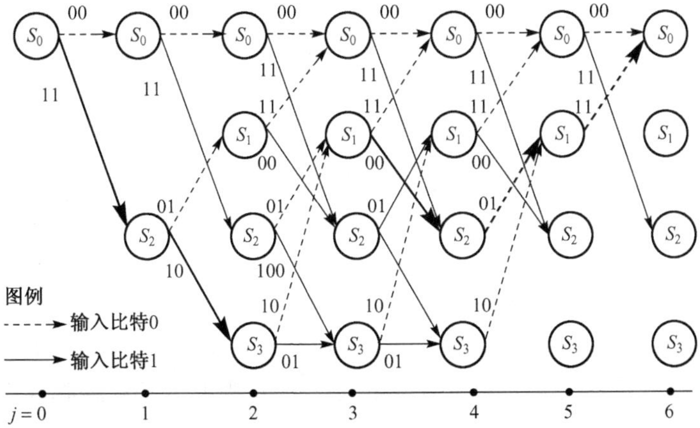

图 9.11　例 9.7 网格图

9.2 卷积码的最大似然译码

9.2.1 Viterbi 译码

维特比(Viterbi,VB)译码算法是一种最大似然译码算法,由维特比提出,其基本思想是把接收到的矢量和网格图上诸种可能的路径比较,删去距离大的路径,保留距离小的路径,以距离最小路径作为发码的估值。

下面用具体例子说明它的应用。

例 9.8 对于例 9.7 给出的(2,1,2)编码器,若收到的接收矢量为 $\boldsymbol{r}$=(10 11 00 11 10 11 11 00),试用 VB 译码算法求对应的译码输出。

解 和编码时应用的网格图采用完全相同的规则,画出译码过程的网格图如图 9.12 所示,接收矢量在图的上方标出。

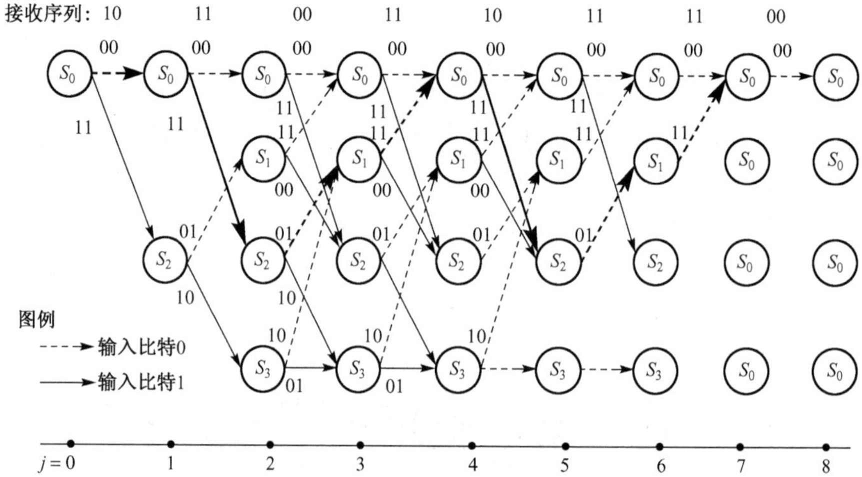

图 9.12 例 9.8 网格图

首先,将初始全零状态的距离度量值设为零,计算下一级状态上的距离度量值,它定义为接收序列与网格图上支路间序列的汉明距离。然后逐级比较,具体方法如下。

第 1 级 $j=0$,这时只有初始状态 S_0,进入下一状态有两条支路,即 $S_0 \to S_0$ 和 $S_0 \to S_2$,对应于消息序列中的 0 和 1,正确的编码结果分别是 00 和 11,但现在实际接收到的序列是 10,与两条支路间的距离度量值均为 1,因此两条路径都要保留下来,以便和下一级的距离度量值累加再作比较。

第 2 级 $j=1$,这时有了两个状态 S_0 和 S_2。对应于 $S_0 \to S_0$ 情况,和 $j=0$ 时完全相同,即进入下一状态的两条支路仍然是 $S_0 \to S_0$ 和 $S_0 \to S_2$;对应于 $S_0 \to S_2$ 情况,进

入下一状态的两条支路则是 $S_2 \to S_1$ 和 $S_2 \to S_4$。这样就产生了 4 条路径：$S_0 \to S_0$，$S_0 \to S_2$，$S_2 \to S_1$ 和 $S_2 \to S_4$，接收序列是 11，与图上标注的正确编码结果相比，4 条支路的距离度量值分别为 3、1、2、2，与上一级相累加则为 4、2、3、3。这时已经可以看出距离度量值的不同，直观地理解，距离度量值最小的路径是最大似然路径。

第 3 级 $j=2$，这时有了 4 个状态 $S_0 \sim S_3$，每一状态的下一个状态都有两个，因此从第 4 级 $j=3$ 开始，将会遇到两条支路进入同一状态的情况，这时各路径对应的译码输出及其距离量度如表 9.1 所示。根据 VB 译码算法，将选择一条具有最小累积距离的路径作为幸存路径，然后去掉没有选中的路径；如果在某个状态上，两条或两条以上路径的累积距离相等，则其中任何一条都有可能是幸存路径，对于这种情况，将这些路径都暂时留下，根据后面的距离度量值累计以后再作取舍。

第 4 级及其以后，将重复第 3 级的过程，一直进行到与接收序列比较结束并进入全零状态为止，在诸种路径中留下累积距离最小的路径作为幸存路径。

表 9.1　例 9.8 中 $j=3$ 时各路径对应的译码输出及其距离量度值

$\boldsymbol{r}=(10\ 11\ 00\ \cdots)$		
路径	译码输出	距离量度(d_H)
$S_0 \to S_0 \to S_0 \to S_0$	00 00 00	3
$S_0 \to S_0 \to S_0 \to S_2$	00 00 11	5
$S_0 \to S_0 \to S_2 \to S_1$	00 11 01	2
$S_0 \to S_0 \to S_2 \to S_3$	00 11 10	2
$S_0 \to S_2 \to S_1 \to S_0$	11 01 11	4
$S_0 \to S_2 \to S_1 \to S_2$	11 01 00	2
$S_0 \to S_2 \to S_3 \to S_1$	11 10 10	3
$S_0 \to S_0 \to S_3 \to S_3$	11 10 01	3

对于本题 $\boldsymbol{r}=(10\ 11\ 00\ 11\ 10\ 11\ 11\ 00)$，由 VB 译码算法得到的幸存路径为

$$S_0 \to S_0 \to S_2 \to S_1 \to S_0 \to S_2 \to S_1 \to S_0 \to S_0$$

对应的译码矢量为

$$\hat{\boldsymbol{v}} = (00\ 11\ 01\ 11\ 11\ 01\ 11\ 00)$$

译码估值为

$$\hat{\boldsymbol{c}} = (0\ 1\ 0\ 0\ 1\ 0\ 0\ 0)$$

幸存路径的各级汉明距离、译码矢量及接收矢量的对应关系如图 9.13 所示。此时译码路径的累积汉明距离为 $d_H=4$，而其他任何路径上的 $d_H>4$。

d_H	1	0	1	0	1	1	0	0
$\hat{\boldsymbol{v}}$	00	11	01	11	11	01	11	00
$\hat{\boldsymbol{r}}$	10	11	00	11	10	11	11	00

图 9.13　幸存路径的对应关系

VB 算法提供了卷积码的最大似然译码算法，但是，由上述分析可知，其算法的

复杂度同网格图上的状态数是成正比的。概括而言，该算法存在以下的缺点。

(1)VB算法使编码约束长度做不大，从而限制了卷积码的纠错性能进一步提高。算法的状态数与寄存器数有关，假设有 m 个移位寄存器，则总状态数为 2^m，例如 $k=1, m=6$ 时，总状态数为 $2^6=64$，即 $s_0, s_1, \cdots, s_{63}$，这将使网格图很大。因此VB算法一般适合于不太大的记忆长度，一般认为 $m=8$ 是VB算法的极限。

(2)VB算法的译码工作量不能和噪声情况相适应。每译一段信息，要做的计算量差不多总是 2^m 次，对每一条可能路径都要比较，通过删除量度小的、留存量度大的，最终得最大似然路径。然而在干扰或噪声小时，不必要比较全部可能的路径，希望译码工作量能和噪声电平自动适应，从而在信道干扰很小时减小译码的平均计算量。

针对上述不足，可以采用其他一些译码算法，如下所述。

9.2.2 序列译码

序列译码是一种实用的概率译码算法。VB算法的两个主要缺点在序列译码中是不存在的，相对来说也是它的优点。序列译码利用码树进行译码，它的译码工作量本质上只与消息分块数 L 有关，与编码记忆 m 无关，故可以增大编码记忆，进一步减小译码错误，因此序列译码可以用于要求译码错误很小的场合；序列译码有适应信道干扰的能力，其译码复杂度与噪声电平匹配，是个随机变量。当信道干扰较小时，它的译码速度很快，仅当信道干扰较大时，译码速度才变慢。

1. 序列译码算法的基本思路

序列译码算法的基本思路是利用译码器的树图，使用接收序列来游历该码树。

卷积码的编码过程相当于在码树上“走步”，每一个发送序列对应于树上的一条路径，该路径始于出发点，终止于树梢，深度为 $L+m$。接收序列为“发送序列＋错误图样”，相当于路径受到噪声污染。因此译码任务就是由接收序列猜测实际在树图上的路径。

序列译码算法也是一种最大似然算法。一个特定的路径是否有希望成为一部分最大似然路径，同样取决于和此路径相联系的距离量度。

好的序列译码算法应该满足如下条件：

(1)译码器能以很大概率发现它已走在不正确路径之中；

(2)译码器一旦发现它是沿着错误路径前进时，能以很大概率回到正确路径上；

(3)译码设备尽可能简单，译码时间尽可能短。

2. 序列算法的具体步骤

序列算法的具体步骤如下：

(1)由接收序列，探索码树中的一个子集，该子集有如下两点要求：①子集包含可能是发码的各种可能路径，不要让真正的路径漏掉；②子集尽可能小，以减小计算量。

(2)从子集中拿出一条路径，与门限进行部分比较，看是否可能是发送的路径。若是，则继续；若不是，则放弃这一条，换子集中另一条。

(3)重复上述过程，直至得到最终路径。

3. 堆栈存储算法和费诺算法

序列算法的码树搜索方法有很多种，其中堆栈存储算法和费诺算法比较典型。

1)堆栈存储算法

在堆栈存储算法的译码器中需要设置存储区，即堆栈。栈中元素排列有序，元素的进、出即压栈、出栈。每一栈元都含有一条路径及其量度，其中具有最大量度的路径放在顶部，被称为领先路径；其他路径按量度减小的次序排列。每步译码都需要刷新堆栈并更新量度值。当译到某一步后，若堆栈顶部存储的路径已处在码树的终点节点，则译码完毕，译码器输出堆栈顶部的路径作为判决路径。算法的流程图如图 9.14 所示。

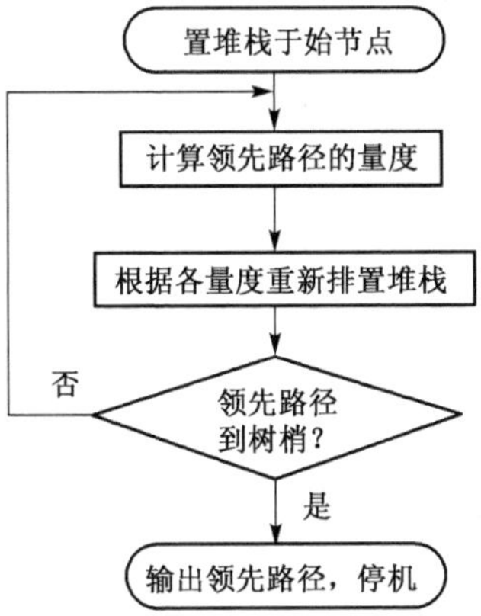

图 9.14　堆栈存储算法流程图

2)费诺算法

费诺算法根据信道转移概率 $P(r_i | v_i)$、信道输出符号概率 $P(r_i)$ 和编码效率 R 定义了比特量度，为

$$M(r_i \mid v_i) = \mathrm{lb}\,\frac{P(r_i \mid v_i)}{P(r_i)} - R \tag{9.8}$$

对于转移概率为 p 的 BSC，有

$$M(r_i \mid v_i) = \begin{cases} \mathrm{lb}2p - R, & r_i \neq v_i \\ \mathrm{lb}2(1-p) - R, & r_i = v_i \end{cases} \tag{9.9}$$

例如，$R=1/3$，$p=0.10$，有

$$M(r_i \mid v_i)=\begin{cases}-2.65, & r_i \neq v_i \\ 0.52, & r_i = v_i\end{cases}$$

根据上述的比特量度可列出费诺量度表，如表 9.2 所示。在实际应用中为了简化计算，希望用整数来表示量度，因此在这里用 1/0.52 作为调整比例因子，将比特量度表 9.2 构造如表 9.3 所示的整数量度。

表 9.2　费诺算法的比特量度

v_i \ r_i	0	1
0	0.52	−2.65
1	−2.65	0.52

表 9.3　整数量度

v_i \ r_i	0	1
0	1	−5
1	−5	1

费诺算法流程如图 9.15 所示。

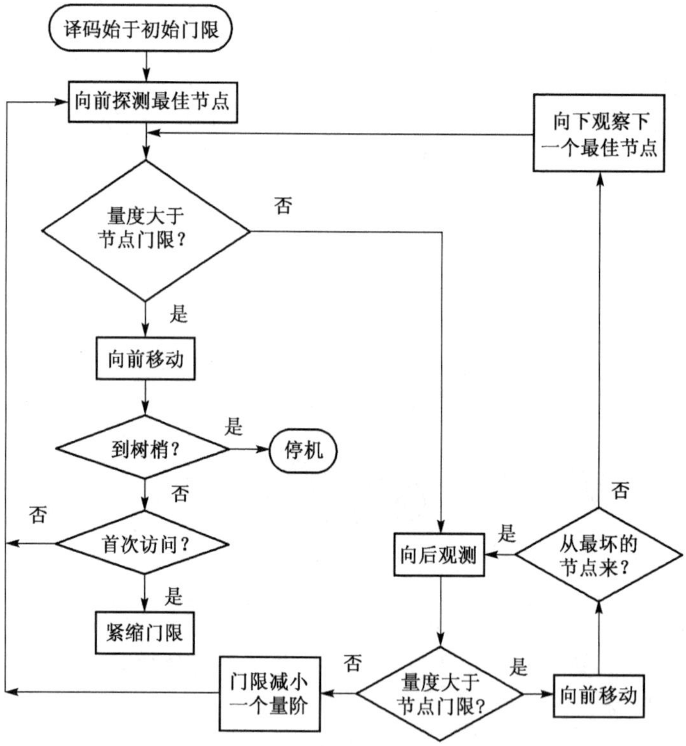

图 9.15　费诺算法流程图

例 9.9　一通信系统采用例 9.5 的(3,1,2)卷积编码器，信道为 $p=0.10$ 的二进制对称信道，现接收序列为 $\boldsymbol{r}=(010,010,001,110,100,101,011)$，试用堆栈存储算法求译码输出。

解　无论是费诺算法还是堆栈算法，序列译码的中心思想都是根据量度，译码器在码树上寻找正确路径时，尽早排除非最大似然路径，以减小计算量。计算过程如下，其中加粗的部分表示选中的路径，树图分支旁括号内的数字为该路径的度量。

第 1 步：由第 1 组接收序列 010 和 $\frac{111}{000}$ 相比，利用表 9.3 得到的费诺量度，结果为

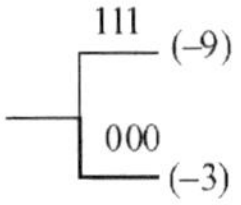

路径量度计算	估值序列	路径度量值
1－5＋1＝－3	0	－3
－5＋1－5＝－9	1	－9

第 2 步：由第 2 组接收序列 010 和 $\frac{111}{000}$ 比，并与第 1 步结果累加后相比，结果重新排序，为

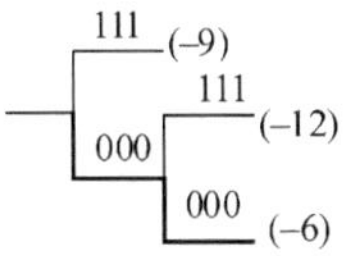

路径量度计算	估值序列	路径度量值
－3－3＝－6	00	－6
	1	－9
－3－9＝－12	01	－12

第 3 步：领先路径与第 3 组接收序列 001 在 $\frac{111}{000}$ 上和前两步比，结果重新排序，为

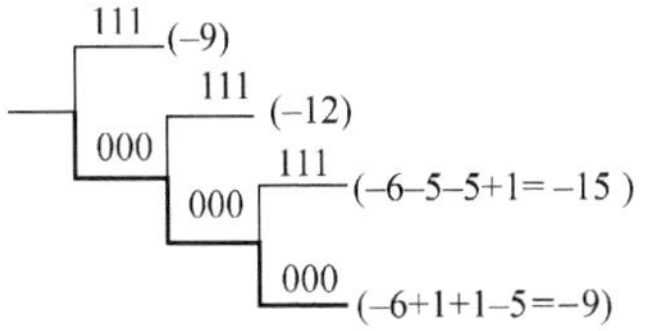

估值序列	路径度量值
000	－9
1	－9
01	－12
001	－15

在这一步中有两个量度值相等，但一个(000)已译码 3bit，而另一个只译码 1bit，因此仍选择 000 路径为似然路径继续比较。

第 4 步：领先路径与第 4 组接收序列 110 在 $\frac{111}{000}$ 上比较，并和前一步结果累加比较，结果重新排序。注意到此时路径 0001 的量度已为－12，超过－9，因此调整栈顶，有

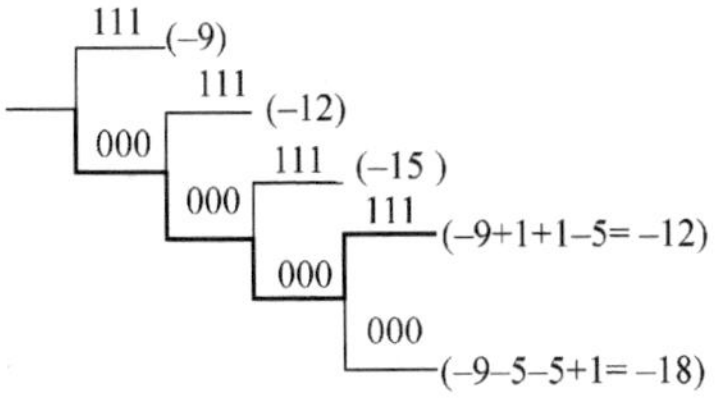

估值序列	路径度量值
1	－9
0001	－12
01	－12
001	－15
0000	－18

第 5 步：领先路径与第 2 组接收序列 010 在$\begin{matrix}010\\101\end{matrix}$上比较，并和前一步结果累加比较，结果重新排序，为

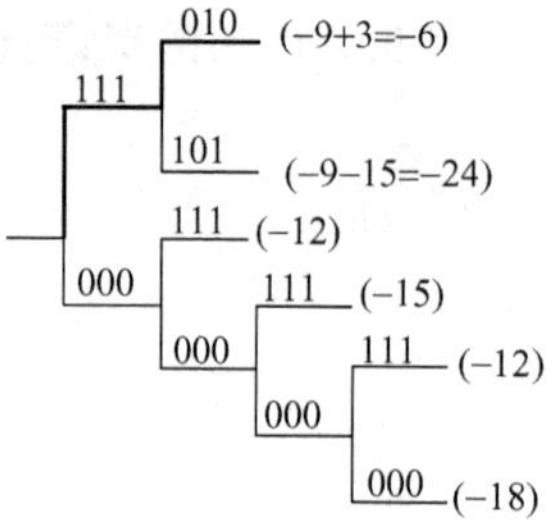

估值序列	路径度量值
11	−6
0001	−12
01	−12
001	−15
0000	−18
10	−24

第 6 步：领先路径与第 3 组接收序列 001 在$\begin{matrix}001\\110\end{matrix}$上比较，并和前一步结果累加比较，结果重新排序，为

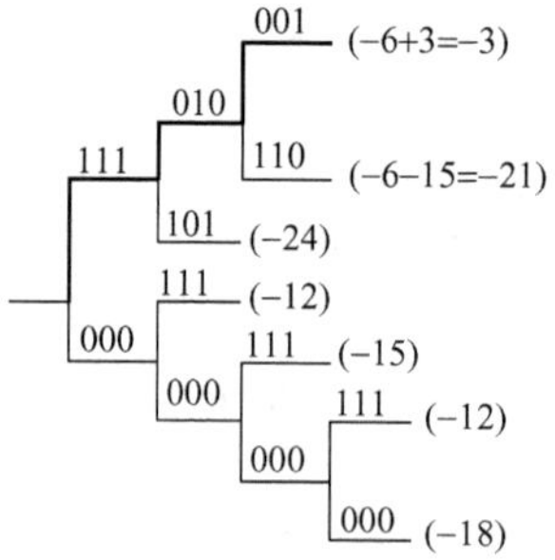

估值序列	路径度量值
111	−3
0001	−12
01	−12
001	−15
0000	−18
110	−21
10	−24

第 7 步：领先路径与第 4 组接收序列 110 在$\begin{matrix}001\\110\end{matrix}$上比较，并和前一步结果累加比较，结果重新排序，为

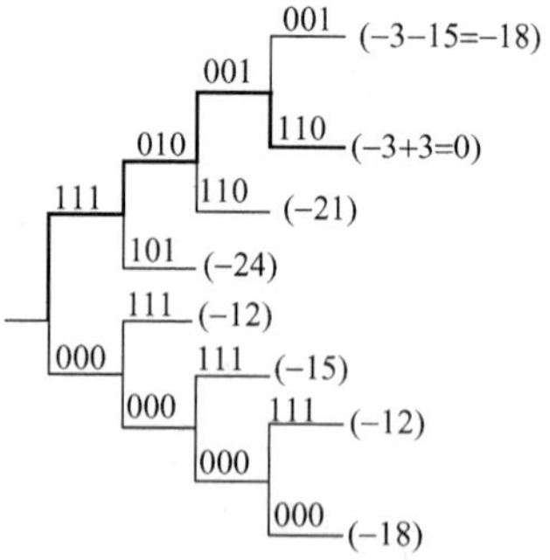

估值序列	路径度量值
1110	0
0001	−12
01	−12
001	−15
1111	−18
0000	−18
110	−21
10	−24

第 8 步：领先路径与第 5 组接收序列 100 在$\begin{matrix}100\\011\end{matrix}$上比较，并和前一步结果累加比

较，结果重新排序，为

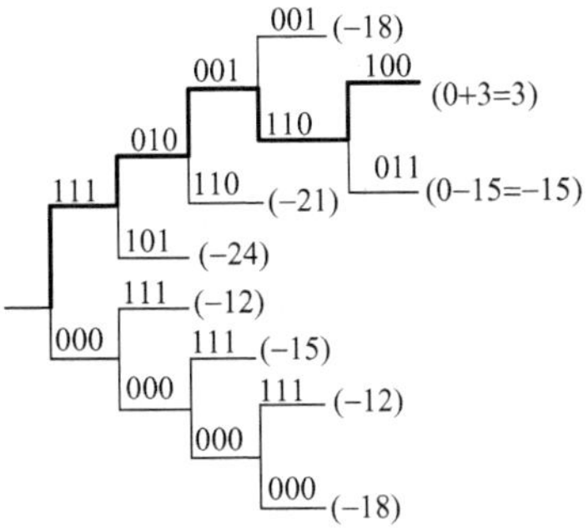

估值序列	路径度量值
11101	3
0001	−12
01	−12
11100	−15
001	−15
1111	−18
0000	−18
110	−21
10	−24

第 9 步：领先路径与第 6 组接收序列 101 在$\frac{010}{101}$上比较，并和前一步结果累加比较，结果重新排序，为

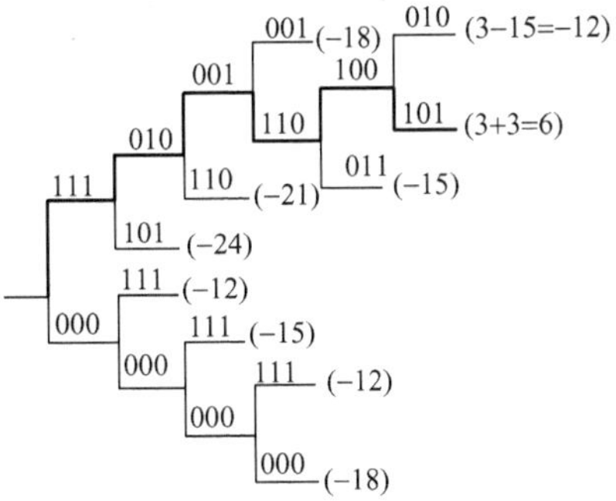

估值序列	路径度量值
111010	6
111011	−12
0001	−12
01	−12
11100	−15
001	−15
1111	−18
0000	−18
110	−21
10	−24

第 10 步：领先路径与第 7 组接收序列 011 在$\frac{100}{011}$上比较，并和前一步结果累加比较，结果重新排序，为

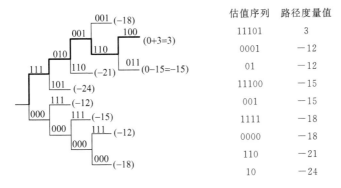

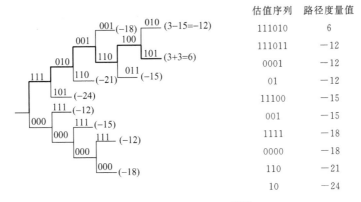

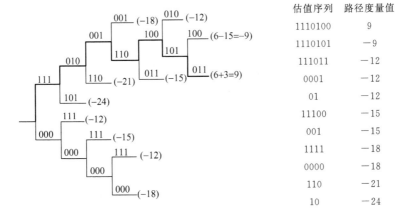

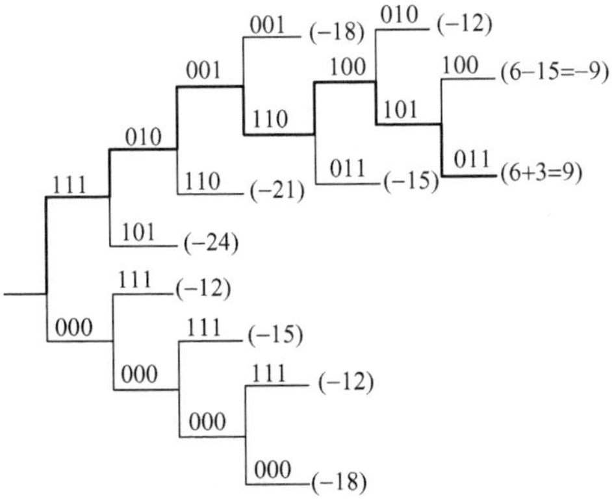

估值序列	路径度量值
1110100	9
1110101	−9
111011	−12
0001	−12
01	−12
11100	−15
001	−15
1111	−18
0000	−18
110	−21
10	−24

译码结果为

$$\hat{\boldsymbol{v}}=(111,010,001,110,100,101,011)$$
$$\hat{\boldsymbol{u}}=(1\ 1\ 1\ 0\ 1\ 0\ 0)$$

9.3　卷积码的性能评估

评价信道编码的性能，通常是考察它们在相同的编码效率和可比拟的实现复杂度条件下的纠、检错能力。对卷积码而言，译码时使用最大似然准则，通常不能够像分组码那样明确地以能够纠几个错或检几个错或既能纠几个错又能检几个错来标明其纠、检错能力，那么如何来评估其性能，或者是怎样来设计一个性能优良的卷积码呢？本节将对其作简要讨论。

9.3.1　译码的错误扩展及恶性卷积码

先来看一个例子。

例 9.10　一卷积码编码器及其状态转移图分别如图 9.16、图 9.17 所示。(1)若编码器在(00)状态对消息序列 $\boldsymbol{u}=(0,0,\cdots,0,0)$ 即全 0 序列进行编码，求其编码结果；(2)若译码器在(01)状态，接收序列为 $\boldsymbol{r}=(10,00,\cdots,00,00)$，即除第 1 段为 10 外其余为全 0，求其译码输出；(3)若译码器在(10)状态，接收序列为 $\boldsymbol{r}=(01,00,\cdots,00,00)$，即除第 1 段为 01 外其余为全 0，求其译码。

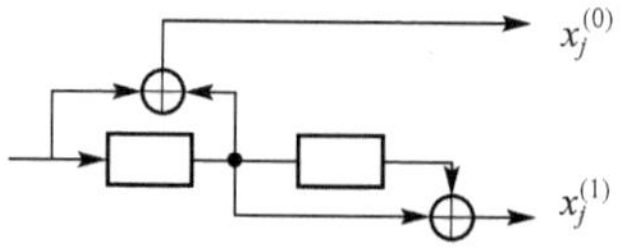

图 9.16　例 9.10 的卷积码编码器

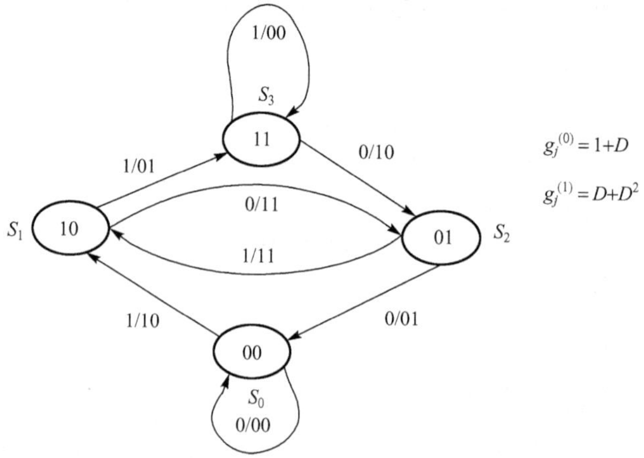

图 9.17　例 9.10 的卷积码状态转移图

解 编码和译码均使用状态图。

(1)编码器在(00)状态,$\boldsymbol{u}=(0,0,\cdots,0,0)$,编码输出为 $\boldsymbol{x}=(00,00,\cdots,00,00)$;

(2)译码器在(01)状态,$\boldsymbol{r}=(10,00,\cdots,00,00)$,由最大似然译码准则,最佳译码路径为 $S_2\rightarrow S_3\rightarrow S_3\rightarrow\cdots\rightarrow S_3\rightarrow S_3$,译码输出为(0,1,1,…,1,1),即除了第1bit为0外,其余为全1;

(3)译码器在(10)状态,$\boldsymbol{r}=(01,00,\cdots,00,00)$,由最大似然译码准则,最佳译码路径为 $S_1\rightarrow S_3\rightarrow S_3\rightarrow\cdots\rightarrow S_3\rightarrow S_3$,译码输出为(1,1,1,…,1,1),即全1序列。

从这个例子可以看出,假如问题(2)和问题(3)的接收序列都是由于发送序列在传输过程中错了1bit而得到的,译码时却产生了无限多的错误。显然,这样的编码器是不能被使用的。为此给出如下定义。

定义 9.5 若卷积编码使得译码具有错误的无限扩展性,则称此卷积码为恶性卷积码。

为了避免恶性卷积码,有如下的定理。

定理 9.1 若卷积码(n,k,m)的生成多项式为 $g_1(D),g_2(D),\cdots,g_n(D)$,都是常数项为1的 m 次多项式($m\geqslant1$),则该卷积码为恶性卷积码的充要条件是 $g_i(D)(j=1,2,\cdots,n)$有公因式(D 除外)。

限于篇幅,对定理9.1的证明省略。

例9.10卷积码的2个生成多项式有公因式 $1+D$,因此是恶性卷积码。从这个例子可以看出,在构造卷积码编码器时,一旦根据复杂性要求确定了 m 的值或移位寄存器的个数,就要在各种可能抽头所构成的编码器中,先剔除所有的恶性卷积码,然后再分析其他性能。

9.3.2 卷积码的自由距离

卷积码通常不像分组码那样明确地标明其纠、检错能力,主要原因是,分组码特别是循环码在构造时就以能够纠几个错(或检几个错)为基本参数来进行的,而分组码则不是,这从前面的分析可以清楚看出。但纠、检错能力是信道编码的最主要性能,而且人们常说在相同的编码效率和差不多的复杂度条件下,卷积码的纠、检错性能优于分组码。为了评估,通常是针对码的汉明距离来说的。

定义 9.6 (n,k,m)卷积码的第 j 列距离 d_c是定义在第 j 个分支(共 $j+1$ 个分支)的截短码树上的最小汉明距离,也就是在式(9.4)的分块矩阵中截取前 $j+1$ 列,然后在 $\boldsymbol{u}_0\neq\boldsymbol{0}$ 的前提下比较各行组合所得的最小汉明距离。

与分组码的情况类似,可以建立卷积码列距离与其重量的关系:卷积码列距离是除输入序列为 **0** 的组外,L 组输入序列所产生的所有码字的最小重量。用公式表示,为

$$d_c(L) = \min_{\substack{u_0 \neq 0 \\ \tilde{u}_L}} w(\tilde{x}_L), \quad L = 1,2,\cdots \tag{9.10}$$

对式(9.10)求极限,称为卷积码的自由距离,有如下定义。

定义 9.7 (n,k,m)卷积码的自由距离 d_f定义为

$$d_f = \lim_{L\to\infty} d_c(L) = \lim_{L\to\infty} \min_{\substack{u_0 \neq 0 \\ \tilde{u}_L}} w(\tilde{x}_L) \tag{9.11}$$

图 9.18 给出了式(9.10)和式(9.11)的图形表示。

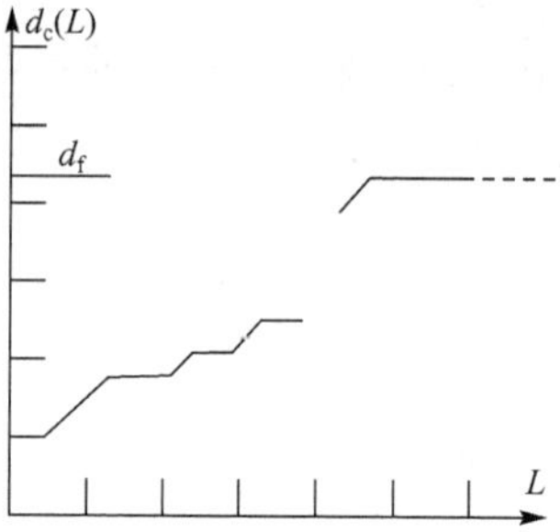

图 9.18 卷积码的列距离函数图

卷积码的自由距离 d_f表明了它的纠、检错,是卷积码的重要性能指标。显然,自由距离越大其性能越好。为此有如下的定义。

定义 9.8 对于相同编码效率 R 和相同实现复杂性(存储单元总数相等或计算量差不多)的各种卷积码,使得自由距离 d_f最大的编码称为最佳自由距离(optimal free distance,OFD)码。

一个好的卷积码应该是最佳自由距离码。尽管在理论上卷积码还不能像分组码特别是循环码那样,根据纠、检错的要求就能借助现有的数学工具(例如有限域理论)构造出码,但对于设计出的卷积码,至少理论上可以计算出它的自由距离,那么,就可以通过计算机搜索的方法而得到所有可能的最佳自由距离码。也就是说,要获得性能优良的卷积码,首先应排除恶性卷积码,然后用计算机搜索的方法,遍历可能的编码器而寻得最佳自由距离,从而得到需要的卷积码。

表 9.4 给出了部分通过计算机搜索而得到的二进制最佳自由距离码,可供使用时参考。

表 9.4 部分二进制 OFD 码

R	m	$g(D)$	d_f
1/3	3	13,15,17	10
1/3	4	25,33,37	12
1/3	5	27,53,75	13
1/3	6	133,145,175	15

续表

R	m	$g(D)$	d_f
3/4	5	23,25,47,61	4
3/4	7	45,124,216,357	5
…	…	…	…

本章小结

与分组码不同,卷积码本组的 $n-k$ 个校验元不仅与本组的 k 个信息元有关,而且还与以前输入至编码器的信息组有关。本章首先讨论了卷积码的编码及其描述,然后介绍了维特比译码算法和序列译码算法,接着分析了某些卷积码存在的译码错误扩展问题并给出了恶性卷积码的定义,最后给出了卷积码自由距离以及最佳自由距离的定义,给出了构造性能优良的卷积码的一般思路。

思 考 题

9.1 请简要说明目前对卷积码有哪些描述方法以及各从什么角度考虑的。

9.2 请简要说明卷积码的树图、状态图和网格图的获得方法及其特点。

9.3 请简要说明如何确定卷积码的许用码组和禁用码组。

9.4 请简要说明卷积码的编码方法。

9.5 请简要说明 Viterbi 译码算法的基本思想、方法和特点。

9.6 请简要说明序列译码算法的基本思想、方法和特点。

9.7 请简要说明什么是恶性卷积码以及一个卷积码是恶性的充要条件。

9.8 请给出卷积码的列距离、自由距离和最佳自由距离码的定义。

9.9 请简要说明设计卷积码的一般方法。

习 题

9-1 已知一个(2,1,3)卷积码编码器结构如图 9.19 所示。(1)写出 g^1、g^2 与生成矩阵 $\boldsymbol{G}$;(2)画出状态图、树图、网格图。

9-2 CDMA 移动通信 IS-95 制式的下行信道采用(2,1,9)卷积码,其生成多项式为 $g^1=(753)_8$、$g^2=(561)_8$,其中$(xxx)_8$表示八进制。请画出该编码器的框图。

9-3 某卷积码编码器的结构如图 9.20 所示。

(1)画出该卷积码的状态图;

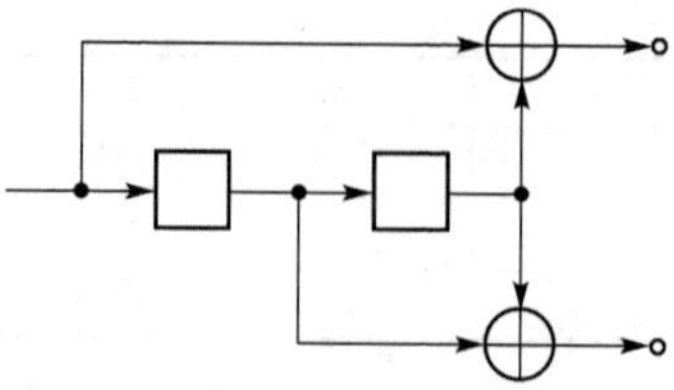

图 9.19

(2)输入为 01100000…和输入为 11100000…所对应的两个输出路径的汉明距是多少?

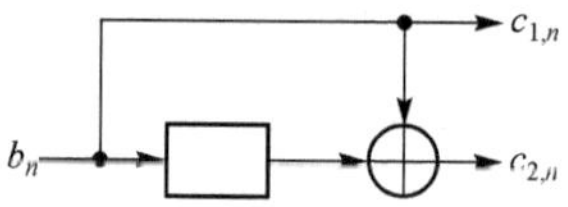

图 9.20

9-4 试画出 $k=3$,效率为 1/3,生成多项式如下所示的编码状态图、树状图和网格图:

$$g_1(X) = X + X^2$$
$$g_2(X) = 1 + X$$
$$g_3(X) = 1 + X + X^2$$

9-5 考虑图 9.21 所示的卷积码。(1)写出编码器的连接矢量和连接多项式;(2)画出状态图、树状图和网格图。

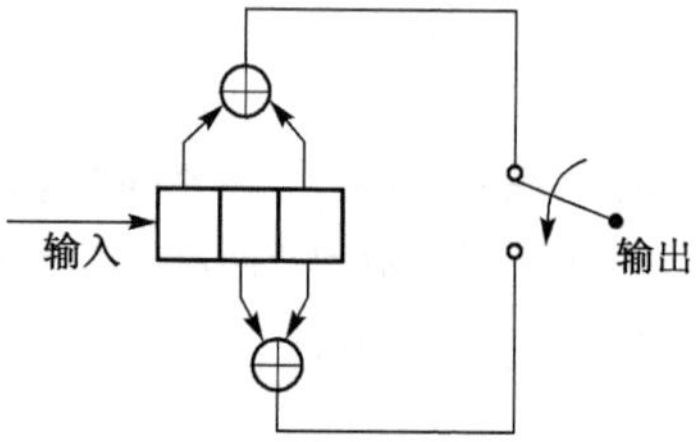

图 9.21

9-6 假定寻找从伦敦到维也纳坐船或坐火车的最快路径,图 9.22 给出了各种安排,各条分支上标注的是所需时间。采用维特比算法,找到从伦敦到维也纳的最快路线,解释如何应用该算法,需做哪些计算,以及该算法要求在存储器里保存什么信息。

9-7 已知卷积码的结构如图 9.23 所示。(1)画出该卷积码的网格图;(2)求输入为 11001001 时的编码输出;(3)输入为 00000 和输入为 10000 所对应的两个输出序列的码距是多少?

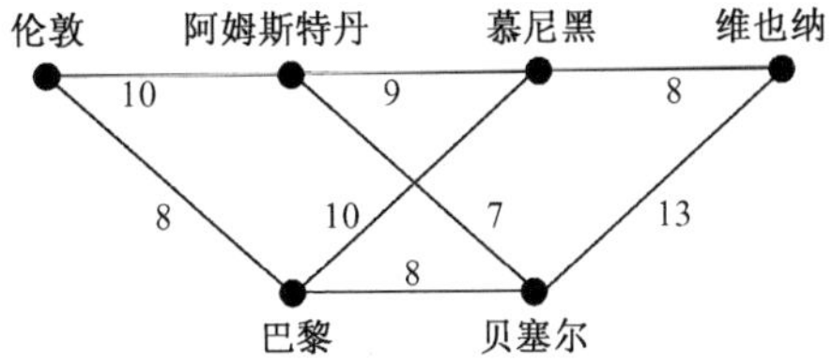

图 9.22

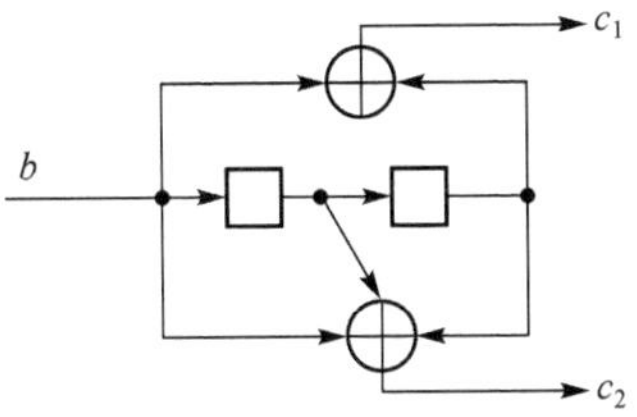

图 9.23

9-8　已知一个(2,1,5)卷积码 $g^1=(11101)$、$g^2=(10011)$。(1)画出编码器框图;(2)写出该码生成多项式 $g(x)$;(3)写出该码生成矩阵 $\boldsymbol{G}$;(4)若输入信息序列为 11010001,求输出码序列。

9-9　将 3 个信息比特 $u_0u_1u_2$ 后面补两个 0 后送入如图 9.24 所示的卷积编码器(u_0 先进),得到 10 个比特的输出(第一个输出是 $c_{1,0}$)。如果接收端收到的 10 个比特是 01 00 00 00 00。(1)画出该卷积码的格图(画 5 步,0 状态出发到 0 状态结束);(2)根据卷积码是线性编码这一性质给出传输中遇到的最可能的错误图样;(3)用 Viterbi 译码给出传输中遇到的最可能的错误图样。

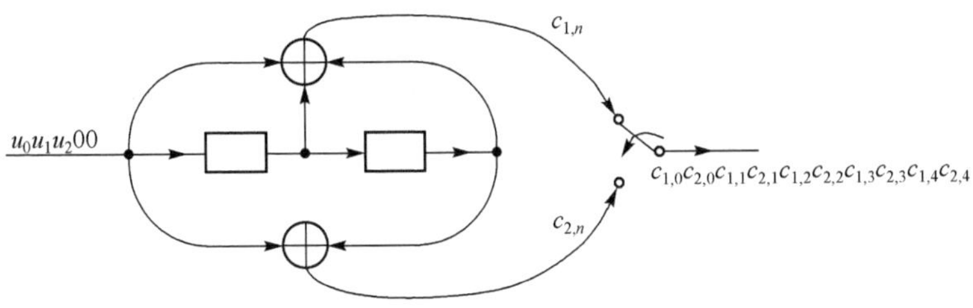

图 9.24

第 10 章　信道编码新进展简介

通信技术日新月异，特别是随着移动通信、卫星通信、无线互联网的快速发展以及无线城域网(wireless metropolitan area network，WMAN)、无线局域网(wireless local area network，WLAN)、无线个域网(wireless personal area network，WPAN)、无线传感器网络(wireless sensor network，WSN)、物联网(internet of things，IoT)、无线自组织网络(wireless Ad Hoc network，WAN)等概念的提出及推广使用，信息论的研究工作逐渐转向网络信息理论领域，以解决复杂电磁环境中宽带和多媒体通信所面临的理论问题。本章仅对 Turbo 码、空时编码、低密度奇偶校验(low density parity check，LDPC)码以及网络编码与协作进行简要讨论。

10.1　Turbo 码

在传统的编码方式中，通常通过构造大量代数结构的码来设计出一个好码。但是，这种结构设计方法的缺点是，为了尽量接近香农信道容量的理论极限，要求增加线性分组码码字的长度或增加卷积码的约束长度，从而导致最大似然估计译码器的计算复杂度随码字长度的增加按指数增加，这又使得在实际应用中译码器难以实现。

由于上述原因，各种构造具有较大“等效”分组长度的编码方法应运而生。这些方法的基本思想是尽管“编码长度”较大，但在译码过程中能够将它们分解为许多较容易实现的步骤来完成。在这一研究领域，Turbo 码是一个成功的例子，它以一种崭新的方式构造好码并且以较为合理的复杂度进行译码。

10.1.1　Turbo 码的编码及其性能

Turbo 码的基本形式如图 10.1 所示。它看起来像一个典型的系统分组码，其编码输出分成消息比特和校验比特两大部分，而校验比特又分为 z_1、z_2 两部分，其不同之处在于其中一个含有交织器而另一个没有。

通常情况下，图 10.1 中的两个编码器都采用相同的结构，但是也可以采有不同的编码器组合。Turbo 码推荐使用的组成码是限长短递归系统卷积(recursive systematic convolutional，RSC)码。采用卷积码递归，也即将一个或多个抽头的输出反馈到移位寄存器的输入端，其原因是使移位寄存器的内部状态与它过去的输出有关，以此对错误图样的状态施加影响，因为系统码的单个误码会引起多个校验误码，而基于这种方法就可以获得更好的整体编码效益以提高性能。图 10.2 给出了一个 8 状态递归系统卷积码编码器。

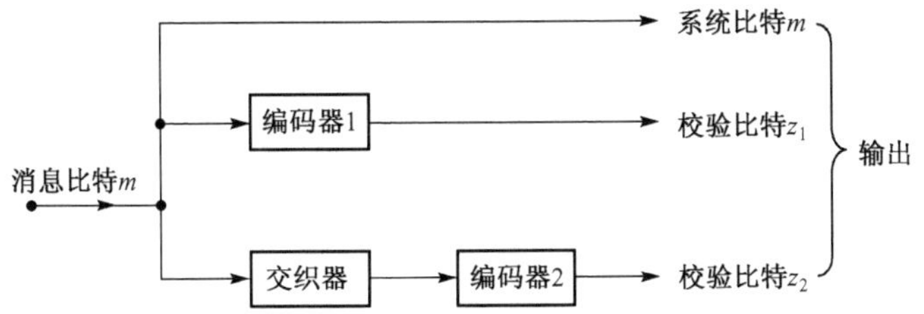

图 10.1　Turbo 码编码器框图

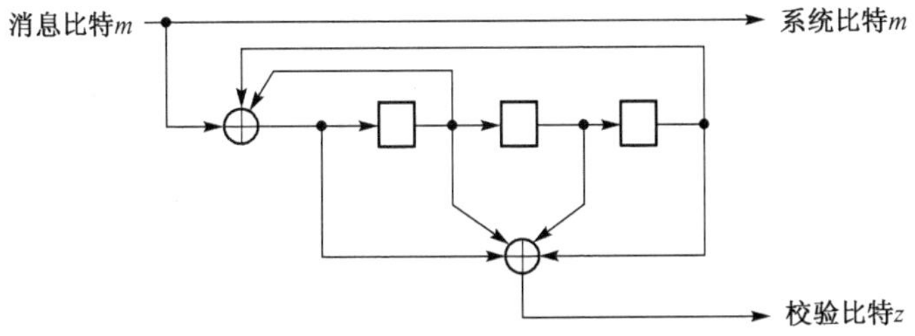

图 10.2　8 状态递归系统卷积码编码器

交织器主要可分为周期交织器和伪随机交织器两种。Turbo 码使用的是伪随机交织器，对系统比特进行交织，实质上相当于对另一组信息比特 m 送给编码器，因此等效的码长扩大了 1 倍。

虽然 Turbo 码中的两个编码器都使用卷积码，但整体上它是分组码，其分组长度取决于交织的长度。由于图 10.1 的两个 RSC 卷积码编码器都是线性的，因此可认为 Turbo 码是线性分组码。Turbo 码采用并行编码方案，输入的消息比特一方面直接进入编码器 1，另一方面经过交织器重新排序后输入编码器 2。信息比特和由两个编码器生成的两组校验比特组成了 Turbo 编码器的输出。

由于并行编码方案使用了递归的系统卷积码，并在两个编码器之间引入了伪随机交织器，因此，Turbo 码对信道误码实质上表现出随机的特性，同时，其结构又使得译码方案切实可行。根据编码理论可知，如果分组足够大，则随机选取的码可以接近香农的信道容量，这是 Turbo 码具有优越性能的真正原因。

图 10.3 给出了一个码率为 1/2 且具有较大分组长度的 Turbo 码经 AWGN 信道传输时的误码性能。为了便于比较，图中还给出了在相同 AWGN 信道条件下的另外两条曲线，即未编码的数据传输（码率＝1）曲线和码率为 1/2 时的香农理论极限。

对图 10.3 进行分析可以看出，虽然在 E_b/N_0 较低时，Turbo 码进行传输时的误比特率明显高于未编码的数据传输，但是当 E_b/N_0 达到某一临界值时，Turbo 码的误比特率会迅速下降。尤其值得注意的是，当误比特率达到 10^{-5} 时，Turbo 码要求的 E_b/N_0 仅比香农理论极限值大 0.5dB。

然而必须指出，如此高的性能改善，其代价是交织器的大小或 Turbo 码的分组长度必须足够大。此外，改善性能所需的大量迭代也会增加译码器的等待时间，其原因主要是信息的数字处理没有对反馈提供帮助。

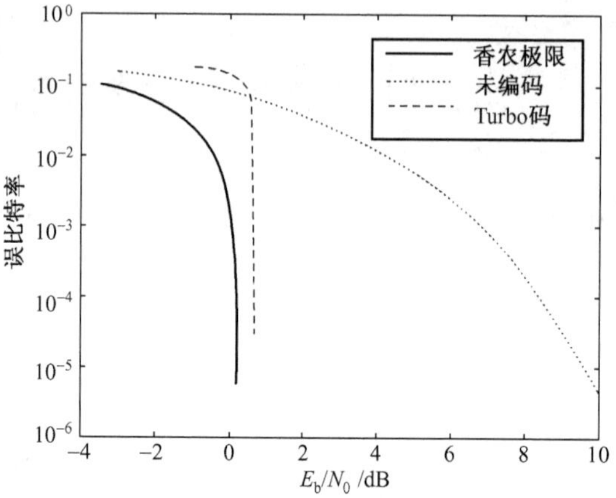

图 10.3 Turbo 码的误码性能及相关比较

10.1.2 Turbo 码的译码简介

Turbo 码的译码原理如图 10.4 所示。它通过对系统噪声模型和两个译码器中两组校验比特的运算，产生原始信息比特的估计值。在讨论具体译码过程之前，先介绍内部信息和外部信息的概念。

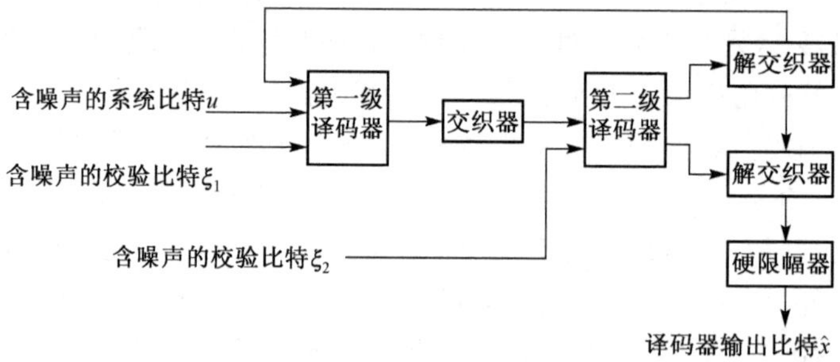

图 10.4 Turbo 码的译码原理

外部信息实际上是通过挖掘信息比特和译码器产生的原始输入数据比特之间的相关性而得到的增量信息。外部信息可以用对数似然比值来表示，并用如图 10.5 所示的两个对数似然比的差计算。由消息比特译码段产生的外部信息定义为在该译码段的输出端计算得到的对数似然比与内部信息的差值，此内部信息由反馈到这个译码段输入端的对数似然比表示。

实际应用的 Turbo 码译码算法颇为复杂，这里仅仅给出一些基本概念，具体内容就不再讨论了。

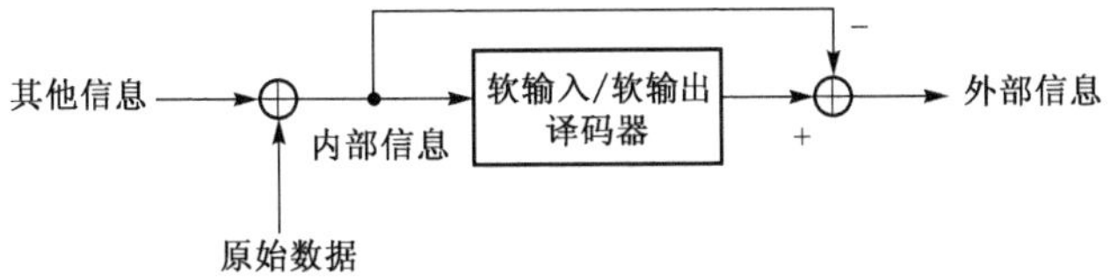

图 10.5　外部信息

10.2　空时分组码

空时编码将编码和信号处理技术相结合，使用多个发射和接收天线进行信息的发送和接收，在多个发射天线和各个时间周期的发射信号之间能够产生空域和时域的相关性，这种空时相关性可以使接收机克服多输入多输出(multi-input multi-output，MIMO)信道衰落和减少发射误码，从而有效改善无线通信系统的信息容量、信息率和误码率性能，可以在不牺牲带宽的情况下获得更高的编码增益。空时编码主要分为空时网格码和空时分组码。当其他分集方式可能受限或者不存在时，空时分组码是实现发射分集的一种简单而有效的方法，常见的有正交空时分组码和准正交空时分组码。正交空时分组码首先由 Alamouti 提出，是一种发射天线数为 2 的满码率、满分集双路传输结构，接收端采用最大似然译码。研究表明，当发射天线数大于 2 时，不可能存在各元素为复数的满码率正交空时分组码，于是 Jafarkhani 提出了发射天线数为 4 的满码率准正交空时分组码。本节简要介绍这两种码。

10.2.1　正交空时分组码

空时分组码码字矩阵常用 $\boldsymbol{C}$ 表示。假设其维数为 $T\times N$，其中 T 是发射时隙数，N 是发射天线数，矩阵元素为变量 $x_1,x_2,\cdots,x_K$ 和它们的共轭线性组合，码率定义为 $R=k/T$。矩阵满足

$$\boldsymbol{C}^{\mathrm{H}}\cdot\boldsymbol{C}=k(|x_1|^2+|x_2|^2+\cdots+|x_K|^2)\boldsymbol{I}_N \tag{10.1}$$

或

$$\boldsymbol{C}^{\mathrm{H}}\cdot\boldsymbol{C}=\boldsymbol{D} \tag{10.2}$$

式中，$\boldsymbol{I}_N$ 是一个 $N\times N$ 的单位阵；k 是常数；$\boldsymbol{D}$ 是一个 $N\times N$ 的对角矩阵，并且 $\boldsymbol{D}_{n,n}=l_{n,1}|x_1|^2+l_{n,2}|x_2|^2+\cdots+l_{n,K}|x_K|^2$，$1\leqslant n\leqslant N$，$l_{n,k}$ 是常数，$1\leqslant k\leqslant K$。满足式(10.1)和式(10.2)的空时分组码分别称为正交空时分组码和对角正交空时分组码。

当码字矩阵的元素都为实数时，这样的正交码就为实正交空时分组码。研究表明对于任意的发射天线数 N，都存在一个满码率的实正交空时分组码，发射天线数为 2～4 时的满码率实正交空时分组码分别为

$$\boldsymbol{C}_2 = \begin{bmatrix} x_1 & -x_2 \\ x_2 & x_1 \end{bmatrix} \tag{10.3}$$

$$\boldsymbol{C}_3 = \begin{bmatrix} x_1 & -x_2 & -x_3 \\ x_2 & x_1 & -x_4 \\ x_3 & x_4 & x_1 \\ -x_4 & x_3 & -x_2 \end{bmatrix} \tag{10.4}$$

$$\boldsymbol{C}_4 = \begin{bmatrix} x_1 & -x_2 & -x_3 & x_4 \\ x_2 & x_1 & -x_4 & -x_3 \\ x_3 & x_4 & x_1 & x_2 \\ -x_4 & x_3 & -x_2 & x_1 \end{bmatrix} \tag{10.5}$$

当码字矩阵的元素为复数时，这样的正交码就为复正交空时分组码。研究表明，当发射天线数超过 2 时，复正交空时分组码的码率不能超过 3/4，半码率的复正交空时分组码对任意的发射天线数都存在。发射天线数为 2 的满码率复正交空时分组码，即 Alamouti 码，为

$$\boldsymbol{C}_2 = \begin{bmatrix} x_1 & x_2 \\ -x_2^* & x_1^* \end{bmatrix} \tag{10.6}$$

发射天线数为 4、码率为 3/4 的复正交空时分组码，为

$$\boldsymbol{C}_4 = \begin{bmatrix} -x_2^* & x_1^* & 0 & x_3 \\ x_1 & x_2 & x_3 & 0 \\ 0 & x_3^* & -x_2^* & -x_1 \\ x_3^* & 0 & -x_1^* & x_2 \end{bmatrix} \tag{10.7}$$

或

$$\boldsymbol{C}_4 = \begin{bmatrix} -x_2^* & x_1^* & \dfrac{x_3}{\sqrt{2}} & -\dfrac{x_3}{\sqrt{2}} \\ x_1 & x_2 & \dfrac{x_3}{\sqrt{2}} & \dfrac{x_3}{\sqrt{2}} \\ \dfrac{x_3^*}{\sqrt{2}} & -\dfrac{x_3^*}{\sqrt{2}} & \dfrac{x_2 + x_2^* + x_1 - x_1^*}{2} & -\dfrac{x_1 + x_1^* + x_2 - x_2^*}{2} \\ \dfrac{x_3^*}{\sqrt{2}} & \dfrac{x_3^*}{\sqrt{2}} & \dfrac{-x_1 - x_1^* + x_2 - x_2^*}{2} & \dfrac{-x_2 - x_2^* + x_1 - x_1^*}{2} \end{bmatrix} \tag{10.8}$$

发射天线数为 8、码率为 3/4 的复正交空时分组码，为

$$\boldsymbol{C}_8=\begin{bmatrix} -x_1 & -x_2 & -x_3 & -x_4 & -x_5 & -x_6 \\ x_2^* & -x_1^* & 0 & x_5^* & -x_4^* & 0 \\ -x_3^* & 0 & x_1^* & -x_6^* & 0 & x_4^* \\ 0 & x_3^* & -x_2^* & 0 & x_6^* & -x_5^* \\ x_4 & x_5 & x_6 & x_1 & x_2 & x_3 \\ -x_5^* & x_4^* & 0 & -x_2^* & x_1^* & 0 \\ x_6^* & 0 & -x_4^* & x_3^* & 0 & -x_1^* \\ 0 & -x_6^* & x_5^* & 0 & -x_3^* & x_2^* \end{bmatrix} \tag{10.9}$$

10.2.2　正交空时分组码的译码

以 Alamouti 码的译码为例，假设接收端采用一根接收天线，在第 $t(t=1,2)$ 个时隙从第 1 和第 2 根发射天线到接收天线之间的信道衰落系数分别用 α_1 和 α_2 表示，假定衰落系数在两个连续符号发射周期之间不变，译码器在时隙 1 和时隙 2 分别接收到信号 r_1 和 r_2，而接收天线的噪声样本分别是 n_1 和 n_2，则接收信号用可用矩阵表示为

$$\begin{bmatrix} r_1 \\ r_2 \end{bmatrix}=\begin{bmatrix} x_1 & x_2 \\ -x_2^* & x_1^* \end{bmatrix}\begin{bmatrix} \alpha_1 \\ \alpha_2 \end{bmatrix}+\begin{bmatrix} n_1 \\ n_2 \end{bmatrix} \tag{10.10}$$

对式(10.10)进行适当变换，可得到

$$\begin{bmatrix} r_1 \\ r_2^* \end{bmatrix}=\begin{bmatrix} \alpha_1 & \alpha_2 \\ \alpha_2^* & -\alpha_1^* \end{bmatrix}\begin{bmatrix} x_1 \\ x_2 \end{bmatrix}+\begin{bmatrix} n_1 \\ n_2^* \end{bmatrix} \tag{10.11}$$

令 $\boldsymbol{H}=\begin{bmatrix} \alpha_1 & \alpha_2 \\ \alpha_2^* & -\alpha_1^* \end{bmatrix}$，式(10.11)两边同时左乘 $\boldsymbol{H}^{\mathrm{H}}$，并对等式进行处理，可以得到

$$\begin{bmatrix} \tilde{r}_1 \\ \tilde{r}_2 \end{bmatrix}=\begin{bmatrix} \alpha_1^* r_1+\alpha_2 r_2^* \\ \alpha_2^* r_1-\alpha_1 r_2^* \end{bmatrix}=\begin{bmatrix} |\alpha_1|^2+|\alpha_2|^2 & 0 \\ 0 & |\alpha_1|^2+|\alpha_2|^2 \end{bmatrix}\begin{bmatrix} x_1 \\ x_2 \end{bmatrix}+\begin{bmatrix} \alpha_1^* n_1+\alpha_2 n_2^* \\ \alpha_2^* n_1-\alpha_1 n_2^* \end{bmatrix} \tag{10.12}$$

于是得到对 x_1 和 x_2 的统计判决为

$$\begin{bmatrix} \tilde{x}_1 \\ \tilde{x}_2 \end{bmatrix}=\begin{bmatrix} (|\alpha_1|^2+|\alpha_2|^2)x_1+\alpha_1^* n_1+\alpha_2 n_2^* \\ (|\alpha_1|^2+|\alpha_2|^2)x_2+\alpha_2^* n_1-\alpha_1 n_2^* \end{bmatrix} \tag{10.13}$$

最大似然译码就是接收机在星座图中寻找最接近 $\tilde{x}_1$（和 $\tilde{x}_2$）的符号来对 x_1（和 x_2）译码。

10.2.3　准正交空时分组码

空时分组码矩阵不满足正交设计关系，满足准正交设计关系，即码字矩阵的列向量相互之间不完全正交，这种空时分组码称为准正交空时分组码，可以获得满分集增益和满码率。

考虑一个满码率准正交码字矩阵

$$C_4 = \begin{bmatrix} x_2^* & -x_1^* & x_4^* & -x_3^* \\ x_1 & x_2 & x_3 & x_4 \\ x_4 & -x_3 & -x_2 & x_1 \\ x_3^* & x_4^* & -x_1^* & -x_2^* \end{bmatrix} \tag{10.14}$$

将 $\boldsymbol{C}_4$ 的第 i 列表示为 $v_i (i=1,\cdots,4)$，有

$$\langle \boldsymbol{v}_1, \boldsymbol{v}_2 \rangle = \langle \boldsymbol{v}_1, \boldsymbol{v}_3 \rangle = \langle \boldsymbol{v}_2, \boldsymbol{v}_4 \rangle = \langle \boldsymbol{v}_3, \boldsymbol{v}_4 \rangle = 0 \tag{10.15}$$

式中，$\langle \boldsymbol{v}_i, \boldsymbol{v}_j \rangle$ 表示向量 $\boldsymbol{v}_i$ 和 $\boldsymbol{v}_j$ 的内积，因此组 $(\boldsymbol{v}_1, \boldsymbol{v}_4)$ 与组 $(\boldsymbol{v}_2, \boldsymbol{v}_3)$ 正交，组内不正交。所以称为准正交设计。

上述码字矩阵不能取得满分集增益，为了取得满分集，可以对不同的发射符号选用不同的星座——进行星座图旋转，即一部分发射符号选用星座 A，另一部分发射信号选用星座 A 旋转后的星座。

10.2.4　准正交空时分组码的译码

由于码字矩阵不满足正交设计关系，所以不能对符号进行单独的译码，只能进行符号对的最大似然译码，即采用成对译码算法进行译码。以式(10.14)的码字矩阵为例，假设接收天线数为 1，信道增益用向量表示为

$$\boldsymbol{a} = (\alpha_1 \quad \alpha_2 \quad \alpha_3 \quad \alpha_4)^{\mathrm{T}} \tag{10.16}$$

则接收机接收到的信号用向量表示为

$$\boldsymbol{r} = (r_1 \quad r_2 \quad r_3 \quad r_4)^{\mathrm{T}} = \boldsymbol{Ca} + \boldsymbol{n} \tag{10.17}$$

式中，$\boldsymbol{n} = (n_1 \quad n_2 \quad n_3 \quad n_4)^{\mathrm{T}}$ 是噪声向量。假设式(10.14)码字矩阵中的 x_1, x_2, x_3 和 x_4 分别映射成星座图符号 s_1, s_2, s_3 和 s_4，成对译码就是在星座图中寻找符号对，使下式的值最小：

$$\min_{s_1, s_2, s_3, s_4} \{\boldsymbol{a}^{\mathrm{H}} \boldsymbol{C}^{\mathrm{H}} \boldsymbol{Ca} - \boldsymbol{H}^{\mathrm{H}} \boldsymbol{C}^{\mathrm{H}} \boldsymbol{r} - \boldsymbol{r}^{\mathrm{H}} \boldsymbol{Ca}\} \tag{10.18}$$

对式(10.18)进行代数处理，则它等价于最小化和式

$$f_{14}(s_1, s_4) + f_{23}(s_2, s_3) \tag{10.19}$$

式中

$$\begin{aligned} f_{14}(s_1, s_4) = &\ (|s_1|^2 + |s_4|^2) \cdot \left(\sum_{i=1}^{4} |\alpha_i|^2\right) + 4\mathrm{Re}(\alpha_1 \alpha_4^* - \alpha_2 \alpha_3^*) \cdot \mathrm{Re}(s_1 s_4^*) \\ &- 2\mathrm{Re}\{(-\alpha_2^* r_1 + \alpha_1 r_2^* + \alpha_4 r_3^* - \alpha_3^* r_4) s_1\} \\ &- 2\mathrm{Re}\{(\alpha_3^* r_1 + \alpha_4 r_2^* + \alpha_1 r_3^* + \alpha_2^* r_4) s_4\} \end{aligned}$$

$$\begin{aligned} f_{23}(s_2, s_3) = &\ (|s_2|^2 + |s_3|^2) \cdot \left(\sum_{i=1}^{4} |\alpha_i|^2\right) - 4\mathrm{Re}(\alpha_1 \alpha_4^* - \alpha_2 \alpha_3^*) \cdot \mathrm{Re}(s_2 s_3^*) \\ &- 2\mathrm{Re}\{(\alpha_1^* r_1 + \alpha_2 r_2^* - \alpha_3 r_3^* - \alpha_4^* r_4) s_2\} \\ &- 2\mathrm{Re}\{(-\alpha_4^* r_1 + \alpha_3 r_2^* - \alpha_2 r_3^* + \alpha_1^* r_4) s_3\} \end{aligned}$$

根据上面的式子可以看出，符号对 (s_1, s_4) 和 (s_2, s_3) 可以独立译码。

空时分组码实质上是使用了并行信道，其总的信道容量有很大提高，是近年的研究热点之一，实际应用的空时分组码具体方法很多，这里仅给出了一些基本概念。

10.3　低密度奇偶校验码

LDPC 码和大部分可译的接近香农极限的纠错码都可以理解成图形编码。图形不但能描述编码，更重要的是能构造出用于迭代译码的和积译码算法。这种编码方案在保持了合理的译码复杂度的同时，可使信息传输速率接近信道容量。本节首先介绍 LDPC 码的定义，然后对其编、译码进行简要讨论。

10.3.1　低密度奇偶校验码的定义

LDPC 码是一种线性分组码，该码不是通过生成矩阵 $\boldsymbol{G}$ 来定义的，而是通过奇偶校验矩阵 $\boldsymbol{H}$ 来定义的。该种码最主要的问题是如何译码而不是编码，因此 LDPC 码最主要的问题是寻找一种便于译码的算法。其校验矩阵非常大，然而矩阵中非零元素却很少，更准确地说，非零元素在所有元素中所占比例很低，这就是称为“低密度”码的原因。

Gallager 对 LDPC 给出了如下定义：一个 (N, p, q) LDPC 码，长度为 N，奇偶校验矩阵 $\boldsymbol{H}$ 中每列“1”的个数为 p，每行“1”的个数为 q；每一行中非零元素的个数称为行重，每一列中非零元素的个数称为列重，因此，行重为 q，列重为 p；如果所有行都是线性无关的，则码字的码率为 $(q-p)/q$。

奇偶校验矩阵 $\boldsymbol{H}$ 的构造原则是：任意两列只有一个“1”相同；任意两行最多只有一个“1”相同。

$\boldsymbol{H}$ 矩阵的密度 r 定义为“1”的个数与所有元素个数的比。例如，构造一个 (12，2，4) 码字，其奇偶校验矩阵为

$$\boldsymbol{H} = \begin{bmatrix} 1 & 1 & 1 & 1 & 0 & 0 & 0 & 0 & 0 & 0 & 0 & 0 \\ 0 & 0 & 0 & 1 & 0 & 1 & 1 & 0 & 0 & 0 & 0 & 1 \\ 0 & 0 & 1 & 0 & 0 & 0 & 1 & 0 & 1 & 1 & 0 & 0 \\ 1 & 0 & 0 & 0 & 1 & 0 & 0 & 1 & 0 & 1 & 0 & 0 \\ 0 & 1 & 0 & 0 & 0 & 0 & 0 & 1 & 1 & 0 & 1 & 0 \\ 0 & 0 & 0 & 0 & 1 & 1 & 0 & 0 & 0 & 0 & 1 & 1 \end{bmatrix} \tag{10.20}$$

很显然这种结构满足上面的规则：即每列有 p 个“1”，每行有 q 个“1”，即列重 $p=2$，行重 $q=4$，密度 $r=1/4$。很显然这种结构是很随机的。为了描述的方便，LDPC 码 (N, p, q) 等价地表示为 (N, k) 形式，其中 $k = N - pN/q$，为信息位。

假设码字为 $\boldsymbol{c} = (c_0, c_1, c_2, \cdots, c_{11})$，其中 $c_0, c_1, \cdots, c_5$ 是信息位，而 $c_6, c_7, \cdots, c_{11}$

是校验位，上面校验矩阵可以用校验方程表示为

$$
\begin{cases}
c_0 + c_1 + c_2 + c_3 = 0 \\
c_3 + c_5 + c_6 + c_{11} = 0 \\
c_2 + c_6 + c_8 + c_9 = 0 \\
c_0 + c_4 + c_7 + c_9 = 0 \\
c_1 + c_7 + c_8 + c_{10} = 0 \\
c_4 + c_5 + c_{10} + c_{11} = 0
\end{cases}
\tag{10.21}
$$

也可以用图来表示，通常称为 Tanner 图。本例校验矩阵对应的 Tanner 图如图 10.6 所示。

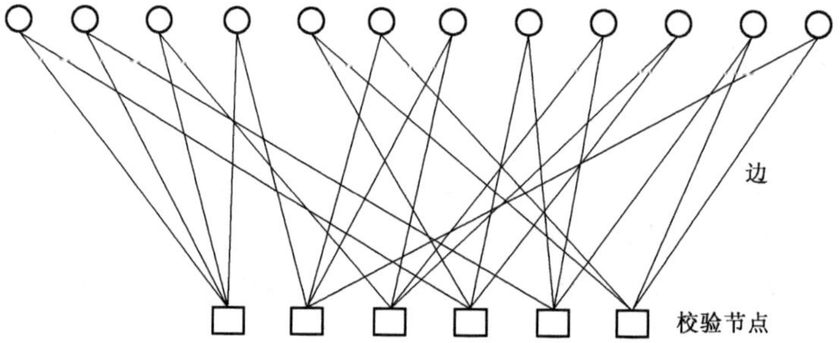

图 10.6 校验矩阵的 Tanner 图表示

图 10.6 中上一行由 N 个变量节点(用圆圈表示)组成，表示码字的信息位，用 $v_1, v_2, \cdots, v_N$ 表示，对应奇偶校验矩阵的列；下一行由 k 个校验节点(用方块表示)组成，表示码字的校验位，用 $s_1, s_2, \cdots, s_k$ 表示，对应奇偶校验矩阵的行。节点之间通过边连接，同类节点之间没有边连接，只有两类节点之间有边存在。与变量节点 v_l 连接的边的条数称为 v_l 的度，与校验节点 s_j 连接的边的条数称为 s_j 的度。对一个正则 LDPC 码，所有信息位的度都相同，所有检验位的度也相同，这样一个 Tanner 图就称为正则的。如果校验矩阵的第 i 行第 j 列元素为"1"，则 Tanner 图中的第 j 个变量节点与第 i 个校验节点有一条边相连。

10.3.2 低密度奇偶校验码的译码

正如上面所提，奇偶校验矩阵的稀疏结构是译码的关键，因为它决定译码的复杂度。采用最大似然译码是一个 N-p 困难问题(也就是说，必须检查所有可能的码字，并与接收信号进行比较)。因此通常采用迭代算法进行译码，该种算法称为置信算法。下面对这种算法进行介绍。

通过 Tanner 图进行译码称为置信算法或者消息传递。每个节点收集传入的信息，按照局部规则进行计算，得出每个变量节点值为 0 的概率。然后每个节点再把计

算结果传给其他节点,这种传递是双向的。首先,变量节点的计算结果会传递给校验节点,该计算结果定义为 λ_{ij};其次,校验节点的计算结果会传递给变量节点,该计算结果定义为 μ_{ij};最后,总的计算结果由所有节点的 μ_{ij} 、λ_{ij} 和外部信息得出。如图 10.7 所示,接收信号矢量为 $\boldsymbol{r}$。

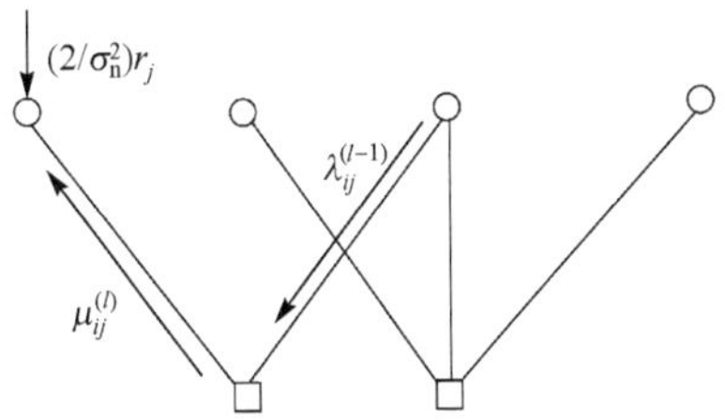

图 10.7　消息传递因子图

对 AWGN 信道,有如下的译码步骤:

(1)知道接收信号矢量 $\boldsymbol{r}$ 的值,就可以决定数据比特的值。知道了噪声 σ_n^2 的统计值之后,就可以计算变量节点为"1"或"0"的概率,然后把信息传递给校验节点。反之,校验节点暂时不能把有用信息传递给变量节点,因此,有

$$\mu_{ij}^{(0)} = 0, \quad \text{对所有 } i \tag{10.22}$$

$$\lambda_{ij}^{(0)} = (2/\sigma_n^2)r_j, \quad \text{对所有 } j \tag{10.23}$$

(2)校验节点给每个变量节点传递一个不同的信息。假设与第 i 个变量节点相连的所有校验节点的集合为 $A(i)$,则每个校验节点包含两种重要的信息:①它知道与该校验节点相连的所有数据比特的值(或概率大小);②进入校验节点的所有数据位之和为 0 mod 2,这是奇偶校验矩阵的关键点,根据这些信息,可以计算第 j 个数据位发生的概率。因为是 AWGN 信道,会产生连续输出,由于不是二进制信道,因此需要用对数似然来代替简单的概率,信息变为

$$\mu_{ij}^{(l)} = 2\text{artanh}\left(\prod_{k\in A(i)-j}\tanh\left(\frac{\lambda_{ik}^{(l-1)}}{2}\right)\right) \tag{10.24}$$

式中:$A(i)-j$ 指"$A(i)$ 中除去第 j 个校验节点的集合",即去除第 j 个校验节点之后,与第 i 个变量节点相连的所有校验节点的集合;上标 $l-1$ 是指第 $l-1$ 次迭代。

(3)利用校验节点传递的信息来更新对数据比特所做的判决。规则为

$$\lambda_{ij}^{(l)} = (2/\sigma_n^2)r_j + \sum_{k\in B(j)-i}\mu_{kj}^{(l)} \tag{10.25}$$

式中:$B(j)-i$ 是指去除第 i 个变量节点之后,与第 j 个校验节点相连的所有变量节点的集合。

(4)根据上面的讨论,可以计算出数据位是"1"或"0"的近似后验概率,为

$$L_j = (2/\sigma_n^2)r_j + \sum_i \mu_{ij}^{(l)} \tag{10.26}$$

由此可以对译出的码字进行初步判决，如果译出码字与发射码字相同，即校验和为0，则停止译码。

下面给出一个利用低密度奇偶校验矩阵进行译码的例子。

例 10.1 已知一 LDPC 码的奇偶校验矩阵为

$$\boldsymbol{H}=\begin{bmatrix}1&0&1&1&0&1\\1&1&1&0&1&0\\0&1&0&1&1&1\end{bmatrix}$$

假设发射的码字为 $\bar{y}=[1\quad 1\quad 1\quad 0\quad 1\quad 0]$，信道为 AWGN 信道，噪声方差为 $\sigma_{\mathrm{n}}^2=0.315$，接收端对应的信噪比为 $\gamma=5.02\mathrm{dB}$，接收码字为 $\bar{r}=[0.82\quad -0.71\quad 0.78\quad -1.21\quad 0.79\quad -0.85]$，求译码结果。

解 按照上面步骤(1)，由题意计算得到的似然值为

$$\overline{\lambda^{(0)}}=[5.2\quad -4.5\quad 5.0\quad -7.7\quad 5.0\quad -5.4]$$

接收似然值的硬门限会导致译出的码字中第 2 位出现 1 个错误，即

$$[1\quad 0\quad 1\quad 0\quad 1\quad 0]$$

消息传递迭代算法和纠错过程如下所示。

a. 计算$\overline{\lambda^{(0)}}$，进行初步估计，得出校验和不为零，找出错误位置，然后计算 $\mu^{(1)}$ 和 L，对译出码字进行判断，计算出校验和不为零，即

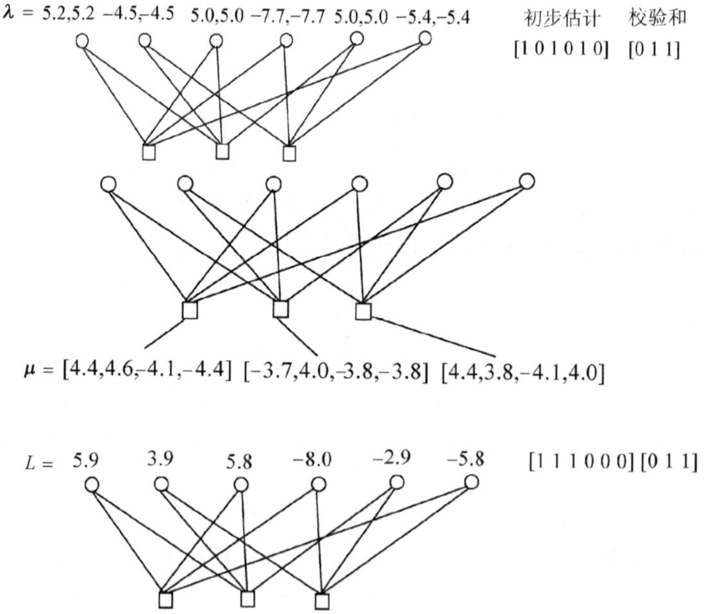

b. 继续迭代，计算$\overline{\lambda^{(1)}}$、$\mu^{(2)}$ 和 L，对译出码字进行判断，计算出校验和不为零，即

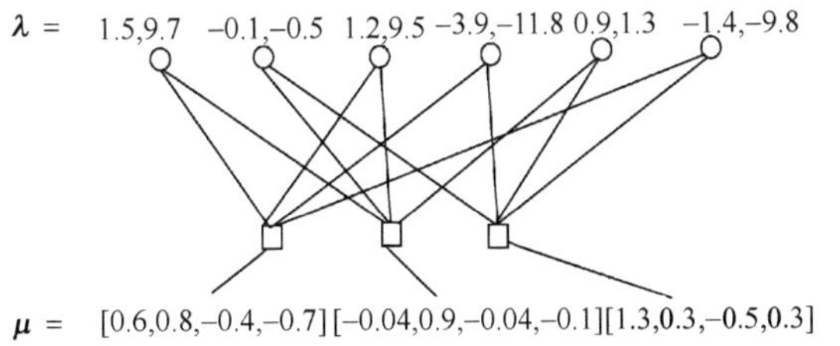

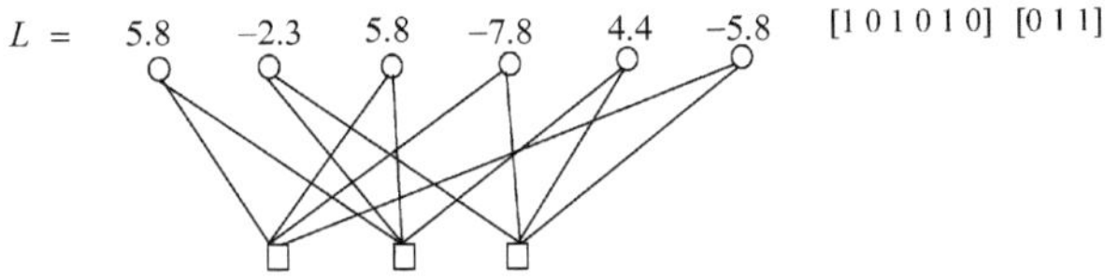

c. 继续迭代，计算$\overline{\lambda^{(2)}}$、$\mu^{(3)}$和 L，对译出码字进行判断，计算出校验和不为零，即

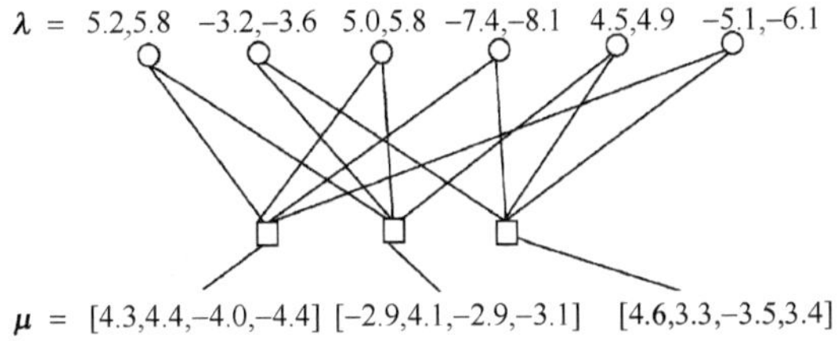

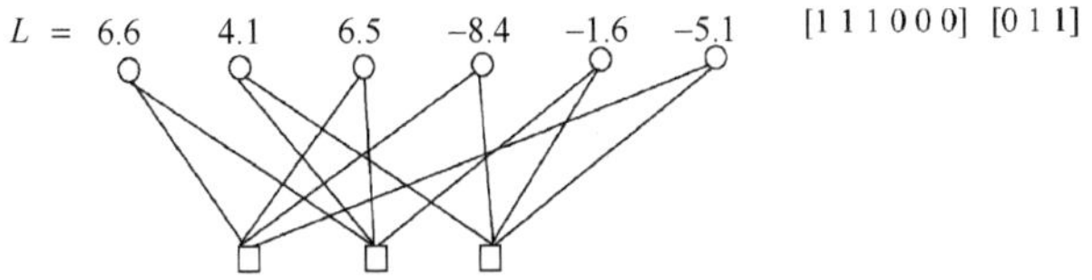

d. 继续迭代，计算$\overline{\lambda^{(3)}}$、$\mu^{(4)}$和 L，对译出码字进行判断，计算出校验和不为零，即

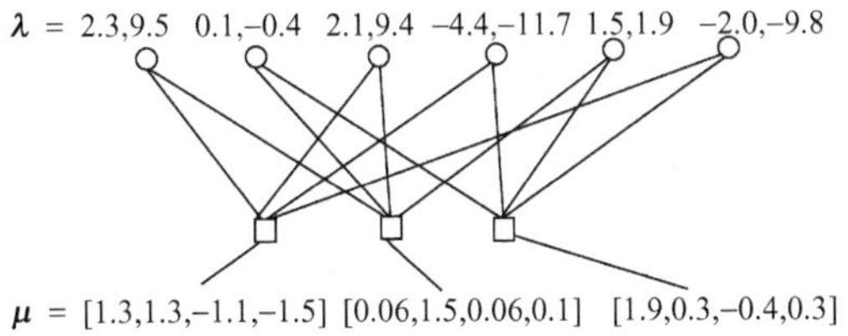

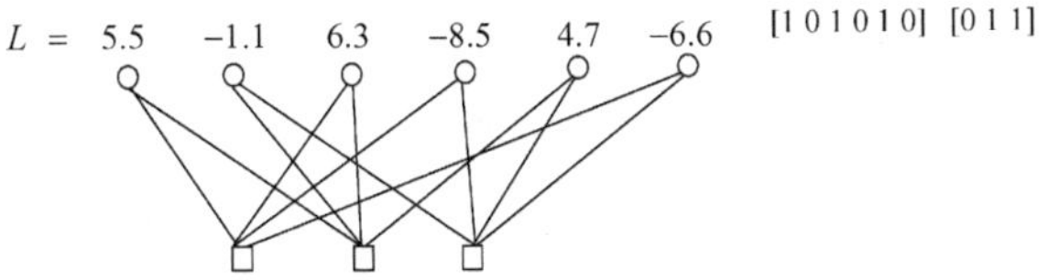

e. 继续迭代，计算$\overline{\lambda^{(4)}}$、$\mu^{(5)}$和 L，对译出码字进行判断，计算出校验和不为零，即

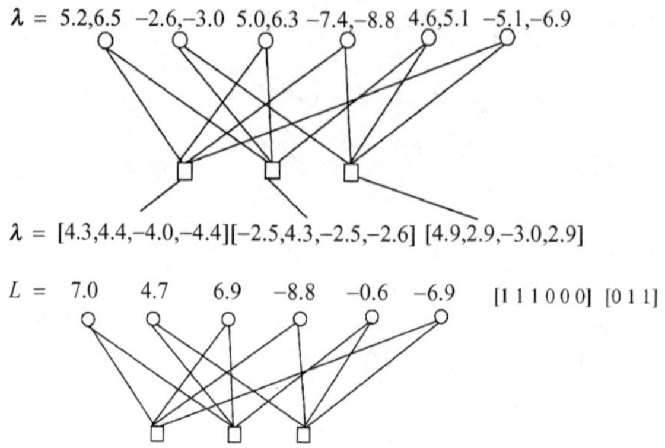

f. 继续迭代，计算$\overline{\lambda^{(5)}}$、$\mu^{(6)}$和 L，对译出码字进行判断，计算出校验和不为零，即

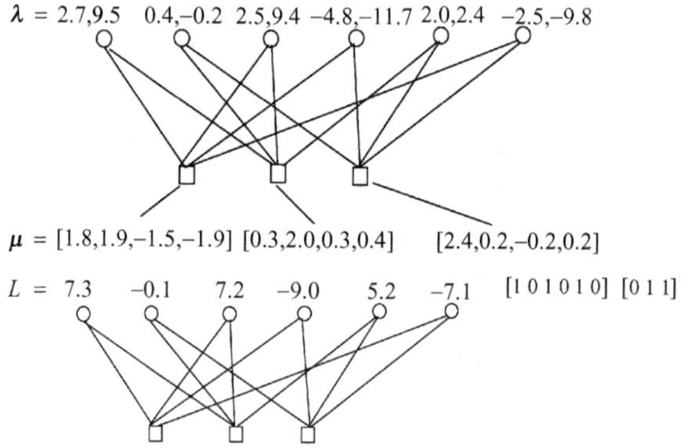

g. 继续迭代，计算$\overline{\lambda^{(6)}}$、$\mu^{(7)}$和 L，对译出码字进行判断，计算出校验和为零，译码停止，译出码字与发射码字相同，即

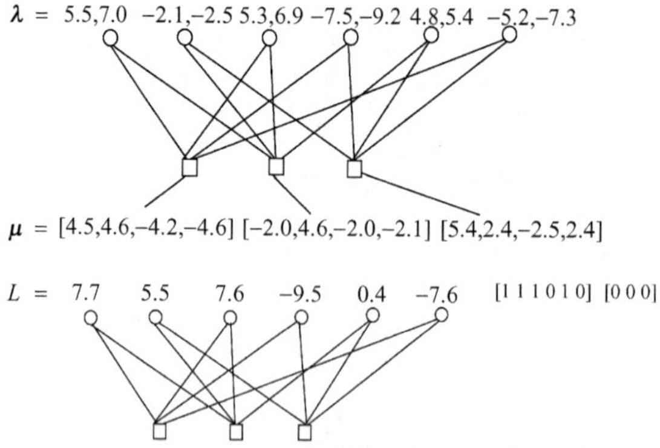

LDPC 码还有很多译码算法，感兴趣的读者可以参考相关文献。

10.4　网络编码与协作

10.4.1　网络编码

网络编码是一种基于网络层的编码技术，允许网络节点在传统数据转发的基础上参与数据处理，是一种提高网络吞吐量、稳健性和安全性的有效方法。其核心思想是在传统存储转发的路由算法基础上，通过允许对接收的多个数据包进行编码信息融合，增加单次传输的信息量，提高网络整体性能。网络编码概念一经提出便引起了国际学术界的关注，其理论和应用已成为通信领域研究的新热点。

1. 网络编码的相关概念

下面通过一个例子来介绍网络编码的相关概念。

图 10.8 给出了传统路由方法与网络编码进行比较的示意图，可以用图 10.9(b)来阐述网络编码的基本原理。图中 s 是信源，x、y 是信宿，各条点对点的传输链路的信道容量都是 1，现要将 2 比特数据 a、b 同时从 s 传到 x、y。易知 s 与 z、y 之间均分别存在两条独立路径，若采用传统路由方法，如图 10.8(a)所示，由于两组路径间存在共有链路 wz，a、b 不能同时在 wz 上传输，则 s 到 z、y 的最大信息传输速率为 1.5 比特/单位时间。若采用网络编码方法，在节点 w 上对 a、b 执行异或操作并转发，则节点 x 可以通过 $a \oplus b \oplus a$ 计算解出 b，同理 y 也可以解出 a，从而使 s 到 z、y 的信息流速率达到 2 比特/单位时间，带宽利用率提高 33%。

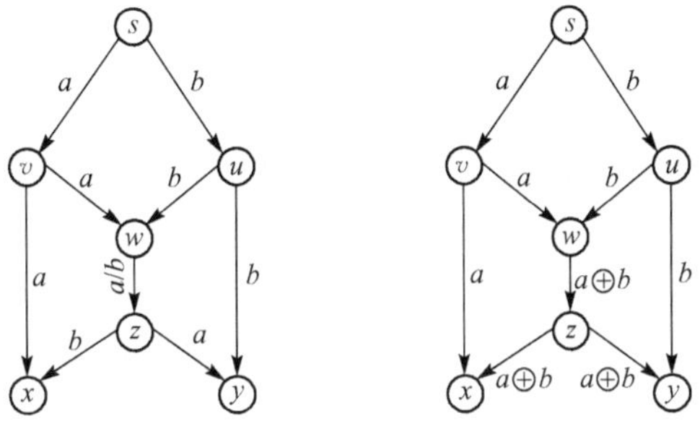

(a) 传统路由方法示意图　　(b) 网络编码示意图

图 10.8　传统路由方法与网络编码的比较

该例表明，只要允许网络中的节点进行网络编码，网络的传输效率就能得到进一步提升。当然，所用的编码和解码方案是要通过网络协议进行协商的。事实上，网络编码理论突破了传统的路由概念，允许通信网络的中间节点对接收到的信息进行编码处理，可以有效提升通信网络的传输能力。

下面用三元组($\boldsymbol{S},\boldsymbol{T},\boldsymbol{X}$)来描述组播通信。信源 $\boldsymbol{S}$ 将一组消息 $\boldsymbol{X}=(x_1,\cdots,x_n)$通过

中继节点传递给一组信宿 $\boldsymbol{T}=(t_1,\cdots,t_n)$，$x_1,\cdots,x_n$ 均是某个字母表上的符号。网络编码就是一组满足某些约束条件的边函数的集合。通过为节点 $i\in\boldsymbol{I}$ 的每条出边 $e\in\Gamma_\mathrm{o}(i)$ 找到一个映射 $f_\mathrm{e}:\Sigma^{\Gamma_\mathrm{o}(i)}\rightarrow\Sigma$，使得所有信宿 $t_i\in\boldsymbol{T}$ 能同时接收到消息集合 $\boldsymbol{X}$，并保证节点的输出信息完全由其输入信息和生成信息决定，则称网络具有网络编码解。

2. *编码方法*

网络编码的基本特征就是在网络层对传输的信息进行智能化处理，包括采用各种编码策略。对一个给定的组播网络，如何设计网络编码实现最大流传输是一个重要的问题。网络编码按照节点输出和输入的关系可划分为线性网络编码和非线性网络编码，根据编码系数生成的随机性可划分为随机网络编码和确定网络编码。这里仅讨论目前比较成熟的网络编码构造方法。

(1)代数法。

代数型编码方法是由 R. Kotter 和 M. Medard 提出的，其核心思想是将网络中节点输入信息与输出信息之间的关系利用矩阵的形式表示出来，从中发现一些内在的联系。这样可以帮助人们从网络系统的角度重新认识信息传输的内在规律，包括网络中各个节点的编码设计。Kotter 等给出了网络编码构造的代数框架，将系统转移矩阵 $\boldsymbol{M}$ 分解为 T 个子矩阵 $M_1M_2\cdots M_T$，通过构造一组参数使得每个子矩阵的行列式非 0，从而得到网络编码解。基于代数法的构造算法的优点在于可借助成熟的矩阵理论分析各类拓扑结构的网络编码问题，其缺点是可扩展性差、计算量大。

(2)信息流法。

信息流法利用解耦技术，将网络编码问题分解为确定编码子图和给子图分配码字两个子问题分别求解。Jaggi 等给出了一个多项式时间复杂度的网络编码构造算法，分为两个步骤：首先采用流算法为每个信宿找到从信源到信宿的 n 条边不重叠的路径集合，然后采用贪心策略对已知路径的边按拓扑顺序分配线性码，并保证任意信宿的 n 条入边上的全局编码向量线性独立，且能扩张成有限域，从而获得网络编码解。信息流法的优点在于解耦合的两个子问题可结合成熟的优化理论采用分布式算法分别求解，难点在于保证所有信宿的入边上的编码向量均线性独立。

(3)随机网络编码方法。

所谓随机网络编码方法，就是每个网络节点独立的随机选取一种映射方式将它自己接收到的输入信息映射到相应的输出链路上。通常情况下，该映射方式选取为线性映射，即在给定的一个有限数域上为每个输入信息流选取相应的加权系数。利用这种方法，可以证明在进行组播信号时，每个接收节点可以以很高的概率恢复原始信号。

3. *网络编码的应用举例*

考虑如图 10.9 所示的网络拓扑结构的信息传输系统，S 表示信源节点，D 表示目的节点，A、B 和 C 表示中继节点，负责将信源 S 的信息转发给目的节点 D。

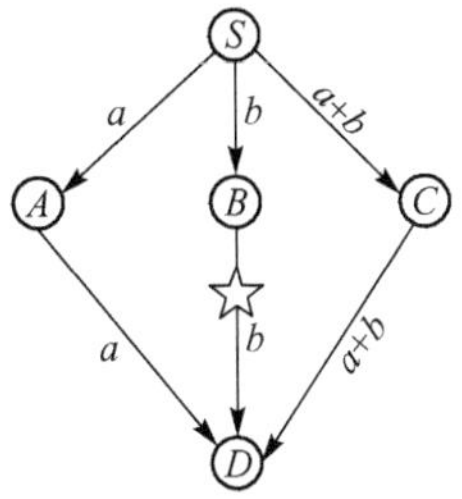

图 10.9　抗一条链路中断的网络编码模式

从图 10.9 的拓扑结构可知，当每条链路的最大传输容量均为一个信息单位时，从信源 S 到目的节点 D 的最大传输容量为 3 个信息单位。对这种点到点的网络传输，只采用多路径的传输模式就可以实现最大传输容量的传输。在本结构中，这 3 条路径分别为 $S\to A\to D$，$S\to B\to D$ 和 $S\to C\to D$。然而，如果在这些路径中某一条链路发生中断，则目的节点 D 就无法恢复信源 S 发送的信息。例如 $B\to D$ 这条路径中断了或出现故障，此时需要通知源节点调整发送方式或修改传输路径。而 $B\to D$ 这条路径中信源发送的信息会全部丢掉。显然，这种单纯的多路由网络传输模式是无法抗网络链路故障的。与此对应的是，如果采用如图 10.10 所示的网络编码的模式，在路径 $S\to A\to D$ 传输信息 a，在路径 $S\to B\to D$ 传输信息 b，在路径 $S\to C\to D$ 传输信息 $a+b$，那么一旦有一条路径出现问题使得信息无法正常传输，目的节点 D 仍能正确恢复信源 S 发送的信息。例如 $B\to D$ 这条路径中断了或出现故障，目的节点 D 可利用路径 $S\to A\to D$ 传输信息 a 和路径 $S\to C\to D$ 传输信息 $a+b$，并正确恢复出信源信息 a 和 b。显然，利用网络编码，可以提高网络信息传输的可靠性。

10.4.2　网络编码协作

网络编码可以说是建立在协作基础上的，利用异或操作提高网络流量或者得到分集增益。用户协作最早是由 Vander Meulen 在 1971 年提出的。1979 年 Cover 进行了进一步的理论推导，提出多用户编码协作策略。

一个传统的中继结构，主要是由 3 个部分组成的：信源 S、中继 R 和信宿 D，如图 10.10所示。

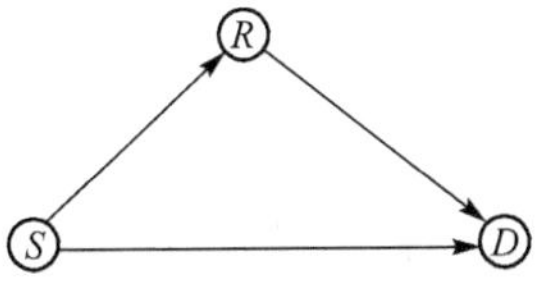

图 10.10　3 节点中继信道模型

基于这个结构可以有许多中继策略，例如，重传、编码协作、空时编码协作等。研究表明用户协作策略可以带来性能提升，但这些方案在大规模无线网络环境中都有其无法避免的弊端。传统的中继技术主要用来转发用户的信息，为了支持多用户，通常采用时分或频分的方式，降低了资源利用率，同时中继成为网络的主要传输瓶颈。提高中继节点对多用户信息的转发能力，可以提高网络的整体性能。网络编码技术允许中继节点对接收到的不同路径信息进行编码转发，同时保证接收节点正确求解原始信息，解决了多跳无线网络的中继传输瓶颈问题，提高了网络的容量和稳健性。

下面以图 10.11 所示的具体例子来说明网络编码在协作通信中的应用。

考虑图 10.11 的两用户场景，用户通过相应的中继节点选择算法选择对应的协作节点，协助传输各自数据 X_A 和 X_B 到基站。协作节点可以是系统布置好的专用中继（如分布式天线）或其他协作用户。作为传统中继，节点需要具有解码转发能力，如图 10.11(a)所示；而应用网络编码技术要求中继节点还应具有网络编码能力，如图 10.11(b)所示。若 R 接收到两用户数据并将其线性组合发送给基站，则基站接收任意两条链路的信息均可解得原始信息。例如，如果基站无法正确接收用户 A 的信息，则可以通过 B 用户信息和中继信息，通过 $X_B \oplus (X_A \oplus X_B)$ 解得 X_A。

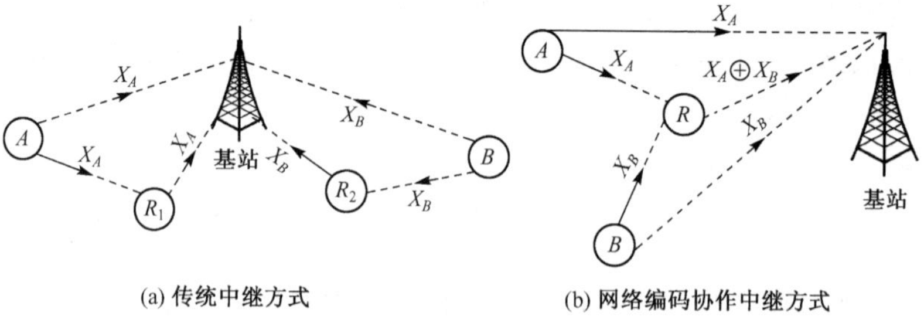

图 10.11 协作节点选择模型(两用户场景)

本章小结

本章介绍了 Turbo 码、空时分组码、LDPC 码以及网络编码与协作的基本概念、编码和译码方法等。Turbo 码和 LDPC 码都是接近香农限的信道编码，而空时分组码是实现发射分集的一种简单有效的方法，网络编码与协作则可以提高网络的吞吐量及其稳健性，都是用途越来越多的信道编码方法。

思考题

10.1 请简要说明 Turbo 码的工作原理及其性能，给出对它具有良好纠错性能的理解。

10.2 请给出各种空时分组码的定义并简要说明它们的工作原理。

10.3　请简要说明 LDPC 码的工作原理以及编码和译码方法。

10.4　请简要说明利用网络编码与协作来提高网络吞吐量和稳健性的基本原理，举例说明其实现方法。

习　题

10-1　考虑如下的空时分组码：

$$
\boldsymbol{G}=\begin{bmatrix}
x_1^* & 0 & 0 & -x_4^* \\
0 & x_1^* & 0 & x_3^* \\
0 & 0 & x_1^* & x_2^* \\
0 & -x_2^* & x_3^* & 0 \\
x_2^* & 0 & x_4^* & 0 \\
-x_3^* & -x_4^* & 0 & 0 \\
x_4 & -x_3 & -x_2 & x_1
\end{bmatrix}
$$

(1)求空时分组码的码率？

(2)该种码是否具有独立的最大似然译码的性质？该种码是否是正交空时分组码？

10-2　如下的码字是否具有准正交 STBC 的性质？请说明理由。

$$
\boldsymbol{G}=\begin{bmatrix}
\boldsymbol{G}_{12} & \boldsymbol{G}_{34} \\
\boldsymbol{G}_{34} & \boldsymbol{G}_{12}
\end{bmatrix}=\begin{bmatrix}
x_1 & x_2 & x_3 & x_4 \\
-x_2^* & x_1^* & -x_4^* & x_3^* \\
-x_3^* & -x_4^* & x_1^* & x_2^* \\
x_4 & -x_3 & -x_2 & x_1
\end{bmatrix}
$$

10-3　一个 LDPC 码的奇偶校验矩阵为

$$
\boldsymbol{H}=\begin{bmatrix}
0 & 0 & 1 & 1 & 1 & 1 \\
1 & 1 & 1 & 1 & 0 & 0 \\
1 & 1 & 0 & 0 & 1 & 1
\end{bmatrix}
$$

令发送码字为 $\boldsymbol{y}=[0\quad 1\quad 1\quad 0\quad 1\quad 0]$，经过一个 AWGN 信道，其 $\sigma_{\mathrm{n}}^2=0.237$，接收码字为

$$
\boldsymbol{r}=[-0.71\quad 0.71\quad 0.99\quad -1.03\quad -0.61\quad -0.93]
$$

负数对应码字“0”，正数对应码字“1”，试对接收信号进行译码。

参 考 文 献

曹雪虹，张宗橙. 2001. 信息论与编码. 北京：北京邮电大学出版社

傅祖芸. 1989. 信息论基础. 北京：电子工业出版社

郭梯云，杨家玮，李建东. 1995. 数字移动通信. 北京：人民邮电出版社

姜丹. 2002. 信息论与编码. 合肥：中国科学技术大学出版社

李小文，李贵勇，陈贤亮等. 2003. TD-SCDMA 第三代移动系统、信令及实现. 北京：人民邮电出版社

卢尔瑞. 移动通信工程. 1988. 北京：人民邮电出版社

马华东. 1999. 多媒体计算机技术原理. 北京：清华大学出版社

彭木根，王文博. 2009. 协同无线通信原理与应用. 北京：机械工业出版社

沈金龙. 计算机通信与网络. 2002. 北京：北京邮电大学出版社

沈连丰. 1996. 无线电寻呼和无绳通信. 南京：东南大学出版社

沈连丰，叶芝慧. 2004. 信息论与编码. 北京：科学出版社

田万成. 1991. 移动通信系统. 北京：人民邮电出版社

王新梅，肖国镇. 2001. 纠错码：原理与方法. 西安：西安电子科技大学出版社

王兴亮. 2000. 数字通信原理与技术. 西安：西安电子科技大学出版社

吴伯修，祝宗泰，钱霖君. 1991. 信息论与编码. 南京：东南大学出版社

吴玲达，老松杨，魏迎梅. 2003. 多媒体技术. 北京：电子工业出版社

吴伟陵. 2000. 移动通信中的关键技术. 北京：北京邮电大学出版社

赫金·西蒙. 2003. 通信系统. 4 版. 宋铁成，徐平平，徐智勇译. 北京：电子工业出版社

杨大成. 2000. cdma 2000 技术. 北京：北京邮电大学出版社

杨义先. 2009. 网络编码理论与技术. 北京：国防工业出版社

袁东风，张海刚等. 2008. LDPC 码理论与应用. 北京：人民邮电出版社

张宏基. 1987. 信源编码. 北京：人民邮电出版社

周荫清. 1993. 信息理论基础. 北京：北京航空航天大学出版社

朱雪龙. 2001. 应用信息论基础. 北京：清华大学出版社

Adler R L, Coppersmith D, Hassner M. 1983. Algorithms for sliding block codes. IEEE Trans. Inform. Theory, IT-29: 5-22

Anderson J B, Mohan Seshadri. 1991. Source and Channel Coding: An Algorithmic Approach. Boston: Kluwer Academic Publishers

Molisch A F. 2008. 无线通信. 田斌，帖翊，任光亮译. 北京：电子工业出版社

Ash R B. 1990. Information Theory. New York: Dover Publications

Aulin T, Sundberg C W. 1982. On the minimum euclidean distance for a class of signal space coeds. IEEE Trans. Inform. Theory, IT-28:43-55

Bahl L R，Cocke J，Jelinek F，et al. 1974. Optimal decoding of linear codes for minimizing symbol error rate. IEEE Trans. Inform. Theory，IT-20：284-287

Berger T. 1971. Rate distortion theory. Englewood Cliffs，NJ：Prentice-Hall，Inc

Berlekamo E. 1968. Algebraic Coding Theory. New York：McGraw-Hill Book Co

Sklar B. 2002. 数字通信——基础与应用. 2版. 徐平平，宋铁成，叶芝慧译. 北京：电子工业出版社

Bingham J A C. 1990. Multi-carrier modulation for data transmission：an idea whose time has come. IEEE Communication Magazine，28(5)：5-14

Vucetic B，Yuan J H. 2004. 空时编码技术. 王晓海等译. 北京：机械工业出版社

Shannon C E. 1959. Coding theorems for a discrete source with a fidelity criterion. In：IRE Nat. Conc. Rec，142-163

Cameron P J，Van Lint J H. 1975. Graph Theory Coding Theory and Block Designs. London：Cambridge University Press

Cover T M，Thomas J A. 1991. Elements of Information Theory. New York：John Wiley & Sons，Inc

Daverport W B，Root W L. 1958. Random Signals and Noise. New York：McGraw-Hill Publishing Company

Deller J P，Proakis J G，Hansen H L. 2000. Discrete-Time Processing of Speech Signals. Piscataway，NJ：IEEE Press

Feller W. 1968. An Introduction to Probability Theory and Its Applications. New York：John Wiley & Sons，Inc

Forney G D. 1996. Concatenated Codes. Cambridge，MA：MIT Press

Gallager R G. 1968. Information Theory and Reliable Communication. New York：John Wiley & Sons，Inc

Gersho A，Gray R M. 1992. Vector Quantization and Signal Compression. Boston：Kluwer

Silviu G. 1997. Information Theory with Applications. New York：McGraw-Hill Publishing Company

Jafarkhani H. 2007. 空时编码的理论与实践. 任品毅译. 西安：西安交通大学出版社

Senn J A. 1987. Information Systems in Management. 3rd ed. New York：Wadsworth Publishing Company

Jayant N S. 1984. Noll P. Digital Coding of Waveforms. Englewood Cliffs，NJ：Prentice-Hall，Inc

Proakis J G，Salehi M. 2002. 通信系统工程. 2版. 叶芝慧，赵新胜译. 北京：电子工业出版社

Jones D S. 1979. Elementary Information Theory. Oxford：Clarendon

Rao K R，Bojkovic Z S，Milovanovic D A. 2003. Multimedia Communication Systems Techniques，Standards，and Networks. Hong Kong：Pearson Education ASIA Limited

Kapur J N，Kesavan H K. 1992. Entropy Optimization Principles with Application. Boston：Academic Press

Kullback S. 1969. Information Theory and Statistics. New York：John Willey & Sons，Inc

Gremillion L L，Pyburn P J. 1988. Computers and Information Systems in Business：An Introduction. Washington，D. C：McGraw-Hill Continuing Education Center

Li M，Vitanyi P. 1993. An Introduction to Kolmogorov Complexity and Its Applications. New York：Springer-Verlag

MacWilliams J，Sloane N. 1977. The Theory of Error-Correcting Codes. Amsterdam：North-Holland Publishing Co

Man Young Rhee. 1989. Error-Correcting Coding Theory. New York：McGraw-Hill Publishing Company

Rao T R N. 1974. Error Coding for Arithmetic Processors. New York：Academic Press，Inc

McElIECE R J. 2002. The Theory of Information and Coding. Cambridge：Cambridge University Press

Roman S. 1992. Coding and Information Theory. New York：Springer-Verlag

Sakrison D J. 1968. Communication Theory：Transmission of Waveforms and Digital Information. New York：John Wiley & Sons，Inc

Shannon C E. 1949. Communication in the presence of noise. Proc. IRE，l.，37：10-21

Shannon C E. 1957. Certain results in coding theory for noisy channels. Information and Control，1：6-25

Shannon C E. 1949. A mathematical theory of communication. Bell Syst. Tech. J.，27：379-423

Wilson S G. 1996. Digital Modulation and Coding. London，NJ：Prentice-Hall，Inc

Duman T M，Ghrayeb A. 2008. MIMO 通信系统编码. 艾渤，唐世刚译. 北京：电子工业出版社

Usher M J. 1984. Information Theory for Information Technologists. London：Macmillan

Verdu S，McLaughlin S W. 2000. Information Theory：50 Years of Discovery. Piscataway，NJ：IEEE Press

Sultan W. 2000. Overview of IEEE 802. 11b Security. Intel Technology Journal，Q2：1-5

Wells R B. 1999. Applied Coding and Information Theory for Engineers. Upper Saddle River，NJ：Prentice Hall

Stallings W. 2002. 局域网与城域网. 5 版. 高传善，高永勤，王宗宁等译. 北京：电子工业出版社

Wong E，Hajek B. 1985. Stochastic Processes in Engineering Systems. New York：Springer-Verlag

Ziv J，Lemoel A. 1978. Compression of individual sequences via variable rate coding. IEEE Trans. Inform. Theory，IT-24：530-536

索　引